信息技术应用基础项目化教程

邱有春　陈长忆　况爱农　主编

赵　菲　刁显峰　谭佩知　王振亚　副主编

电子工业出版社

Publishing House of Electronics Industry

北京·BEIJING

内 容 简 介

本书包括计算机基础知识、计算机系统、WPS 文字 2019 的使用、WPS 表格 2019 的使用、WPS 演示 2019 的使用、网络应用与信息检索等 6 个项目，全面、系统地介绍了计算机基础知识和 WPS 2019 常用办公软件的操作与使用，也简单介绍了网络应用与信息检索的相关知识。

本书参照《高等职业教育专科信息技术课程标准（2021 年版）》的基础模块进行编撰，内容体现理实一体化教学思想。以项目为导向，以案例驱动教学，内容丰富、实用性强。通过课堂实践演练和课后拓展练习强化技能训练，旨在提升学生信息意识、计算思维、数字化创新与发展、信息社会责任等四个方面的核心素养以及应用信息技术解决问题的综合能力。

本书适合作为高等职业院校各专业信息技术应用基础课程的教材，也可作为各类计算机基础知识培训的教材或计算机初学者的自学参考书。

图书在版编目（CIP）数据

信息技术应用基础项目化教程 / 邱有春，陈长忆，况爱农主编. —北京：电子工业出版社，2021.9

ISBN 978-7-121-41842-6

Ⅰ. ①信… Ⅱ. ①邱… ②陈… ③况… Ⅲ. ①电子计算机－高等学校－教材 Ⅳ. ①TP3

中国版本图书馆 CIP 数据核字（2021）第 171256 号

责任编辑：窦　昊
印　　刷：三河市华成印务有限公司
装　　订：三河市华成印务有限公司
出版发行：电子工业出版社
　　　　　北京市海淀区万寿路 173 信箱　　邮编：100036
开　　本：787×1 092　1/16　印张：22　　字数：563 千字
版　　次：2021 年 9 月第 1 版
印　　次：2025 年 2 月第 8 次印刷
定　　价：58.00 元

凡所购买电子工业出版社图书有缺损问题，请向购买书店调换。若书店售缺，请与本社发行部联系，联系及邮购电话：（010）88254888，88258888。

质量投诉请发邮件至 zlts@phei.com.cn，盗版侵权举报请发邮件至 dbqq@phei.com.cn。

本书咨询联系方式：（010）88254466，douhao@phei.com.cn。

前　言

【编写目的】

随着时代的发展与进步，以计算机技术、网络技术和多媒体技术为主要特征的现代信息技术已经广泛应用于社会生产和生活的各个领域。了解信息技术，掌握计算机的基本操作技能以及常用办公软件的使用方法，在网上查询、检索、下载相关资料，通过网络发布自己的信息、收发邮件等，已成为信息时代人们应该具备的基本技能。

2021 年 4 月，教育部发布了《高等职业教育专科信息技术课程标准（2021 年版）》，明确信息技术课程是高等职业教育专科各专业学生必修或限定选修的公共基础课程。其学科核心素养主要包括信息意识、计算思维、数字化创新与发展、信息社会责任四个方面。目标是通过理论知识学习、技能训练和综合应用实践，使高等职业教育专科学生的信息素养和信息技术应用能力得到全面提升。

为贯彻落实新课标内涵，进一步深化信息技术应用课程教学改革，帮助学生更好地掌握信息技术应用知识与技能，我们组织了多名长期从事信息技术应用教育并且具有先进教学理念和丰富教学经验的一线教师，在总结多年教学实践经验的基础上，参照《高等职业教育专科信息技术课程标准（2021 年版）》和《全国计算机等级考试一级教程——计算机基础及 WPS Office 应用（2021 年版）》，编写了本书。

【本书特色】

本书内容以新课标里的基础模块为主，选择了优秀的国产办公软件 WPS Office 作为办公自动化教学软件。该软件绿色小巧、安装方便、运行速度快、对计算机配置要求不高，能最大限度地与 MS Office 兼容。目前，该软件已成为众多企事业单位的标准办公软件，同时也是国家计算机等级考试项目之一。

本书的设计体现了理实一体化的教学理念，以项目为导向，以案例驱动教学。"知识储备"结合"案例实践"，精讲多练，着重培养学生的动手能力和创新能力。任务后设计了一个综合性较强的教学案例，做到一课一练，让学生轻松掌握操作技能。同时，任务后还设计了拓展案例，起到强化训练、巩固技能的作用。

本书所选教学案例综合性、针对性、实用性强，全书注重知识的连贯性和完整性，避免将知识碎片化。为每个任务专门设计的案例尽可能多地覆盖本任务应知应会的知识点和技能点，难易程度适中。

通过本书的学习，读者将对计算机基础知识、计算机系统、Windows 10 操作系统、WPS Office 办公软件、网络知识和信息检索知识有一个全面、清楚的了解和认识，并能熟练使用计算机和网络完成日常办公、生活和学习，对提升读者的信息素养、培养读者的信息技术综合应用能力和解决实际问题的能力，将起到良好的指导作用。

【参考学时】

本书的参考学时为 64 学时,各项目的参考学时参见下面的表格。

序　号	授 课 内 容	建议学时分配	
		讲课	实践
1	项目 1　计算机基础知识	4	0
2	项目 2　计算机系统	2	2
3	项目 3　WPS 文字 2019 的使用	10	10
4	项目 4　WPS 表格 2019 的使用	8	8
5	项目 5　WPS 演示 2019 的使用	4	4
6	项目 6　网络应用与信息检索	4	4
7	综合训练	0	4
合计		32	32

【编写分工】

本书由泸州职业技术学院信息工程学院计算机科学与技术教研室策划编写,具体分工如下:邱有春编写了项目 1,并统稿;刁显峰编写了项目 2;况爱农编写了项目 3;陈长忆编写了项目 4;赵菲编写了项目 5;王振亚、谭佩知编写了项目 6。在本书的编写过程中,我们得到了很多领导和老师的关心与支持,在此一并表示真诚的感谢!

由于时间仓促,尽管反复修改,书中仍难免有疏漏和不足之处,敬请广大读者、专家批评指正!

目　录

项目1 计算机基础知识

电子计算机是 20 世纪最伟大的发明之一，它的出现提高了人类对信息的利用水平，引发了信息技术革命，极大地推动了人类社会的进步与发展。计算机的发展历程虽然只有短短 70 多年，但迄今为止，在人类科学发展的历史上，还没有哪门学科的发展速度能够赶上计算机科学的发展，并对人类生产、生活、学习、工作产生如此巨大的影响。

【项目目标】

➤ 知识目标

1. 了解计算机的诞生和发展历程；理解计算机中的信息、数据编码、数制的概念；掌握各种数制之间的转换规则。

2. 理解信息技术和新一代信息技术及其主要代表技术的基本概念；了解新一代信息技术各主要代表技术的技术特点、典型应用、与制造业等产业的融合发展方式。

3. 理解信息安全的概念和计算机病毒的概念；了解信息安全的主要威胁和防护措施；了解计算机病毒的症状、清除方法和预防措施；了解计算机犯罪的手段和特点及我国的管理立法。

4. 理解多媒体技术的概念；了解多媒体技术的组成内容和特点；了解常用多媒体技术。

➤ 技能目标

1. 能够进行十进制数、二进制数、八进制数、十六进制数间的转换。
2. 能够利用工具创建思维导图。
3. 能够利用防病毒软件进行病毒查杀和系统维护。
4. 能够利用简单的多媒体软件进行音视频处理。

任务一 计算机的发展

【任务目标】

➤ 了解计算机的诞生和发展。
➤ 掌握计算机的特点、应用和分类。
➤ 掌握计算机的发展趋势。

【任务描述】

了解计算机的发展史，从了解计算机是如何诞生的开始。本任务将从计算机的诞生开始，带领大家了解计算机的发展历程，熟悉计算机的特点、应用领域和分类，感知计算机的发展趋势。

【知识储备】

1.1.1 计算机的诞生和发展

在日常工作和生活中，越来越多的人离不开计算机（俗称电脑）的帮助。有了计算机，人们才能高效快捷地完成工作，计算机也让人们的生活变得更加丰富多彩，成为多数人工作、学习、生活的必需品。

1. 计算机的萌芽期

计算机（Computer）的最初意义是"计算器"，也就是说，人类最初发明计算机的目的是帮助处理复杂的数字运算。而这种人工计算器的概念最早的应用，还要追溯到公元前 5 世纪中国人发明的算盘，它被广泛应用于商业贸易中。算盘被认为是最早的计算器，并一直使用至今。

1946 年，美国宾夕法尼亚大学研制成功了世界上第一台电子数字积分的计算机器，叫作 ENIAC，如图 1-1 所示，这台机器被普遍认为是世界上第一台电子计算机。它是一个庞然大物，用了 18800 个电子管，占地 170 平方米，重达 30 吨，耗电功率约 150 千瓦，每秒可进行 5000 次运算。它的运算能力在现在看来微不足道，但在当时却是破天荒的。ENIAC 以电子管作为元器件，所以又被称为电子管计算机，是计算机的第一代。电子管计算机由于使用的电子管体积很大，耗电量大，易发热，因而工作的时间不能太长。美国国防部用它来进行弹道计算。

图 1-1　世界上第一台电子计算机

1946 年 6 月，美籍匈牙利数学家冯·诺依曼提出了重大的理论，主要有两点：

◆ 电子计算机应该以二进制为运算基础。

◆ 电子计算机应采用"存储程序"方式工作。

冯·诺依曼进一步明确指出了整个计算机的结构应由五个部分组成：运算器、控制器、存储器、输入装置和输出装置。冯·诺依曼这些理论的提出，解决了计算机的运算自动化问题和速度配合问题，对后来计算机的发展起到了决定性的作用。直到今天，绝大部分的计算机仍然采用冯·诺依曼方式工作。因对现代计算机技术的突出贡献，冯·诺依曼被称为"计算机之父"。

2．计算机的发展时期

从第一台电子计算机诞生至今已 70 多年，计算机技术得到了突飞猛进的发展，每一次变革在技术上都是一次新的突破，在性能上都是一次质的飞跃。特别是体积小、价格低、功能强的微型计算机（简称微型机）的出现，给人类社会带来巨大的变革。微型机的发展之快、种类之多、用途之广、益处之大，是人类科学技术发展史中任何一门学科或任何一种发明都无法比拟的。

计算机的发展以主要逻辑元器件类型为标志，经历了电子管、晶体管、集成电路、大规模和超大规模集成电路四代重大技术变革，大致可以分为以下五个阶段。

（1）第一代计算机（1946—1958 年）

第一代计算机通常称为电子管计算机，它的逻辑元件采用电子管，内存储器采用水银延迟线，外存储器有纸带、卡片、磁带、磁鼓等。它的内存容量仅有几千字节，输入/输出方式也很落后，不仅运算速度慢，且体积巨大、成本很高。

1950 年，第一台并行计算机 EDVAC 的出现，实现了冯·诺依曼的两个设想：采用二进制和存储程序。

第一代计算机使用的是机器语言，20 世纪 50 年代中期开始使用汇编语言，但还没有操作系统。这时的计算机只能在少数尖端领域中应用，如科学、军事和财务等方面。尽管存在这些局限性，但它奠定了计算机发展的基础。

（2）第二代计算机（1958—1964 年）

第二代计算机的逻辑元件采用晶体管，称为晶体管计算机。在这一时期出现了采用磁芯和磁鼓的存储器，内存容量扩大到几十千字节。使用半导体晶体管作为逻辑开关元件，晶体管比电子管平均寿命提高 100～1000 倍，耗电和体积却只是电子管的百分之一，运算速度明显提高，每秒可以执行几万到几十万次的加法运算。

该阶段输入/输出方式有了很大改进，出现了监控程序，发展成为后来的操作系统；出现了高级程序设计语言，如 BASIC、FORTRAN、COBOL 等，使编写程序的工作变得更为方便，大大提高了计算机的工作效率。

（3）第三代计算机（1964—1970 年）

第三代计算机的逻辑元件采用中小规模的集成电路，称为集成电路计算机。把几十个或几百个分立的电子元件集中做在一块几平方毫米的硅片上（称为集成电路芯片），使计算机的体积和耗电量大大减小，运算速度却大大提高，每秒可以执行几十万到 100 万次的加法运算。集成电路计算机使用半导体存储器作为主存，辅助存储器仍以磁盘、磁带为主，造价更低，但性能和稳定性进一步提高。

该时期，系统软件有了很大发展，出现了分时操作系统和会话式语言，采用结构化程序设计方法。计算机开始走向系列化、通用化和标准化，为研制复杂的软件提供了技术上的保障。

（4）第四代计算机（1970年至今）

第四代计算机的主要元件是大规模与超大规模集成电路,称为大规模集成电路计算机。在一个几平方毫米的硅片上，至少可以容纳相当于几千个晶体管的电子元件，集成度很高的半导体存储器完全代替了磁芯存储器，磁盘的存取速度和存储容量大幅度上升。开始引入光盘，外部设备的种类和质量都有很大提高，计算机的运算速度可达每秒几百万至上亿次。计算机的性能基本上以每18个月翻一番的速度上升（即著名的摩尔定律）。这些以超大规模集成电路构成的计算机日益小型化和微型化，应用和发展的速度更加迅猛，其产品覆盖巨型机、大/中型机、小型机、工作站和微型计算机等各种类型。

在这个时期，操作系统不断完善，程序语言进一步改进，软件产业发展成为新兴的高科技产业。计算机的发展进入了以计算机网络为特征的时代，应用领域不断向社会各个方面渗透。

（5）第五代计算机

从20世纪80年代开始，美国、日本等发达国家开始研制第五代计算机（FGCS），目标是希望计算机能够打破以往固有的体系结构，把信息采集、存储、处理、通信和人工智能结合在一起，不仅能进行一般的信息处理，而且能够具有像人一样的思维、推理和判断能力，向智能化发展，实现接近人类的思考方式。另外，人们还在探索各种新型的计算机，如利用光作为载体进行信息处理的光计算机；利用蛋白质、DNA的生物特性设计的生物计算机；模仿人类大脑功能的神经元计算机；以及具有学习、思考、判断和对话能力，可以立即辨别外界物体形状和特征，且建立在模糊数学基础上的模糊电子计算机等。

1.1.2 计算机的特点、应用和分类

1. 计算机的特点

计算机作为一种通用的信息处理工具，具有极高的处理速度、很强的存储能力、精确的计算和逻辑判断能力，其主要特点体现在以下几个方面。

（1）运算速度快

计算机的运算速度（也称为处理速度）是衡量计算机性能的一项重要指标。现今计算机的运算速度已达到每秒万亿次，微型机也可达每秒亿次以上，使大量复杂的科学计算问题得以解决。例如，卫星轨道的计算、大型水坝的计算、24小时天气预报的计算等，过去人工计算需要几年、几十年才能完成的任务，而现在用计算机只需几天甚至几分钟就可完成。

（2）计算精度高

科学技术特别是尖端科学技术的发展，需要高度精确的计算。计算机控制的导弹之所以能准确地击中预定目标，是与计算机的精确计算分不开的。一般计算机可以有十几位甚至几十位（二进制）的有效数字，计算精度可由千分之几到百万分之几，这是任何其他计算工具所不能达到的。

（3）记忆能力强

随着计算机存储容量的不断增大，可存储记忆的信息越来越多。计算机不但能进行计

算，而且能把参加运算的数据、程序以及中间结果和最后结果保存起来，以供用户随时调用。计算机的记忆准确，信息存储不会出现误差，这为计算机自动、高速、正确地运行提供了保证。

（4）具备逻辑判断能力

计算机在程序的执行过程中，会根据上一步的执行结果，运用逻辑判断方法自动确定下一步的执行命令，从而使得计算机不仅能解决数值计算问题，还能解决非数值计算问题，如信息检索、图像识别等。

（5）自动化程度高

计算机能够按照预先编制的程序自动执行命令，整个过程不需要人工干预，极大地提高了工作效率。由计算机控制的机械设备可以完成纯人工无法完成的工作，如精密仪器制造、危险地域的探测等。

（6）可靠性高、通用性强

由于采用了大规模和超大规模集成电路，现在的计算机具有非常高的可靠性，不仅可以用于数值计算，还可以用于数据处理、工业控制、辅助设计、辅助制造和办公自动化等，具有很强的通用性。

2．计算机的应用

计算机问世之初主要用于数值计算，"计算机"也因此得名。但随着计算机技术的发展，它的应用范围不断扩大，不再局限于数值计算而广泛应用于自动控制、计算机辅助设计、计算机辅助制造、计算机辅助教学、人工智能、多媒体技术、计算机网络等领域。

（1）科学计算

科学计算又称数值计算，它是计算机最早的应用领域。科学计算是指计算机用于完成科学研究和工程技术中所提出的数学问题的计算。这类计算往往公式复杂、难度很大，用一般计算工具或人力难以完成。例如，气象预报需要求解描述大气运动规律的微分方程，发射导弹需要计算导弹弹道曲线方程，这些都只有通过计算机高速而精确的计算才能完成。

（2）数据处理

数据处理是指在计算机上管理、加工各种数据资料，从而使人们获得更多有用信息的过程。例如，企业管理、物资管理、报表统计、账目计算和信息情报检索等都是数据处理。

（3）自动控制

自动控制是指利用计算机对某一过程进行自动操作的行为。它不需要人工干预，能够按人预定的目标和状态进行过程控制，如在无人驾驶飞机、导弹和人造卫星等中的应用。

（4）计算机辅助系统

计算机辅助系统包括计算机辅助设计、计算机辅助制造和计算机辅助教学等系统。其中，计算机辅助设计（Computer-Aided Design，CAD）是指利用计算机帮助设计人员进行工程设计。

计算机辅助制造（Computer-Aided Manufacturing，CAM）是指利用计算机进行生产设备的管理、控制和操作，它对提高产品质量、降低成本和缩短生产周期等起到了积极的作用。

计算机辅助教学（Computer-Assisted Instruction，CAI）是指利用计算机辅助学生学习，它将教学内容、教学方法以及学生学习情况存储于计算机内，使学生能够从中学到所需要的知识。

（5）人工智能

人工智能（Artificial Intelligence，AI）是指让计算机模拟人类的某些智力行为。例如，可以用计算机模拟人脑的部分功能进行思维、学习、推理、联想和决策，使计算机具有一定的"思维能力"。

（6）多媒体应用

多媒体（Multimedia）是文本、动画、图形、图像、音频和视频等各种媒体的组合物。近年来，多媒体技术广泛应用于各行各业以及家庭娱乐等。

（7）计算机网络

计算机网络是现代计算机技术与通信技术高度发展和密切结合的产物，它利用通信设备和线路将地理位置不同、功能独立的多个计算机系统连接起来，实现网络中的资源共享和信息传递。

3. 计算机的分类

计算机的种类很多，按不同的角度，其分类方式也不尽相同。

（1）按照计算机的工作原理分类

按照工作原理，计算机可以分为数字式电子计算机、模拟式电子计算机和混合式电子计算机。

◆ 数字式电子计算机

数字式电子计算机又称为"电子数字计算机"。它是以数字形式的量值在机器内部进行运算和存储的电子计算机。数的表示法常采用二进制。数字式电子计算机的精度高、存储量大、通用性强，能胜任科学计算、信息处理、实时控制、智能模拟等方面的工作。人们通常所说的计算机就是指数字式电子计算机，它由运算器、控制器、存储器、输入和输出设备、输入和输出通道等组成。

◆ 模拟式电子计算机

模拟式电子计算机主要部件的输入量及输出量都是连续变化的电压、电流等物理量，由若干种作用不同的积分器、加法器、乘法器、函数产生器等部件组成。模拟式电子计算机按照待研究问题的数学模型把一个部件的输出端与另一个或几个部件的输入端连接起来，用整个计算机的输出量与输入量之间的数学关系模拟所研究问题的客观过程。模拟式电子计算机解题速度极快，但精度不高、信息不易存储、通用性差，一般用于微分方程的求解或自动控制系统设计中的参数模拟。

◆ 混合式电子计算机

混合式电子计算机是利用模拟技术和数字技术进行数据处理的电子计算机，兼有上述两种计算机的特点。它既能处理数字量，又能处理模拟量，但这种计算机结构复杂、设计困难。主要有两种类型：一种是混合式模拟计算机，它以模拟技术为主，附加一些数字设备；另一种是组合式混合计算机，它由数字式和模拟式两种计算机加上相应的接口装置组成。

（2）按照计算机的用途分类

按照用途，计算机可以分为通用计算机和专用计算机两类。

◆ 通用计算机

它是为了解决各种问题、具有较强的通用性而设计的计算机。通用计算机功能全面、适应性强，具有一定的运算速度、一定的存储容量，带有通用的外部设备，配备了各种系统软件、应用软件。通用计算机的效率、速度和经济性相对于专用计算机要低一些，本书所讲的计算机都是指通用计算机。

◆ 专用计算机

它是为了解决一个或一类特定问题而设计的计算机。它的硬件和软件的配置依据解决特定问题的需要而定。专用计算机功能单一、适应性差，但在特定用途下比通用计算机更有效、更经济。一般在过程控制中使用此类计算机。

（3）按照计算机的性能分类

根据计算机的演变过程和近期可能的发展趋势，按性能通常把计算机分为巨型机、大型机、小型机、工作站和个人计算机等。

◆ 巨型机（Super Computer）

一般把每秒计算速度在亿次以上的计算机称为巨型计算机（简称为巨型机），又称为超级计算机。它是目前功能最强、速度最快、价格最贵的计算机，主要用于尖端科学研究、军事国防等国家重点科研机构。生产巨型机的公司有美国的 Cray 公司、TMC 公司，日本的富士通公司、日立公司等。我国研制的"银河-III"为百亿次巨型机，"曙光 2000 超级服务器"和"神威·太湖之光"属于千亿次巨型机（如图 1-2 所示）。

图 1-2　"神威·太湖之光"巨型计算机

◆ 大型机（Mainframe）

大型机包括通常所说的大型或中型计算机。微型机出现之前最主要的计算模式是：把大型机放在计算中心的玻璃机房中，用户要上机就必须去计算中心。目前国内一般装备在国家级科研机构及重点理工科院校。大型机经历了批处理阶段和分时处理阶段，目前已进入了分散处理与集中管理的阶段。

◆ 小型机（Minicomputer）

小型机运算速度为每秒几百万次，规模比大型机要小，但仍能支持十几个用户同时使用。小型机结构简单、价格较低、使用和维护方便，备受中小企业欢迎。目前国内一般配备在科研机构、设计院所及普通高校。

◆ 个人计算机（Personal Computer）

个人计算机又称为 PC 或微型机、微机，其特点是小巧、灵活、便宜。除台式机外，还有体积更小的笔记本电脑、便携机、掌上微机等，这是目前发展最快的领域。PC 按字长可分为 8 位机、16 位机、32 位机、64 位机；按 CPU 芯片分为 286 机、386 机、486 机、Pentium 机、IBM PC 及其兼容机、IBM-Apple-Motorola 联合研制的 Power PC 芯片的机器，以及 DEC 公司推出的 Alpha 芯片的机器等。

◆ 工作站（Workstation）

一般说来，工作站的性能介于小型机与微型机之间。它的运算速度通常比微型机要快，配有大屏幕显示器和大容量存储器，并且拥有较强的联网功能。它主要用于图像处理、计算机辅助设计、软件工程以及大型控制中心等专业领域。工作站可分为初级工作站、工程工作站、超级工作站以及超级绘图工作站等。其典型代表有 HP-Apollo 工作站、SUN 工作站等。

近年来，随着 Internet 的普及，各种档次的计算机在网络中发挥着各自不同的作用，而服务器在网络中扮演着最主要的角色。服务器可以是大型机、小型机、工作站或者高档微型机，提供信息浏览、电子邮件、文件传送、数据库等多个领域的服务。

1.1.3　计算机的发展趋势

在计算机诞生之初，很少有人能深刻地预见计算机技术对人类巨大的潜在影响，甚至没有人能预见计算机的发展速度会如此迅猛，如此超出人们的想象。未来，计算机技术的发展趋势将会怎样，新一代的计算机又有哪些类型呢？

1．电子计算机的发展方向

从类型上看，电子计算机技术正在向巨型化、微型化、网络化和智能化方向发展。

（1）巨型化

巨型化是指计算机的计算速度更快、存储容量更大、功能更完善、可靠性更高，其运算速度可达每秒万万亿次。巨型机的应用范围如今已日趋广泛，在航空航天、军事工业、气象、电子信息、人工智能等几十个学科领域发挥着巨大作用，特别是在尖端科学技术和军事国防系统的研究开发中，体现了计算机科学技术的发展水平。

（2）微型化

微型机从过去的台式机迅速向便携机、掌上机、膝上机发展，因低廉的价格、丰富的软件而受到人们的青睐。同时，微型机作为工业控制过程的心脏，使仪器设备实现"智能化"。随着微电子技术的发展，微型机必将以更优的性能价格比受到人们的欢迎。

（3）网络化

网络化指利用现代通信技术和计算机技术，把分布在不同地点的计算机互连起来，按照网络协议互相通信，以共享软件、硬件和数据资源。目前，计算机网络在交通、金融、企业管理、教育、电信、商业、娱乐等各行各业中都得到了应用。

（4）智能化

第五代计算机要实现的目标是"智能化"，让计算机模拟人的感觉、行为和思维过程，使计算机具有视觉、听觉及语言、推理、思维、学习等能力，成为智能型计算机。

目前已经研制出的机器人可以代替人从事危险环境中的劳动，使计算机成为可以越来越多地替代人的思维活动和脑力劳动的计算机。

2. 新一代的计算机

（1）模糊计算机

1956年，英国人查德创立了模糊信息理论。依照模糊理论，判断问题不是以是与非两种绝对的值或0与1两种数码来表示，而是以许多的值，如接近、几乎、差不多、差得远等模糊值来表示。用这种模糊的、不确切的判断进行工程处理的计算机就是模糊计算机，或称模糊电脑。模糊计算机是建立在模糊数学基础上的计算机。模糊计算机除具有一般计算机的功能，还具有学习、思考、判断和对话的能力，可以立即辨识外界物体的形状和特征，甚至可帮助人从事复杂的脑力劳动。

日本科学家把模糊计算机应用在地铁管理上。1990年，日本松下公司把模糊计算机装在洗衣机里，能根据衣服的脏污程度以及衣服的质地调节洗衣程序。我国有些品牌的洗衣机也装上了模糊逻辑芯片。此外，人们还把模糊计算机装在吸尘器里，可以根据灰尘量以及地毯的厚实程度调整吸尘器的功率。模糊计算机还能用于地震灾情判断、疾病医疗诊断、发酵工程控制、海空导航巡视等多个方面。

（2）生物计算机

微电子技术和生物工程这两项高科技的互相渗透，为研制生物计算机提供了可能。生物计算机也称仿生计算机，主要原材料是生物工程技术产生的蛋白质分子，并以此作为生物芯片来替代半导体硅片，利用有机化合物存储数据。信息以波的形式传播，当波沿着蛋白质分子链传播时，引起蛋白质分子链中单键、双键结构顺序的变化。生物计算机的运算速度比当今最新一代计算机快10万倍，具有很强的抗电磁干扰能力，并能彻底消除电路间的干扰，能量消耗仅相当于普通计算机的10亿分之一，且具有巨大的存储能力。生物计算机具有生物体的一些特点，如能发挥生物本身的调节机能，自动修复芯片上发生的故障，还能模仿人脑的机制等。

（3）光子计算机

光子计算机是一种用光信号进行数字运算、逻辑操作、信息存储和处理的新型计算机。它由激光器、光学反射镜、透镜、滤波器等光学元件和设备构成，依靠激光束进入反射镜和透镜组成的阵列进行信息处理，以光子代替电子，以光运算代替电运算。光的并行、高速特性，天然决定了光子计算机的并行处理能力很强，具有超高运算速度。光子计算机还具有与人脑相似的容错性，系统中某一元件损坏或出错时，并不影响最终的计算结果。光子在光介质中传输所造成的信息畸变和失真极小，光传输、转换时能量消耗和散发热量极低，对环境条件的要求比电子计算机低得多。1990年1月底，贝尔实验室研制成功第一台光子计算机。随着现代光学与计算机技术、微电子技术的结合，在不久的将来，光子计算机将成为人类普遍的工具。

（4）超导计算机

超导计算机是利用超导技术生产的计算机及其部件，其性能是目前电子计算机无法相比的。目前超导开关器件的开关速度已达到几微微秒的高水平。这是当今所有电子、半导体、光电器件都无法比拟的，比集成电路要快几百倍。超导计算机运算速度比现在的电子计算机快 100 倍，而电能消耗仅是电子计算机的千分之一。美国科学家已经成功将 5000 个超导单元装置在小于 $10cm^3$ 的主机内，组成一个简单的超导计算机，每秒能执行 2.5 亿条指令。

（5）量子计算机

量子计算机是基于量子力学原理直接进行计算的计算机，是一类遵循量子力学规律进行高速数学和逻辑运算、存储及处理量子信息的物理装置。量子计算机是基于量子效应开发的，它利用一种链状分子聚合物的特性来表示开与关的状态，利用激光脉冲来改变分子的状态，使信息沿着聚合物移动，从而进行运算。量子计算机中的数据用量子位存储。由于量子叠加效应，一个量子位可以是 0 或 1，也可以既存储 0 又存储 1。因此，一个量子位可以存储两个数据，同样数量的存储位，量子计算机的存储量比普通计算机大许多。同时，量子计算机能够实行量子并行计算，其运算速度可能比目前装有 Pentium DI 芯片的计算机快 10 亿倍。

无论是量子并行计算还是量子模拟计算，本质上都利用了量子相干性。量子计算机结合了 20 世纪许多杰出的科学发现和成果，实现量子计算机是 21 世纪科学技术的最重要的目标之一。

【案例实践】

英语课上，老师让同学们将一段新闻翻译成英语，并使用计算机录入中英文对照稿件后上交。李玲同学准备利用 Windows 系统的记事本工具录入文字，完成效果如图 1-3 所示。

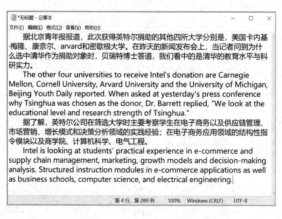

图 1-3　录入文字效果

案例实施

1．启动计算机

按住计算机主机的启动按钮，启动计算机，进入 Windows 系统。

2．打开记事本

在任务栏左下角用鼠标单击【开始】按钮，在弹出的菜单中选择【Windows 附件】→【记事本】，启动记事本。

3．汉字的录入

在任务栏右下角选择"搜狗拼音输入法"，输入需要录入汉字的拼音，即可完成汉字的录入。"搜狗拼音输入法"既可以单个字录入，也可以实现词语、成语等多种拼法的录入。

4．中文标点符号的录入

在中文输入法状态下，找到键盘上对应的标点符号键，即可录入标点符号键中下排的标点符号，如需录入标点符号键中上排的符号，则应先按住 Shift 键再按该标点符号键。

5．英文的录入

在任务栏右下角选择英文输入法，或者在中文输入法状态下按键盘上的 Ctrl+空格组合键，即可切换到英文录入状态，按照文中的单词进行录入即可。如录入大写字母，则先按键盘上的 CapsLock 键切换到大写状态，再录入相应的字母即可。

6．英文标点符号的录入

英文标点符号也需要在英文状态下录入。正常状态下录入的是该标点符号键的下排标点，如需录入上排标点，也需要先按住 Shift 键再按该标点符号键。

【扩展任务】

上网搜索"计算机发展史"，了解我国和世界其他国家的计算机发展历程，感受计算机技术给人类社会带来的巨大影响，并从"起步时间""发展历程""取得成就""顶尖技术"等方面进行对比，分析我国的计算机技术在世界上的地位和作用，形成分析报告。

任务二　计算机中的信息

【任务目标】

➢ 了解数据与信息的概念。
➢ 掌握信息的表示单位。
➢ 了解进位计数制的概念。
➢ 掌握进位计数制的转换方式。

【任务描述】

对计算机科学的研究主要包括信息的采集、存储、处理和传输，而这些都与信息的量化和表示有关。本任务将了解数据与信息的概念及关系，学会进位计数制的转换方法，掌握字符的编码方法。

【知识储备】

1.2.1 数据与信息

数据是对客观事物的符号表示，信息是现代生活和计算机科学中一个非常流行的词。

1. 数据的概念

在计算机科学中，数据（Data）是指对客观事件进行记录并可以鉴别的符号，是对客观事物的性质、状态以及相互关系等进行记载的物理符号或这些物理符号的组合，是用于输入电子计算机中进行处理，具有一定意义的数字、字母、符号和模拟量等的统称，包括字符（Character）、符号（Symbol）、表格（Table）、图形（Picture）、声音（Sound）和视频（Video）等。数据经过加工后就成为信息，它可以在物理介质上记录和传输。

（1）数据的形态

数据有两种形态：一种是人类可读形式的数据，简称为人读数据，如图书、资料、音像制品等；另一种是机器可读形式的数据，简称为机读数据，如印刷在物品上的条形码，录制在磁带、磁盘、光盘上的数码等，这些信息可通过输入设备传输给计算机进行处理。

（2）数据的分类

数据可分为数值数据和非数值数据，在计算机内均用二进制形式表示。一串二进制序列，既可理解为数值大小，也可理解为字符编码，理解不同，含义也不一样。因此可以方便地用电路的通与断、电压的高与低、脉冲的有与无、晶体管的导通与截止，分别表示"1"和"0"，这样，"二进制数"用一串电子元件就可以非常容易地实现。

在进行数据处理时，必须了解这些数据是怎样组织、存储的。

2. 信息的概念

信息（Information）是表现事物特征的一种普遍形式，这种形式应当是能够被人类和动物感觉器官（或仪器）所接收的。确切地说，信息是客观存在的事物通过物质载体所产生的消息、情报、指令、数据以及信号中所包含的一切可以传递和交换的知识内容。信息是事物运动的状态和方式，也就是事物内部结构和外部联系的状态和方式。

信息一般为音响、视像、气味等形式，能被感觉器官所感知，被传感器所接收，人们再将它们用文字、符号、图像、声音等媒体表现出来，从而被作为资源充分使用。

信息已被视为世界三大资源（能源、材料、信息）之一。信息可以复制，可以被多人多次利用，而且不污染环境。

3. 数据与信息的关系

数据经过加工、处理并赋予一定的意义后，便成为信息。数据是一组可以识别的记号或符号，它通过各种组合来表达客观世界中的各种信息。数据是信息的载体，是信息的具体表现形式。数据可以是数字、字符、文字、声音、图像等，它可以存储在物理介质上，用于传输和处理。

信息是数据所表达的含义。信息被制成数据，并被存储在计算机中进行处理，然后输出为某种格式的数据，并被接收方再次接收为信息。

数据与信息的区别是：数据处理之后产生的结果为信息，信息具有针对性、时效性。尽管这是两个不同的概念，但人们在许多场合把这两个词互换使用。信息有意义，而数据没有。例如，若测量一天的温度是 40℃，则天气预报显示的 40℃实际上是数据。40℃这个数据本身是没有意义的，但是，当数据以某种形式经过处理、描述或与其他数据比较时，便被赋予了意义。例如，气温达到 40℃，这才是信息，这个信息是有意义的，40℃表示进入高温天气了，而且是红色预警的高温天气。

4. 信息的单位

在计算机内部，各种信息采用二进制编码形式存储，计算机中信息常用的单位有位、字节和字。

◆ 位（bit）：位又称为比特（记为 b），一个二进制位即为 1 比特，是计算机数据的最小单位。一个二进制位只能表示"1"或"0"，要想表示更大的数，就要把多个位组合起来成为一个整体，每增加 1 位，所能表示的信息量就增加 1 倍。

◆ 字节（Byte）：字节（记为 B）是计算机中用来表示存储空间大小的最基本单位，也被认为是计算机中最小的信息单位。1 字节由 8 位二进制数字组成，即 1B=8bit。通常，1 字节可存放一个 ASCII 码，2 字节可存放一个汉字国标码。除了以字节为单位表示存储容量，还可以用千字节（KB）、兆字节（MB）、吉字节（GB）、太字节（TB）等表示存储容量，它们之间的换算关系如下：

$$1KB = 1024B = 2^{10}B$$
$$1MB = 1024KB = 2^{20}B$$
$$1GB = 1024MB = 2^{30}B$$
$$1TB = 1024GB = 2^{40}B$$

◆ 字（Word）：字是计算机存储、传送、处理数据的信息单位，一个字通常由 1 字节或若干字节组成（一般为字节的整数倍）。一个字包含的二进制位数叫作"字长"。由于字长是指计算机一次能处理的实际位数的多少，所以它能极大地影响计算机处理数据的速率，是衡量计算机性能的一个重要标志。字长越长，在相同时间内传送的信息就越多，计算机的运算速度就越快，计算机就有更大的寻址空间。不同计算机的字长是不同的，通常有 8 位机、16 位机、32 位机、64 位机等。

1.2.2 进位计数制及转换

日常生活中，人们使用的数据一般是用十进制表示的，而计算机中的数据都是使用二进制表示的。但为了书写方便，也采用八进制或十六进制形式表示。下面介绍数制的基本概念及不同数制之间的转换方法。

1. 进位计数制的基本概念

数制（Number System）也称为计数制，是指用一组固定的数字符号和统一的规则来表示数值的方法。按进位的方法进行计数，称为进位计数制。在日常生活和计算机中采用的都是进位计数制。

在进位计数制中有三个基本要素：数位、基数和位权。数位是指数码在一个数中所处的位置；基数是指在某种数制中所能使用的数码的个数，例如，在十进制数中，每个数位上可以使用 0～9 中的任一数字，其基数为 10；位权等于某数制的基数的次方。每个数位上的数码所表示的数值大小，等于这个数位上的数码乘上位权。数码所在的位置不同，所对应的位权也不同。例如，在十进制数中，小数点左边的第一位的位权为 10^0，左边第二位的位权为 10^1，左边第三位的位权为 10^2，依此类推。

进位计数制很多，这里主要介绍与计算机技术有关的几种常用进位计数制。在计算机中，一般在数字的后面用特定字母表示该数的进制，例如，B（二进制）、D（十进制，D 可省略）、O（八进制）、H（十六进制）等。计算机中常用的几种进位计数制的表示如表 1-1 所示。

表 1-1　计算机中常用的几种进位计数制的表示

进位计数制	基　　数	数　码　符　号	形　式　表　示
二进制	2	0,1	B
八进制	8	0,1,2,3,4,5,6,7	O
十进制	10	0,1,2,3,4,5,6,7,8,9	D
十六进制	16	0,1,2,3,4,5,6,7,8,9,A,B,C,D,E,F	H

由表 1-1 可见，十六进制的数字符号除了包括十进制中的 10 个数字符号，还使用了 6 个英文字母 A、B、C、D、E、F，它们分别等于十进制数的 10、11、12、13、14、15。

同一数值在不同的进制中的表示结果是不一样的。表 1-2 列出了十进制数 0～15 在不同进制中的表示方法。

表 1-2　十进制数 0～15 在不同进制中的表示方法

二　进　制	八　进　制	十　进　制	十　六　进　制
0000	0	0	0
0001	1	1	1
0010	2	2	2
0011	3	3	3
0100	4	4	4
0101	5	5	5
0110	6	6	6
0111	7	7	7
1000	10	8	8

二　进　制	八　进　制	十　进　制	十六进制
1001	11	9	9
1010	12	10	A
1011	13	11	B
1100	14	12	C
1101	15	13	D
1110	16	14	E
1111	17	15	F

可以看出，采用不同的进制表示同一个数时，基数越大，使用的位数越少。比如，十进制数 15，需要 4 位二进制数来表示，需要 2 位八进制数来表示，只需要 1 位十六进制数来表示，这也是在程序的书写中一般采用八进制或十六进制表示数据的原因。

2. 进制间的转换

不同进位计数制之间的转换，实质上是基数间的转换。各进制之间进行转换时，通常对整数部分和小数部分分别进行转换，然后将其转换结果合并即可。

（1）非十进制数转换为十进制数

在十进制数的表示过程中，一个十进制的整数可以按照各个数位上的数乘以位权再相加。如 $(6548)_D=6\times10^3+5\times10^2+4\times10^1+8\times10^0$，其中 10^3、10^2、10^1、10^0 表示各位数码的位权。千位、百位、十位、个位的数字称为系数，每个系数只有乘以它们的位权，才能正确表示出这个系数的真正数值。

将非十进制数转换成十进制数，就是将该非十进制数按权展开求和，具体公式如下。

$$(F)x = a_1 \times x^{n-1} + a_2 \times x^{n-2} + \cdots + a_{m-1} \times x^1 + a_m \times x^0 + a_{m+1} \times x^{-1} + \cdots$$

式中，a_1, a_2, a_{m-1}, a_m 为系数；x 为基数；n 为项数。

例如：

$$(101.001)_B = (1\times2^2+0\times2^1+1\times2^0+0\times2^{-1}+0\times2^{-2}+1\times2^{-3})_D$$
$$= (4+0+1+0.0+0.00+0.125)_D$$
$$= (5.125)_D$$

$$(36.72)_O = (3\times8^1+6\times8^0+7\times8^{-1}+2\times8^{-2})_D$$
$$= (24+6+0.875+0.03125)_D$$
$$= (30.90625)_D$$

$$(2F.1A)_H = (2\times16^1+15\times16^0+1\times16^{-1}+10\times16^{-2})_D$$
$$= (32+15+0.0625+0.0390625)_D$$
$$= (47.1015625)_D$$

（2）十进制数转换为非十进制数

将十进制数转换为非十进制数时，要将待转换的数分整数部分和小数部分单独转换，再进行合并。整数部分采取"除 N 取余法"。具体方法为：将十进制数除以要转换为的 N

进制数的基数 N，得到一个商和余数，再用商除以 N，又得到一个商的余数，继续这个过程，直到商等于零为止。每次所得的余数就是对应 N 进制数的各位数字，第一次得到的余数为 N 进制数的最低位，最后一次得到的余数为 N 进制数的最高位，即采用从下往上取余数的方法。

小数部分采取"乘 N 取整法"。具体方法为：用十进制数的纯小数部分乘以要转换为的 N 进制数的基数 N，将整数部分提取出来，再用剩余的纯小数乘以 N，提取出整数部分，直至余下的纯小数为 0 或者满足所要求的精度为止，最后将每次提取的整数部分从上往下书写，即可得到小数部分的值。

例如，将十进制数 58.625 转换为二进制数，其转换过程如下所示。

整数部分 58 采用除 2 取余法：

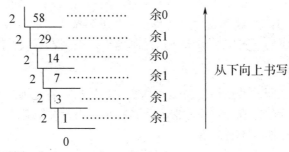

$$（58）_D =（111010）_B$$

小数部分 0.625 采用乘 2 取整法：

```
        0.625
    ×       2
        1.250 ············· 整数为1
        0.250
    ×       2
        0.500 ············· 整数为0
        0.500
    ×       2
        1.000 ············· 整数为1
        0.000 ············· 余纯小数0，结束
```

$$（0.625）_D =（0.101）_B$$

此外，一个二进制小数能够完全准确地转换为十进制小数，但是一个十进制小数不一定能完全准确地转换成二进制小数。如果出现这种情况，可以根据精度要求转换到小数点后某一位即可。

从上面的转换可见，将十进制数转换为二进制数，可以将其整数部分与小数部分分别转换，再将结果组合起来。

$$（58.625）_D =（111010.101）_B$$

（3）二进制与八进制之间的转换

因为 $2^3=8$，即 1 位八进制数恰好相当于 3 位二进制数，所以二进制数转换为八进制数时，可以将每 3 位二进制数划分为一组，用 1 位八进制数代替。具体方法为：将要转换的二进制数以小数点为界，分别向左或右将每 3 位二进制数合成为 1 位八进制数即可。如果

不足 3 位，可用零补足。

如将二进制数（10111010.0100101）$_B$ 转换为八进制数的方法如下：

先把二进制数按上述方法每 3 位分组：　　　　010　111　010　.　010　010　100

　　　　　　对应的八进制数为：　　　　2　7　2　.　2　2　4

即（10111010.0100101）$_B$ =（272.224）$_O$

反之，八进制数转换为二进制数，将每一位八进制数展成 3 位二进制数即可。

例如，将八进制数（145.36）$_O$ 转换为二进制数的方法如下：

先把八进制数按上述方法每 1 位分组：　　　　1　4　5　.　3　6

　　　　　　对应的二进制数为：　　　　001　100　101　.　011　110

即（145.36）$_O$ =（1100101.011110）$_B$

（4）二进制与十六进制之间的转换

二进制数转换为十六进制数的方法是以小数点为界，分别向左或右将每 4 位二进制数合成 1 位十六进制数。如果不足 4 位，可用零补足。

反之，十六进制数转换为二进制数，将每一位十六进制数展开成 4 位二进制数即可。

如将二进制数（10011010.010011）$_B$ 转换为十六进制的方法如下：

先把二进制数按上述方法每 4 位分组：　　　　1001　1010　.　0100　1100

　　　　　　对应的十六进制数为：　　　　9　A　.　4　C

即（10011010.010011）$_B$ =（9A.4C）$_H$

3．二进制数的运算规则

二进制数的运算有算术运算和逻辑运算两种。

（1）算术运算：二进制数的算术运算有加法、减法、乘法和除法。

加法规则：$0+0=0$　　　$0+1=1$　　　$1+0=1$　　　　　$1+1=10$

减法规则：$0-0=0$　　　$1-1=0$　　　$1-0=1$　　　　　$10-1=1$

乘法规则：$0\times0=0$　　　$0\times1=0$　　　$1\times0=0$　　　　$1\times1=1$

除法规则：$0\div0=0$　　　$0\div1=0$　　　$1\div0$（无意义）　　$1\div1=1$

（2）逻辑运算："或"运算、"与"运算和"非"运算 3 种。

◆ "或"运算规则如下：

$0+0=0$　　　$0+1=1$　　　$1+0=1$　　　$1+1=1$

$0\vee0=0$　　　$0\vee1=1$　　　$1\vee0=1$　　　$1\vee1=1$

◆ "与"运算规则如下：

$0\times0=0$　　　$0\times1=0$　　　$1\times0=0$　　　$1\times1=1$

$0\wedge0=0$　　　$0\wedge1=0$　　　$1\wedge0=0$　　　$1\wedge1=1$

$0\cdot0=0$　　　$0\cdot1=0$　　　$1\cdot0=0$　　　$1\cdot1=1$

◆ "非"运算规则如下：

$\overline{0}=1$　　　　　$\overline{1}=0$

虽然计算机内部均用二进制（0 和 1）来表示各种信息，但计算机与外部交换信息仍采用人们熟悉和便于阅读的形式，如十进制数、文字以及图形等，其相互间的转换，则由计算机系统的硬件和软件来实现。在计算机内部，信息的表示依赖于机器硬件电路的状态，信息采用什么表示形式，将直接影响计算机的结构与性能。

1.2.3 字符的编码

计算机除了用于数值计算，还要进行大量的信息处理，也就是要对表达各种信息的符号进行加工。前面，本书已介绍过，计算机中的信息是用二进制表示的，而人们习惯用十进制数，那么输入/输出时，就要进行十进制和二进制之间的转换处理。因此，必须采用一种编码的方法，由计算机自己来承担这种识别和转换工作。数据表示，即计算机内最常用的信息编码，包括逻辑型数据表示、中西文字符编码表示、数值型数据的编码表示。

1. 数值编码

一个数在计算机内被表示的二进制形式称为机器数，该数称为这个机器数的真值。机器数有固定的位数，具体是多少位由所用计算机决定。机器数把其真值的符号数字化，通常是用规定的符号位（一般是最高位）取 0 或 1 来分别表示其值的正或负。例如，假设机器数为 8 位，其最高位是符号位，那么在整数的表示情况下，对于 00101001 和 10101001，其真值分别为十进制数"+41"和"-41"。

机器数表示方法有三种：原码、反码和补码。其中，补码运算方便，二进制数的减法可用补码的加法实现，因此在计算机中一般使用补码来表示数。

◆ 原码：整数 X 的原码，是指其符号位的 0 或 1 表示 X 的正或负，其数值部分就是 X 的绝对值的二进制表示。通常用$[X]_原$表示 X 的原码。例如，假设机器数的位数是 8，则

$[+38]_原$=00100110

$[-54]_原$=10110110

注意：由于$[+0]_原$=00000000，$[-0]_原$=10000000，所以数 0 的原码不唯一，有"正零"和"负零"之分。

◆ [反码]：在反码表示中，正数的反码与原码相同；负数的反码是把其原码除符号位外的各位取反（即 0 变 1，1 变 0）。通常用$[X]_反$表示 X 的反码。例如：

$[+38]_反$=$[+38]_原$=00100110

$[-54]_原$=10110110

$[-54]_反$=11001001

注意：由于$[+0]_反$=00000000，$[-0]_反$=11111111，所以数 0 的反码也是不唯一的。

◆ 补码：补码表示中，正数的补码与原码相同；负数的补码在其反码的最低有效位上加 1。通常用$[X]_补$表示 X 的补码。例如：

$[+38]_补$=$[+38]_原$=$[+38]_反$=00100110

$[-54]_原$=10110110

$[-54]_反$=11001001

$[-54]_补$=11001010

注意：由于$[+0]_补$=$[-0]_补$=00000000，所以数 0 的补码是唯一的。

2．字符编码

字符编码（Character Code）是用二进制编码来表示字母、数字以及专门符号的。在计算机系统中，有两种重要的字符编码方式：ASCII 和 EBCDIC。EBCDIC 主要用于 IBM 的大型主机，ASCII 用于微型机与小型机。下面简要介绍 ASCII 码。

目前计算机中普遍采用的是 ASCII（American Standard Code for Information Interchange）码，即美国标准信息交换代码，这是目前国际上最为流行的字符信息编码方案。ASCII 码有 7 位版本和 8 位版本两种，国际上通用的是 7 位版本，7 位版本的 ASCII 码有 128 个元素，只需用 7 个二进制位（$2^7=128$）表示。ASCII 码中的字符包括 0～9 共 10 个阿拉伯数字、大小写英文字母 52 个、通用控制字符 34 个，各种标点符号和运算符号 32 个。在计算机中实际用 8 位表示一个字符，最高位为"0"。

3．汉字的编码

汉字也是字符，与西文字符相比，汉字数量大、字形复杂、同音字多，这给汉字在计算机内部的存储、传输、交换、输入/输出等带来一系列的问题。为了能直接使用西文标准键盘输入汉字，必须为汉字设计相应的编码，以适应计算机处理汉字的需要。汉字的编码包括交换码、输入码、机内码、输出码。

（1）交换码

汉字编码信息必须完全一致，才不会造成混乱。1980 年，我国颁布了《信息交换用汉字编码字符集·基本集》，代号为（GB 2312－80），这是国家规定的用于汉字信息处理的代码依据，称为国标码。在国标码的字符集中共收录了 6763 个常用汉字，其中一级汉字 3755 个，以汉语拼音为序排列；二级汉字 3008 个，按偏旁部首进行排列。此外，还收录了各种图形符号（英文、日文、俄文、希腊文字母、序号、汉字制表符等）共计 682 个。在 GB 2312－80 国标码中，这些字符被分成 94 个区，每个区又分成 94 个位，每个位可存放一个字符，这样每个字符都有一个唯一对应的区码和位码，区码和位码组成区位码，如汉字"中"位于第 54 区第 48 位，其区位码就是 5448。区位码也是一种常用的汉字输入码（外码），大部分汉字系统中都配有区位码输入法。

（2）输入码

输入码也称为外码，是按照某种输入法输入汉字时采用的编码。每个汉字对应一个编码，但一个编码可能对应若干个汉字。汉字的输入码有很多种类型，而且各有特点，用户可以根据自己的需要选择不同的输入法（外码）。使用较普遍的汉字输入法有拼音码、自然码、五笔字型、智能 ABC 等。

（3）机内码

机内码是供计算机系统内部处理、存储和传输时使用的代码，简称为内码。汉字机内码采用双字节编码方案，即用 2 字节（16 位二进制数）表示一个汉字的内码。汉字的输入码可多种多样，但对同一个汉字，其内码只有一个。内码实际上是指汉字在字库中的物理位置。

（4）输出码

输出码又称为字形码或汉字发生器编码。其作用是在输出设备上输出汉字的形状，将汉字作为二维图形处理，就是把汉字置于网状方格内用黑白点表示，凡有笔画通过的网点为黑点，其他为白点。每个黑白点为字符图形的最小元素，称为位点。由于每个位点都有黑白两种状态，正好对应二进制的 0 和 1。所以对于每个汉字字型，经过点阵数字化后的一串二进制数称为汉字的输出码。每一个汉字的字形都必须预先存放在计算机内，例如，GB 2312 国标汉字字符集的所有字符的形状描述信息集合在一起，称为字形信息库，简称为字库。通常分为点阵字库和矢量字库。目前，大多用点阵方式形成汉字，即用点阵表示汉字字形代码。根据汉字输出精度的要求，汉字字形点阵有 16×16 点阵、24×24 点阵、32×32 点阵等。在图 1-4 中，整个网格分为 16 行 16 列，每个小格用 1 位二进制编码表示，有点的用"1"表示，没有点的用"0"表示。一个 16×16 点阵有 256 个点，需要 16×16÷8=32 字节来表示。

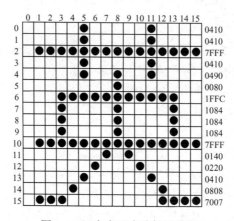

图 1-4　汉字字形点阵机器编码

【案例实践】

将八进制数 753.214 转换为十六进制数。

案例实施

1. 将八进制数 753.214 转换为二进制数

将每一位八进制数用 3 位二进制数表示：　7　　5　　3　　.　　2　　1　　4
对应的二进制数：111　101　011　.　010　001　100

2. 将转换后的二进制数再转换为十六进制数

以小数点为界，将每 4 位二进制数划分为一组：0001　1110　1011　.　0100　0110
对应的十六进制数：1　　E　　B　.　4　　6

3. 完成转换，写出结果

$(753.14)_O = (1EB.46)_H$

【扩展任务】

请将十进制数 456.839 分别转换为二进制数、八进制数和十六进制数。

任务三 信息技术与信息素养

【任务目标】

➤ 了解信息技术的定义和分类。
➤ 了解新一代信息技术的基本概念、技术融合等。
➤ 掌握新一代信息技术的特点。
➤ 掌握新一代信息技术的典型应用。
➤ 理解信息素养的概念和重要性。

【任务描述】

信息技术是管理和处理信息所用各项技术的总称。随着科学技术的进步，新一代信息技术发展迅速，应用广泛。在信息时代，具备必要的信息素养才能更好地工作、学习和生活。

【知识储备】

1.3.1 信息技术

信息与物质、能源一样重要，是人类生存和社会发展的三大基本资源之一。数据处理后产生的结果为信息，信息具有针对性、实时性，是有意义的数据。

1. 信息技术的定义

信息技术（Information Technology，IT）是管理和处理信息所采用的各种技术的总称，它主要应用计算机技术和通信技术来设计、开发、安装和实施信息系统及应用软件，也常被称为信息和通信技术（Information and Communications Technology，ICT），主要包括传感技术、计算机与智能技术、通信技术和控制技术。

◆ 广义而言，信息技术是指能充分利用与扩展人类信息器官功能的各种方法、工具与技能的总和。该定义强调的是从哲学上阐述信息技术与人的本质关系。

◆ 中义而言，信息技术是指对信息进行采集、传输、存储、加工、表达的各种技术之和。该定义强调的是人们对信息技术功能与过程的一般理解。

◆ 狭义而言，信息技术是指利用计算机、网络、广播电视等各种硬件设备及软件工具与科学方法，对图、文、声、像各种信息进行获取、加工、存储、传输与使用的技术之和。该定义强调的是信息技术的现代化与高科技含量。

2. 信息技术的内容

一般来说，信息技术包括信息基础技术、信息系统技术和信息应用技术。

（1）信息基础技术

信息基础技术是信息技术的基础，包括新材料、新能源、新元器件的开发和制造技术。

（2）信息系统技术

信息系统技术是指有关信息的获取、传输、处理、控制的设备和系统的技术。感测技术、通信技术、计算机与智能技术和控制技术是它的核心和支撑技术。

（3）信息应用技术

信息应用技术是针对各种实用目的的技术，如信息管理、信息控制、信息决策等技术。

信息技术在社会各个领域得到了广泛的应用，显示出强大的生命力。展望未来，现代信息技术将向数字化、多媒体化、高速度、网络化、宽频带、智能化等方向发展。

3．技术分类

（1）按表现形态的不同，信息技术可分为硬技术与软技术。前者指各种信息设备及其功能，如电话机、通信卫星、多媒体计算机；后者指有关信息获取与处理的各种知识、方法与技能，如语言文字技术、数据统计分析技术、规划决策技术、计算机软件技术等。

（2）按工作流程中基本环节的不同，信息技术可分为信息获取技术、信息传递技术、信息存储技术、信息加工技术及信息标准化技术。信息获取技术包括信息的搜索、感知、接收、过滤等，如显微镜、望远镜、气象卫星、温度计、钟表、互联网搜索引擎中的技术等。信息传递技术是跨越空间共享信息的技术，又可分为不同类型，如单向传递与双向传递技术，单通道传递、多通道传递与广播传递技术。信息存储技术是跨越时间保存信息的技术。信息加工技术是对信息进行描述、分类、排序、转换、浓缩、扩充、创新等的技术。信息加工技术的发展已有两次突破：从人脑信息加工到使用机械设备（如算盘、标尺等）进行信息加工，发展为使用电子计算机与网络进行信息加工。信息标准化技术是指使信息的获取、传递、存储、加工各环节有机衔接，以提高信息交换共享能力的技术，如信息管理标准、字符编码标准、语言文字的规范化等。

（3）日常用法中，有人按使用的信息设备不同，把信息技术分为电话技术、电报技术、广播技术、电视技术、复印技术、缩微技术、卫星技术、计算机技术、网络技术等。

（4）按技术的功能层次不同，可将信息技术体系分为基础层次的信息技术（如新材料技术、新能源技术），支撑层次的信息技术（如机械技术、电子技术、激光技术、生物技术、空间技术等），主体层次的信息技术（如感测技术、通信技术、计算机技术、控制技术等），应用层次的信息技术（如文化教育、商业贸易、工农业生产、社会管理中用以提高效率和效益的各种自动化、智能化、信息化应用软件与设备）。

1.3.2　新一代信息技术

新一代信息技术是国务院确定的七个战略性新兴产业之一。新一代信息技术是以云计算、大数据、人工智能、物联网、区块链、量子信息、移动通信等为代表的新兴技术。它既是信息技术的纵向升级，也是信息技术之间及其与相关产业的横向融合。新一代信息技术无疑是当今世界创新最活跃、渗透性最强、影响力最广的领域，正在全球范围内引发新一轮的科技革命，并以前所未有的速度转化为现实生产力，引领科技、经济和社会的发展。

1．云计算

云计算（Cloud Computing）是分布式计算的一种，指的是通过网络"云"将巨大的数据计算处理程序分解成无数个小程序，然后，通过多部服务器组成的系统处理和分析这些小程序，并将得到的结果返回给用户。早期的云计算就是简单的分布式计算，解决任务分发并进行计算结果的合并，因而，云计算又称为网格计算。通过这项技术，可以在很短的时间内（几秒）完成对数以万计的数据的处理，从而提供强大的网络服务。现阶段所说的云服务已经不单单是一种分布式计算，而是分布式计算、效用计算、负载均衡、并行计算、网络存储、热备份冗杂和虚拟化等计算机技术混合演进、跃升的结果。

（1）云计算概述

狭义上讲，云计算就是一种提供资源的网络，使用者可以随时获取"云"上的资源，按需求量使用，并按使用量付费。"云"就像自来水厂一样，我们可以随时用水，并且不限量，按照自家的用水量付费即可。

广义上讲，云计算是与信息技术、软件、互联网相关的一种服务，这种计算资源共享池称为"云"，云计算把许多计算资源集合起来，通过软件实现自动化管理，只需要很少的人参与，就能让资源被快速供应。也就是说，计算能力作为一种商品，可以在互联网上流通，就像水、电、煤气一样方便地取用，且价格较为低廉。

总之，云计算不是一种全新的网络技术，而是一种全新的网络应用概念。云计算就是以互联网为中心，在网站上提供快速且安全的计算与数据存储服务，让每一个使用互联网的人都可以使用网络上的庞大计算资源与数据中心。

云计算是继互联网、计算机之后信息时代的又一种革新，是信息时代的一个飞跃，未来的时代将是云计算的时代。

（2）云计算的特点

云计算的可贵之处在于高灵活性、可扩展性和高性价比等。与传统的网络应用模式相比，其具有如下优势与特点。

◆ 虚拟化。必须强调的是，虚拟化突破了时间、空间的界限，是云计算最为显著的特点。虚拟化包括应用虚拟和资源虚拟。众所周知，物理平台与应用部署的环境在空间上是没有任何联系的，通过虚拟平台对相应终端进行操作，完成数据备份、迁移和扩展等。

◆ 动态可扩展。云计算具有高效的运算能力，在原有服务器基础上增加云计算功能，能够使计算速度迅速提高，最终实现动态扩展虚拟化的层次，达到对应用进行扩展的目的。

◆ 按需部署。计算机包含许多应用、程序软件等，不同的应用对应的数据资源库不同，所以用户运行不同的应用需要较强的计算能力对资源进行部署，而云计算平台能够根据用户的需求快速配置计算能力及资源。

◆ 兼容性强。目前市场上大多数 IT 资源、软件、硬件都支持虚拟化，如存储网络、操作系统和开发软件等。虚拟化要素统一放在云系统资源虚拟池中进行管理，可见云计算的兼容性非常强，不仅可以兼容低配置机器、不同厂商的硬件产品，还能够从外部获得更高的计算能力。

◆ 可靠性高。服务器出现故障也不影响计算与应用的正常运行。因为单点服务器出现故障，可以通过虚拟化技术对分布在不同物理服务器上的应用进行恢复，或利用动态扩展功能部署新的服务器。

◆ 性价比高。将资源放在虚拟资源池中统一管理，在一定程度上优化了物理资源，用户不再需要昂贵、存储空间大的主机，可以选择相对廉价的 PC 组成云，一方面减少费用，另一方面在计算性能上也不逊于大型主机。

◆ 可扩展性。用户可以利用应用软件的快速部署条件，更为简单快捷地将自身所需的已有业务以及新业务进行扩展。例如，云计算系统中出现设备故障，对于用户来说，无论是在计算机层面上还是在具体运用上均不会受到阻碍，可以利用云计算具有的动态扩展功能对其他服务器开展有效扩展。这样就能够确保任务有序完成。在对虚拟化资源进行动态扩展的同时能够高效扩展应用，提高云计算的操作水平。

（3）云计算的应用

较为简单的云计算技术已经普遍服务于如今的互联网中，最常见的就是网络搜索引擎和电子邮箱。大家最为熟悉的搜索引擎莫过于谷歌和百度了，通过移动终端就可以在搜索引擎上搜索自己想要的资源，通过云端共享数据资源。电子邮箱也是如此，在过去，寄信是一件比较麻烦的事情，同时也是很慢的过程，而在云计算技术和网络技术的推动下，电子邮箱成为社会生活的一部分，只要在网络环境下就可以实现实时的邮件收发。云计算技术已经融入现今的社会生活。

◆ 存储云。又称云存储，是在云计算技术上发展起来的新的存储技术。云存储是一个以数据存储和管理为核心的云计算系统。用户可以将本地的资源上传至云端，在任何地方接入互联网来获取云上的资源。谷歌、微软等大型网络公司均提供云存储的服务，在国内，百度云和阿里云是市场上较大的存储云。存储云向用户提供存储容器服务、备份服务、归档服务和记录管理服务等，大大方便了使用者对资源的管理。

◆ 医疗云。是指在云计算、移动技术、多媒体、4G/5G通信、大数据以及物联网等新技术的基础上，结合医疗技术，使用云计算来创建医疗健康服务云平台，实现医疗资源的共享和医疗范围的扩大。因为云计算技术的运用，医疗云提高了医疗机构的效率，方便居民就医。现在医院的预约挂号、电子病历等都是云计算与医疗领域结合的产物，医疗云还具有数据安全、信息共享、动态扩展、布局全国的优势。

◆ 金融云。是指利用云计算的模型，将信息、金融和服务等功能分散到庞大分支机构构成的互联网"云"中，为银行、保险和证券等金融机构提供互联网处理和运行服务，同时共享互联网资源，解决现有问题并且达到高效、低成本的目标。2013年11月，阿里云整合阿里巴巴旗下资源并推出阿里金融云服务。其实，这就是现在基本普及了的移动支付。金融与云计算的结合，只需要在手机上简单操作，就可以完成银行存款、购买保险和买卖基金。现在，不仅阿里巴巴推出了金融云服务，苏宁、腾讯等企业也推出了自己的金融云服务。

◆ 教育云。实质上是指教育信息化的一种，教育云可以将所需的教育硬件资源虚拟化，然后将其接入互联网，向教育机构和学生、老师提供方便快捷的服务平台。现在流行的慕课就是教育云的一种应用。

2. 大数据

大数据（Big Data）是指无法在一定时间范围内用常规软件工具进行捕捉、管理和处理的数据集合。

（1）大数据的定义

麦肯锡对大数据的定义是，一种规模大到在获取、存储、管理、分析方面超出传统数据库软件工具能力范围的数据集合，具有海量的数据规模、快速的数据流转、多样的数据类型和价值密度低等特征。

大数据技术的战略意义不在于掌握庞大的数据信息，而在于对这些含有意义的数据进行专业化处理。如果把大数据比作一种产业，那么这种产业实现盈利的关键，在于提高对数据的"加工能力"，通过"加工"实现数据的"增值"。

从技术上看，大数据与云计算的关系就像一枚硬币的正反面一样，密不可分。大数据无法用单台计算机进行处理，必须采用分布式架构。它的特色在于对海量数据进行分布式数据挖掘。但它必须依托云计算的分布式处理、分布式数据库和云存储、虚拟化技术。

随着云时代的来临，大数据获得越来越多的关注。分析师团队认为，大数据通常用来形容一个公司创造的大量非结构化数据和半结构化数据，这些数据在下载到关系型数据库用于分析时会花费过多时间和金钱。大数据分析常和云计算联系到一起，因为实时的大型数据集分析需要诸如 MapReduce 这样的框架，向数十、数百甚至数千的计算机分配工作。

大数据需要特殊的技术，以有效处理大量的数据。适用于大数据的技术，包括大规模并行处理（MPP）数据库、数据挖掘、分布式文件系统、分布式数据库、云计算平台、互联网和可扩展的存储系统。

（2）大数据的特点

◆ 数据量大（Volume）。随着信息技术的发展，数据开始爆炸性增长。社交网络（微博、微信、抖音等）、移动网络、智能工具、服务工具等，都成为数据的来源。迫切需要智能的算法、强大的数据处理平台和新的数据处理技术，对海量数据进行统计、分析、预测和实时处理。

◆ 类型繁多（Variety）。广泛的数据来源决定了大数据形式的多样性。任何形式的数据都可以产生作用，目前应用最广泛的就是推荐系统，如淘宝、网易云音乐、今日头条等，这些平台都会对用户的日志数据进行分析，从而进一步推荐用户喜欢的东西。日志数据是结构化明显的数据，还有一些数据结构化不明显，如图片、音频、视频等，这些数据因果关系弱，需要人工对其进行标注。

◆ 速度快、时效高（Velocity）。大数据的产生非常迅速，主要通过互联网传输。生活中每个人都是数据的生产者，产生了丰富的数据，并且这些数据是需要及时处理的，因为花费大量资源去存储作用较小的历史数据是非常不划算的。对于一个平台而言，也许保存的只有过去几天或一个月之内的数据，再早的数据就要及时清理，不然代价太大。基于这种情况，大数据对处理速度有非常严格的要求，服务器中大量的资源都用于处理和计算数据，很多平台都需要做到实时分析。数据无时无刻不在产生，谁的处理速度更快，谁就更有优势。

◆ 价值密度低（Value）。这也是大数据的核心特征。在现实世界产生的数据中，有价值的数据所占比例很小。相比于传统的小数据，大数据最大的价值在于通过从大量不相关的、各种类型的数据中，挖掘出对未来趋势与模式预测分析有价值的数据，并通过机器学习方法、人工智能方法或数据挖掘方法深度分析，发现新规律和新知识，运用于农业、金融、医疗等领域，从而达到改善社会治理、提高生产效率、促进科学研究的目的。

（3）大数据的应用

将大量的原始数据汇集在一起，通过数据挖掘等技术分析数据中潜在的规律，预测未来的发展趋势，有助于人们做出正确的决策，从而提高各领域的运行效率，获得更大的收益。大数据冲击着许多行业，包括金融、互联网、医疗、社交网络、零售和电子商务等，彻底改变着人们的生活方式。

◆ 大数据在互联网企业的应用。互联网是最早利用大数据进行精准营销的行业，通过大数据不仅可以为企业进行精准营销，还可以快速友好地对用户实施个性化解决方案。

◆ 大数据在医疗行业的应用。医疗行业拥有大量的病历、病理报告、治疗方案、药物报告等，如果这些数据可以被整理和应用，将会极大地帮助医生和病人。

◆ 大数据在金融行业的应用。金融行业的数据具有交易量大、安全级别高等特点。

◆ 大数据在零售行业的应用。零售行业的大数据应用有两个层面。一个层面是零售行业可以通过大数据了解客户的消费喜好和趋势、购买的其他产品，以此扩大销售，属于精准营销范畴。另一个层面，生产厂家利用零售商的销售数据信息，有助于资源的有效利用，降低产能过剩，把握未来消费趋势，有利于热销商品的进货管理和过季商品的处理。

◆ 大数据在农业的应用。大数据在农业的应用主要是指依据未来的商业需求预测来进行农牧产品的生产，降低产量过剩、产品滞销的概率。同时，大数据的分析有助于更加精确地预测未来的天气，帮助农牧民做好自然灾害的预防工作。大数据同时也会帮助农民依据消费者的消费习惯来决定增加哪些品种的种植、减少哪些品种的生产，提高单位种植面积的产值，同时有助于快速销售农产品，完成资金回流。

◆ 大数据在交通行业的应用。目前，交通行业的大数据应用主要在两个方面：一方面利用大数据传感器数据来了解车辆通行密度，合理进行道路规划；另一方面利用大数据实现即时信号灯调度，提高已有线路的通行能力。

◆ 大数据在教育行业的应用。基于大数据的精确学情诊断、个性化学习分析和智能决策支持，大大提升了教育品质，对促进教育公平、提高教育质量、优化教育治理都具有重要作用，已成为实现教育现代化必不可少的重要支撑。但教育行业中的考试数据、学籍数据、教师数据、经费数据、人口数据、研究数据等分散在不同的机构和政府部门，很难形成大数据，这是需要统筹考虑解决的问题。

◆ 大数据在政府机构的应用。政府利用大数据技术可以了解各地区的经济发展情况、各产业发展情况、社会消费支出、有效利用自然资源和社会资源的情况，提高社会生产效率。

3. 人工智能

人工智能（Artificial Intelligence，AI）是研究、开发用于模拟、延伸和扩展人的智能的理论、方法、技术及应用系统的一门新学科。

人工智能是计算机科学的一个分支，它企图了解智能的实质，并生产出一种新的、能模仿人的思维方式对事件做出反应的智能机器。人工智能领域的研究包括机器人设计、语言识别、图像识别、自然语言处理和专家系统等。自诞生以来，人工智能理论和技术日益成熟，应用领域不断扩大，可以设想，未来人工智能带来的科技产品将会是人类智慧的"容器"。人工智能可以对人的意识、思维的信息过程进行模拟。人工智能不是人的智能，但能像人那样思考，也可能超过人的智能。

（1）定义

人工智能的定义可以分为两部分，即"人工"和"智能"。"人工"比较好理解，争议性也不大。关于什么是"智能"，就比较复杂了，涉及诸如意识、自我、思维等方面的问题。

美国斯坦福大学人工智能研究中心尼尔逊教授对人工智能下了这样一个定义："人工智能是关于知识的学科——怎样表示知识、怎样获得知识并使用知识的学科。"美国麻省理工学院的温斯顿教授认为："人工智能就是研究如何使计算机去做过去只有人才能做的智能工作。"这些说法反映了人工智能学科的基本思想和基本内容，即人工智能是研究人类智能活动的规律，构造具有一定智能的人工系统，研究如何让计算机完成需要人的智力才能胜任的工作，也就是研究如何应用计算机的软硬件来模拟人类某些智能行为的基本理论、方法和技术。

（2）研究领域

◆ 问题求解。人工智能的一大成就是下棋程序，在下棋程序中应用的某些技术，如向前看几步、把困难的问题分解成一些较容易的子问题，发展成为搜索和问题归纳这样的人工智能基本技术。今天的计算机程序已能够达到参加国际象棋锦标赛的水平。但是，尚未解决包括人类棋手具有但尚不能明确表达的能力，如国际象棋大师洞察棋局的能力。另一个问题涉及问题的原概念，在人工智能中称为问题表示的选择，人们常能找到某种思考问题的方法，从而使求解变易而解决该问题。人工智能程序已能知道如何考虑它们要解决的问题，即搜索解答空间，寻找较优解答。

◆ 逻辑推理与定理证明。逻辑推理是人工智能研究中最持久的领域之一。在人工智能方法的研究中，定理证明是一个极其重要的论题。

◆ 自然语言处理。自然语言处理是人工智能技术应用于实际领域的典型范例，经过多年艰苦努力，这一领域获得了大量令人瞩目的成果。实现人机间自然语言通信意味着要使计算机既能理解自然语言文本的意义，也能以自然语言文本来表达给定的意图、思想等。从现有的理论和技术看，通用的、高质量的自然语言处理系统仍然是较长期的努力目标，但是针对一定应用、具有相当自然语言处理能力的实用系统已经出现，有些已商品化，甚至开始产业化。

◆ 智能信息检索技术。受互联网技术迅猛发展的影响，信息获取和处理技术已成为当代计算机科学与技术研究中迫切需要研究的课题，将人工智能技术应用于这一领域的研究是人工智能走向广泛实际应用的契机与突破口。

◆ 专家系统。专家系统是人工智能中最活跃、最有成效的研究领域，它是一种具有特定领域内大量知识与经验的程序系统。系统内部含有大量的某个领域专家水平的知识与经验，能够利用人类专家的知识和解决问题的方法来处理该领域的问题。也就是说，专家系统是一个具有大量专门知识与经验的程序系统，它应用人工智能技术和计算机技术，根据某领域一个或多个专家提供的知识和经验进行推理和判断，模拟人类专家的决策过程，解决那些需要人类专家处理的复杂问题。

◆ 机器翻译。机器翻译也是人工智能中一个活跃的研究领域，它是建立在语言学、数学和计算机科学这三门学科的基础之上的。语言学家提供适合计算机加工的词典和语法规则，数学家把语言学家提供的材料形式化和代码化，计算机科学家给机器翻译提供软件手段和硬件设备，并进行程序设计。缺少上述任何一方面，机器翻译就不能实现。机器翻译效果的好坏，也完全取决于这三个方面的共同努力。就已有的成就来看，机器翻译的质量离终极目标仍相差甚远。中国数学家、语言学家周海中教授曾在论文《机器翻译五十年》中指出：要提高机译的质量，首先要解决的是语言本身的问题而不是程序设计问题；单靠若干程序来做机译系统，肯定是无法提高机译质量的。他还指出：在人类尚未明了人脑是如何进行语言的模糊识别和逻辑判断的情况下，机译要想达到"信、达、雅"的程度是不可能的。

4. 物联网

物联网（Internet of Things，IoT）是指通过各种信息传感器、射频识别技术、全球定位系统、红外感应器、激光扫描器等，实时采集任何需要监控、连接、互动的实体或过程，采集其声、光、热、电、力学、化学、生物学、位置等各种需要的信息，通过各类可能的网络接入，实现物与物、物与人的泛在连接，实现对物品和过程的智能化感知、识别和管理。

（1）物联网的定义

物联网是在互联网基础上延伸和扩展的网络，是将各种信息传感设备与网络结合起来而形成的一个巨大网络，实现在任何时间、任何地点，人、机、物的互联互通。

物联网是新一代信息技术的重要组成部分，"物联网就是物物相连的互联网"。这有两层意思：第一，物联网的核心和基础仍然是互联网，是在互联网基础上的延伸和扩展；第二，其用户端延伸和扩展到了任何物品与物品之间。因此，物联网是通过射频识别、红外感应器、全球定位系统、激光扫描器等信息传感设备，按约定的协议，把任何物品与互联网相连接，进行信息交换和通信，以实现对物品的智能化识别、定位、跟踪、监控和管理的一种网络。

（2）物联网的特征

从通信对象和过程来看，物与物、人与物之间的信息交互是物联网的核心。物联网的基本特征可概括为整体感知、可靠传输和智能处理。

◆ 整体感知——可以利用射频识别、二维码、智能传感器等感知设备感知获取物体的各类信息。

◆ 可靠传输——通过对互联网、无线网络的融合，将物体的信息实时、准确地传送，以便信息交流、分享。

◆ 智能处理——使用各种智能技术，对感知和传送的数据、信息进行分析处理，实现监测与控制的智能化。

根据物联网的以上特征，结合信息科学的观点，围绕信息的流动过程，可以归纳出物联网处理信息的功能：

① 获取信息的功能。主要是信息的感知、识别。信息的感知是指对事物属性状态及其变化方式的知觉和敏感；信息的识别指能把所感受到的事物状态用一定方式表示出来。

② 传送信息的功能。主要是指信息发送、传输、接收等环节，最后把获取的事物状态信息及其变化的方式从时间（或空间）上的一点传送到另一点，这就是常说的通信过程。

③ 处理信息的功能。是指信息的加工过程，利用已有的信息或感知的信息产生新的信息，实际是制定决策的过程。

④ 施效信息的功能。指信息最终发挥效用的过程，有很多表现形式，比较重要的是通过调节事物的状态及其变换方式，始终使对象处于预设的状态。

（3）物联网的应用

物联网的应用领域涉及方方面面，在工业、农业、环境保护、交通、物流、公共安全等领域的应用，有力推动了这些领域的智能化发展，使得有限的资源被更加合理地使用分配，提高了行业效率、效益。物联网在家居、医疗健康、教育、金融与服务、旅游等与生活息息相关的领域的应用，使其服务范围、服务方式、服务质量等方面都有了极大的改进，大大提高了人们的生活质量。在国防军事领域虽然还处在研究探索阶段，但物联网应用带来的影响不可小觑，大到卫星、导弹、飞机、潜艇等装备系统，小到单兵作战装备，物联网技术的嵌入有效提升了军事智能化、信息化、精准化水平，极大提升了军事战斗力，是未来军事变革的关键。

◆ 智能交通

物联网技术在道路交通方面的应用比较成熟。交通拥堵已成为城市的一大问题。对道路交通状况实时监控并将信息及时传递给驾驶人，让驾驶人及时调整出行线路，可有效缓解交通压力。高速路口设置道路自动收费系统（ETC），省去进出口取卡、还卡的时间，提升车辆的通行效率。公交车上安装定位系统，及时了解公交车行驶路线及到站时间，乘客可以根据搭乘路线确定出行，避免不必要的时间浪费。社会车辆增多，除了会带来交通压力，停车难也日益成为一个突出问题，不少城市推出了智慧路边停车管理系统，基于云计算平台，结合物联网技术与移动支付技术，共享车位资源，提高车位利用率和用户的方便程度。该系统可以兼容手机模式和射频识别模式，通过手机端 App 软件可以实现及时了解车位信息、车位位置，预定车位，交费等操作，很大程度上解决了"停车难、难停车"的问题。

◆ 智能家居

智能家居是物联网在家庭中的基础应用。随着宽带业务的普及，智能家居产品涉及方方面面。比如，家中无人，可以利用手机等产品客户端远程操作智能空调，调节室温。智能空调甚至可以学习用户的使用习惯，实现全自动的温控操作，使用户在炎炎夏季回家就能享受到凉爽带来的惬意。还可以通过客户端实现智能灯泡的开关、调控灯泡的亮度和颜色等。智能体重秤内置监测血压、脂肪量的先进传感器，可以根据身体状态提出健康建议，也可以监测运动效果。智能牙刷与客户端相连，提供刷牙时间、刷牙位置提醒，可根据刷牙的数据生成图表，了解口腔的健康状况。智能摄像头、窗户传感器、智能门铃、烟雾探测器、智能报警器等都是家庭不可缺少的安全监控设备，即使出门在外，也可以在任意时间、任何地点查看家中的实时状况，掌握各种安全隐患。看似烦琐的种种家居生活因为物联网变得更加轻松、美好。

◆ 公共安全

近年来，全球气候异常情况频发，灾害的突发性和危害性加大。互联网可以实时监测环境的安全情况，提前预防、实时预警、及时采取应对措施，降低灾害对人类生命财产的威胁。美国某大学早在 2013 年就提出研究深海互联网项目，将特殊处理的感应装置置于深海中，分析水下相关情况，助力海洋污染的防治、海底资源的探测，甚至对海啸提供更加可靠的预警。利用物联网技术还可以智能感知大气、土壤、森林、水资源等有关方面的指标数据，为改善人类生活环境发挥巨大作用。

5. 区块链

区块链是信息技术领域的一个术语。从本质上讲，它是一个共享数据库，存储于其中的数据或信息具有"不可伪造""全程留痕""可追溯""公开透明""集体维护"等特征。基于这些特征，区块链技术奠定了坚实的"信任"基础，创造了可靠的"合作"机制，具有广阔的运用前景。

2019 年 1 月，国家互联网信息办公室发布《区块链信息服务管理规定》，规范和促进区块链技术及相关服务健康发展。区块链走进大众视野，成为社会的关注焦点。

（1）区块链的起源

区块链起源于比特币。2008 年，一位自称中本聪的人发表了《比特币：一种点对点的电子现金系统》一文，阐述了基于 P2P 技术、加密技术、时间戳技术、区块链技术等的电子现金系统的构架理念，这标志着比特币的诞生。两个月后理论步入实践，2009 年 1 月 3 日，序号为 0 的创世区块诞生。2009 年 1 月 9 日，出现了序号为 1 的区块，并与序号为 0 的创世区块相连接形成了链，标志着区块链的诞生。

近年来，世界对比特币的态度起起落落，但作为比特币底层技术之一的区块链技术日益受到重视。在比特币形成过程中，区块是一个一个的存储单元，记录了一定时间内各区块节点全部的交流信息。各个区块之间通过随机散列（也称哈希算法）实现链接，后一个区块包含前一个区块的哈希值，随着信息交流的扩大，一个区块与一个区块相继接续，形成的结果就叫区块链。

（2）区块链的发展历程

自 2008 年中本聪首次提出区块链的概念起，在随后的几年中，区块链成为数字货币核心组成部分，成为所有数字货币交易的公共账簿。利用点对点网络和分布式时间戳服务器，区块链数据库能够进行自主管理。为比特币而发明的区块链使比特币成为第一个解决重复消费问题的数字货币。比特币的设计已经成为其他应用程序的灵感来源。

2014 年，"区块链 2.0" 成为一个关于去中心化区块链数据库的术语。对这个第二代可编程区块链，经济学家认为它是一种编程语言，允许用户写出更精密智能的协议。因此，当利润达到一定程度的时候，就能够从完成的货运订单或者共享证书的分红中获得收益。区块链 2.0 技术跳过了交易和"价值交换中担任金钱和信息仲裁的中介机构"，使隐私得到保护，使人们"将掌握的信息兑换成货币"，并且有能力保证知识产权的所有者得到收益。第二代区块链技术使存储个人的"永久数字 ID 和形象"成为可能，并且对"潜在的社会财富分配"不平等提供解决方案。

2016 年 1 月，中国人民银行数字货币研讨会宣布对数字货币研究取得阶段性成果。会议肯定了数字货币在减少传统货币发行等方面的价值，并表示央行在探索发行数字货币。中国人民银行数字货币研讨会的表示大大增强了数字货币行业的信心。这是继 2013 年 12 月央行五部委发布关于防范比特币风险的通知之后，第一次对数字货币表示明确的态度。

2016 年 12 月，数字货币联盟——中国 FinTech 数字货币联盟及 FinTech 研究院正式筹建。

2021 年 5 月，中国人民银行发布"关于防范虚拟货币交易炒作风险的公告"。公告说，虚拟货币无真实价值支撑，价格极易被操纵，相关投机交易活动存在虚假资产风险、经营失败风险、投资炒作风险等多重风险。从我国现有司法实践看，虚拟货币交易合同不受法律保护，投资交易造成的后果和引发的损失由相关方自行承担。

（3）区块链的应用领域

◆ 金融领域

区块链在国际汇兑、信用证、股权登记和证券交易等金融领域有着潜在的巨大应用价值。将区块链技术应用在金融行业中，能够省去第三方中介环节，实现点对点的直接对接，在大大降低成本的同时快速完成交易支付。

◆ 物联网和物流领域

区块链在物联网和物流领域有得天独厚的应用优势。通过区块链可以降低物流成本，追溯物品的生产和运送过程，提高供应链管理的效率。该领域被认为是区块链的一个很有前景的应用方向。

区块链通过节点连接的散状网络分层结构，能够在整个网络中实现信息的全面传递，并能够检验信息的准确程度。这种特性一定程度上提高了物联网交易的便利性和智能化。区块链+大数据的解决方案就利用了大数据的自动筛选过滤模式，在区块链中建立信用资源，可双重提高交易的安全性，并提高物联网交易的便利程度，为智能物流模式应用节约时间成本。区块链节点具有自由进出的能力，可独立参与或离开区块链体系，不对整个区块链体系有任何干扰。区块链+大数据解决方案利用了大数据的整合能力，便于在智能物流的分散用户之间实现用户拓展。

◆ 公共服务领域

公共管理、能源、交通等领域与民众的生产生活息息相关，但是这些领域的中心化特质也带来一些问题，可以用区块链来改造。区块链提供的去中心化的完全分布式 DNS 服务，通过网络中各个节点之间的点对点数据传输服务就能实现域名的查询和解析，可用于确保某个重要的基础设施的操作系统和固件没有被篡改，监控软件的状态和完整性，发现不良的篡改，并确保使用物联网技术的系统所传输的数据未被篡改。

◆ 数字版权领域

通过区块链技术，可以对作品进行鉴权，证明文字、视频、音频等作品的存在性，保证权属的真实性、唯一性。作品在区块链上被确权后，后续交易都会进行实时记录，实现数字版权全生命周期管理，也可作为司法取证中的技术保障。

◆ 保险领域

在保险理赔方面，保险机构负责资金的归集、管理和出险理赔，管理和运营成本往往较高。通过智能合约的应用，既不需要投保人申请，也不需要保险公司批准，只要触发理赔条件就可实现保单自动理赔。

◆ 公益领域

区块链上存储的数据高度可靠且不可篡改，天然适合用在社会公益场景。公益流程中的相关信息，如捐赠项目、募集明细、资金流向、受助人反馈等，均可以存放于区块链上，并且有条件地进行公示，方便社会监督。

（4）面临的挑战

从实践进展来看，区块链技术的应用大部分仍在构想和测试之中，在生活、生产中的运用还有很长的路，而要获得监管部门和市场的认可也面临不少困难。

◆ 受到现行观念、制度、法律的制约。区块链去中心化、自我管理、集体维护的特性淡化了国家监管的概念，冲击了现行法律。对于这些，整个世界缺少理论准备和制度探讨。即使是对区块链应用最成熟的比特币，不同国家持有的态度也不相同，这不可避免地阻碍了区块链技术的应用与发展。解决这类问题，显然还有很长的路要走。

◆ 在技术层面，区块链尚需突破性进展。区块链应用尚在实验室初创开发阶段，没有可用的成熟产品。

◆ 竞争性技术的挑战。虽然有很多人看好区块链技术，但也要看到推动人类发展的技术有很多种，哪种技术更方便、更高效，人们就会应用哪种技术。

6. 量子信息

量子信息是量子物理与信息技术相结合而发展起来的新学科，主要包括量子通信和量子计算两个领域。量子通信主要研究量子密码、量子隐形传态、远距离量子通信等技术，量子计算主要研究量子计算机和适用于量子计算机的量子算法。

（1）简介

量子（Quantum）是现代物理的重要概念。一个物理量如果存在最小的、不可分割的基本单位，则这个物理量是量子化的，最小单位称为量子。量子一词最早是由德国物理学家普朗克在1900年提出的，他假设黑体辐射中的辐射能量是不连续的，只能取能量基本单位的整数倍，从而很好地解释了黑体辐射的实验现象。

后来的研究表明，不但能量表现出这种不连续的分离化性质，其他物理量，诸如角动量、自旋、电荷等，也表现出这种不连续的量子化现象，这与以牛顿力学为代表的经典物理有根本的区别。量子化现象主要表现在微观物理世界。描述微观物理世界的物理理论是量子力学。

根据摩尔定律，计算机微处理器的速度每18个月增长一倍，其中单位面积（或体积）上集成的元件数目相应增加。可以预见，在不久的将来，芯片元件就会达到它能以经典方式工作的极限尺度。因此，突破这种尺度极限是当代信息科学面临的重大科学问题。量子信息的研究就是充分利用量子物理基本原理的研究成果，发挥量子相干特性的强大作用，探索以全新的方式进行计算、编码和信息传输的可能性，为突破芯片极限提供新概念、新思路和新途径。量子力学与信息科学结合，不仅充分显示了学科交叉的重要性，而且量子信息的最终物理实现会带来信息科学观念和模式的重大变革。事实上，传统计算机也是量子力学的产物，它的器件也利用了诸如量子隧道现象等量子效应。量子信息主要是基于量子力学的相干特征，重构密码、计算和通信的基本原理。

（2）纠错量子状态

耶鲁大学研究人员成功开发出一种新方法，既可以观察量子信息，也能保持其完整性，这给量子力学研究提供了更大的控制权，以纠正随机错误。

在量子系统中，信息是由量子比特来存储的。量子比特可以假定为"0"或"1"两个状态，这两个状态在同一时刻是叠加的。正确认识、解释和跟踪它们的状态对于量子计算非常必要。但通常情况下，监视量子比特会损害其信息内容。

新开发的这种非破坏性的测量系统可以观察、跟踪和记录量子比特所有状态的变化，同时保持量子比特的信息价值。

（3）应用领域

◆ 量子通信

美国在 2005 年建成了 DARPA 量子网络，连接美国 BBN 公司、哈佛大学和波士顿大学 3 个节点。中国在 2008 年研制了 20km 级的三方量子电话网络，2009 年构建了一个 4 节点全通型量子通信网络，大大提高了安全通信的距离和密钥产生速度，同时保证了绝对安全性。同年，"金融信息量子通信验证网"在北京正式开通，这是世界上首次将量子通信技术应用于金融信息安全传输。2014 年，中国远程量子密钥分发系统的安全距离扩展至 200km，刷新世界纪录。2016 年 8 月 16 日，中国发射量子科学实验卫星"墨子号"，连接地面光纤量子通信网络，并力争在 2030 年建成 20 颗卫星规模的全通型量子通信网。

◆ 量子计算

量子计算机由包含导线和基本量子门的量子线路构成，导线用于传递量子信息，量子门用于操作量子信息。

2015 年 5 月，IBM 在量子运算上取得两项关键性突破，开发出四量子比特原型电路（Four Quantum Bit Circuit），成为未来 10 年量子计算机的基础。2016 年 8 月，美国马里兰大学发明世界上第一台由五量子比特组成的可编程量子计算机。

◆ 量子雷达

量子雷达属于一种新概念雷达，其将量子信息技术引入经典雷达探测领域，提升雷达的综合性能。量子雷达具有探测距离远、可识别和分辨隐身平台及武器系统等突出特点，未来可进一步应用于导弹防御和空间探测，具有极其广阔的应用前景。根据利用量子现象和光子发射机制的不同，量子雷达主要分为三类：发射非纠缠的量子态电磁波的量子雷达，发射纠缠的量子态电磁波的量子雷达，发射经典态的电磁波的量子雷达。2008 年，美国麻省理工学院的 Lloyd 教授首次提出量子远程探测系统模型。2013 年，意大利的 Lopaeva 博士在实验室中达成量子雷达成像探测，证明其有实战价值的可能性。中国首部基于单光子检测的量子雷达系统由中国电科 14 所研制，中国科学技术大学、中国电科 27 所以及南京大学协作完成。不过专家表示，量子雷达要实现工程化，可能还有比较漫长的路要走。

◆ 量子博弈

量子博弈是 Eisert 等人在 1999 年提出的,游戏者可以利用量子规律摆脱所谓的"囚徒困境",防止某一玩家因背叛而获利。

7.移动通信

移动通信(Mobile Communication)是移动体之间的通信,或移动体与固定体之间的通信。移动体可以是人,也可以是汽车、火车、轮船等处于移动状态中的物体。

现代移动通信技术主要可以分为低频、中频、高频、甚高频和特高频几个频段,在这几个频段中,技术人员可以利用移动台技术、基站技术、移动交换技术,对移动通信网络内的终端设备进行连接,满足人们的移动通信需求。从模拟制式的移动通信系统、数字蜂窝通信系统、移动多媒体通信系统,到目前的高速移动通信系统,移动通信的速度、稳定性与可靠性不断提升,为人们的生产、生活提供了灵活的通信方式。

在过去的半个世纪中,移动通信的发展对人们的生活、生产、工作、娱乐乃至政治、经济和文化都产生了深刻的影响,三四十年前幻想中的无人机、智能家居、网络视频、网上购物等均已实现。一般认为,移动通信技术经历了如下 5 个发展阶段。

(1)第一代移动通信系统

第一代移动通信系统(1G)是在 20 世纪 80 年代初提出的,完成于 20 世纪 90 年代初,如 NMT 和 AMPS,NMT 于 1981 年投入运营。第一代移动通信系统是基于模拟传输的,其特点是业务量小、质量差、安全性差、没有加密、速度慢。1G 主要基于蜂窝结构组网,直接使用模拟语音调制技术,只能进行语音通话。

(2)第二代移动通信系统

第二代移动通信系统(2G)起源于 20 世纪 90 年代初期。欧洲电信标准协会在 1996 年提出了 GSM Phase 2+,目的在于扩展和改进 GSM Phase 1 及 Phase 2 中原定的业务和性能。它主要包括 CMAEL(客户化应用移动网络增强逻辑)、S0(支持最佳路由)、立即计费、GSM 900/1800 双频段工作等内容,也包含了与全速率完全兼容的增强型话音编解码技术,使话音质量得到了质的改进;半速率编解码器使 GSM 系统的容量提升近一倍。

在 GSM Phase 2+阶段中,采用更密集的频率复用、多重复用结构技术,引入智能天线技术、双频段技术等,有效地克服了业务量剧增引发的 GSM 系统容量不足的缺陷;自适应语音编码(AMR)技术的应用极大提高了系统的通话质量;GPRS/EDGE 技术的引入使 GSM 与计算机、互联网有机结合,数据传送速率可达 9.6kbps,从而使 GSM 功能得到不断增强,初步具备了支持多媒体业务的能力。

尽管 2G 技术在发展中不断得到完善,但随着用户规模和网络规模的不断扩大,频率资源接近枯竭,语音质量不能使用户满意,数据通信速率太低,无法在真正意义上满足移动多媒体业务的需求。

(3)第三代移动通信系统

第三代移动通信系统(3G)也称为 IMT-2000,其最基本的特征是使用了智能信号处理技术。智能信号处理单元成为基本功能模块,支持话音和多媒体数据通信,它可以提供前两代系统不能提供的各种宽带信息业务,如高速数据、慢速图像与电视图像等。例如,

WCDMA 的传输速率在用户静止时最大为 2000kbps，在用户高速移动时最大支持 144kbps，所占频带宽度为 5MHz 左右。

3G 系统在我国的发展日新月异。2009 年 1 月，我国同时发放了三张 3G 牌照，即 TD-SCDMA、WCDMA、CDMA2000，标志着我国正式进入了 3G 时代。从技术角度来分析，3G 移动通信网络相对于 2G 网络的优势在于更大的系统容量和更好的通信质量，且能够实现全球范围的无缝漫游，为通信用户提供包括语音、数据和多媒体等多种形式的通信服务。在国际移动通信领域，国际电联对 3G 网络有最低的要求和标准，即：在高速移动的地面物体上，3G 网络所能提供的数据业务为 64～144kbps，要能够适应 500km/h 的移动环境。针对该标准，我国的 3 种 3G 网络中，WCDMA 和 CDMA2000 主要采用"软切换"技术，能够实现移动终端在时速 500km 时的正常通信，即能够实现与另一个新基站通信时，首先不中断与原基站的联系，而是在与新的基站连接好后，再中断与原基站的连接，这也是 3G 网络优于 2G 网络的一个突出特点。WCDMA 技术解决了高速运动物体的无缝覆盖问题；此外，TD-SCDMA 对高铁通信的覆盖方案进行了研究。因此，3G 移动通信网络在技术层面上已经具有为高铁提供通信保障的基本条件，为我国高铁发展过程中移动通信问题的圆满解决奠定了坚实基础。

（4）第四代移动通信系统

第四代移动通信系统（4G）是集 3G 与 WLAN 于一体，能够传输高质量视频图像（图像传输质量与高清晰度电视不相上下）的技术产品。4G 系统能够以 100Mbps 的速度下载数据，上传数据的速度也能达到 20Mbps，能够满足几乎所有用户对无线服务的要求。在用户最为关注的价格方面，4G 与固定宽带网络不相上下，而且计费方式更加灵活机动，用户完全可以根据自身的需求确定所需的服务。此外，4G 可以在 DSL 和有线电视调制解调器没有覆盖的地方部署，然后再扩展到整个地区。很明显，4G 有着不可比拟的优越性。

4G 移动系统网络结构可分为三层：物理网络层、中间环境层、应用网络层。物理网络层提供接入和路由选择功能，中间环境层的功能有 QoS 映射、地址变换和完全性管理等。物理网络层与中间环境层及其应用环境之间的接口是开放的，这使提供新的应用及服务变得更为容易。第四代移动通信系统的关键技术包括信道传输，抗干扰性强的高速接入技术、调制和传输技术，高性能、小型化和低成本的自适应阵列智能天线，大容量、低成本的无线接口和光接口，系统管理资源，软件无线电技术等。

（5）第五代移动通信系统

第五代移动通信系统（5G）是对现有无线接入技术（包括 2G、3G、4G 和 WiFi）的技术演进，以及一些新增的补充性无线接入技术集成后解决方案的总称。从某种程度上讲，5G 是一个真正意义上的融合网络，以融合和统一的标准，提供人与人、人与物以及物与物之间高速、安全和自由的连通。

与早期的 2G、3G 和 4G 网络一样，5G 网络是数字蜂窝网络，在这种网络中，运营商覆盖的服务区域被划分为许多被称为蜂窝的小地理区域。表示声音和图像的模拟信号在手机中被数字化，由模数转换器进行转换并作为比特流传输。5G 无线设备通过无线电波与蜂窝中的本地天线阵和低功率自动收发器（发射机和接收机）进行通信。收发器从公共频率池分配频道，这些频道在地理上分离的不同蜂窝中可以重复使用。本地天线通过高带宽光纤或无线回程连接与电话网络和互联网连接。与现有的手机一样，当用户从一个蜂窝穿越到另一个蜂窝时，他们的移动设备将自动"切换"到新蜂窝中。

5G 网络的主要优势在于数据传输速率远远高于以前的蜂窝网络，最高可达 10Gbps。另一个优点是较低的网络延迟（更短的响应时间）——低于 1ms。由于数据传输更快，5G 网络将不仅为手机提供服务，而且为一般性的家庭和办公网络提供服务，与有线网络提供商竞争。5G 应用远景如图 1-5 所示。

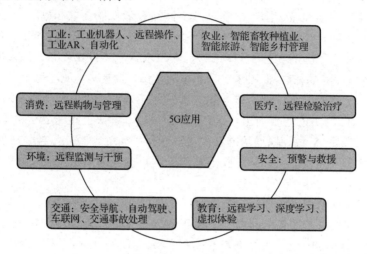

图 1-5　5G 应用远景图

2019 年 6 月 6 日，工信部向中国电信、中国移动、中国联通、中国广电发放 5G 商用牌照，中国正式进入 5G 商用元年。

2019 年 9 月 10 日，华为公司在国际电信联盟 2019 年世界电信展上发布《5G 应用立场白皮书》，展望了 5G 在多个领域的应用场景，并呼吁全球行业组织和监管机构积极推进标准协同、频谱到位，为 5G 商用部署和应用提供良好的资源保障与商业环境。

2019 年 10 月，5G 基站入网正式获得工信部的批准。工信部颁发了国内首个 5G 无线电通信设备进网许可证，标志着 5G 基站设备将正式接入公用电信商业网络。

1.3.3　信息素养

1．信息素养的概念

信息素养（Information Literacy）是一种对信息社会的适应能力。美国教育技术 CEO 论坛的报告提出，21 世纪的能力素质包括基本学习技能（指读、写、算）、信息素养、创新思维能力、人际交往与合作精神、实践能力。信息素养是其中一个方面，涉及信息的意识、信息的能力和信息的应用。

信息素养是一种综合能力，涉及各方面的知识，包含人文的、技术的、经济的、法律的诸多因素，和许多学科有着紧密的联系。信息技术支持信息素养，通晓信息技术强调对技术的理解、认识和使用技能。信息素养的重点是内容、传播、分析，包括信息检索以及评价，涉及更宽的方面。它是一种了解、搜集、评估和利用信息的知识结构，既需要通过熟练的信息技术，也需要通过完善的调查方法、通过鉴别和推理来完成。

2. 信息素养的内容

信息素养包括信息意识、信息知识、信息能力和信息道德四个要素。信息素养的四个要素共同构成一个不可分割的整体，其中，信息意识是先导，信息知识是基础，信息能力是核心，信息道德是保证。

（1）信息意识

信息意识是判断一个人是否具备信息素养、信息素养高低的基本要素。具体表现为，在遇到实际问题时是否第一时间想到利用信息技术解决问题，提高效率。信息意识是对信息、信息问题的敏感程度，是对信息的捕捉、分析、判断和吸收的自觉程度。

（2）信息知识

信息知识是指与信息有关的理论、知识和方法，包括信息理论知识与信息技术知识。信息理论包括信息的基本概念、信息处理的方法与原则、信息的社会文化特征等。有了对信息本身的认知，就能更好地辨别信息，获取、利用信息。

（3）信息能力

能够发现信息、捕获信息、想到利用信息技术去解决实际问题便具备了一定的信息意识。但能否采取合适的方式方法，选择适合的信息技术及工具，通过恰当的途径去解决问题，则是信息能力的具体表现。信息能力是指运用信息知识、技术和工具解决信息问题的能力，包括对信息的基本概念和原理等知识的理解和掌握、信息资源的收集整理与管理、信息技术及其工具的选择和使用、信息处理过程的设计等能力。

（4）信息道德

信息技术特别是网络技术的迅猛发展，给人们的生活、学习和工作方式带来了根本性变革，同时也引出许多新问题，如个人信息隐私权保护、软件知识产权保护、软件使用者权益保护、网络信息传播权保护、网络黑客打击等。针对这些问题，出现了调整自然人之间以及个人和社会之间信息关系的行为规范，这就是信息伦理。利用信息能力解决实际问题的过程中，能不能遵守信息伦理规范，体现了个人信息道德水平的高低。

因此，信息意识决定一个人是否能够想到用信息和信息技术；信息能力决定能不能把想到的做到、做好；信息道德决定在做的过程中能不能遵守信息道德规范、合乎信息伦理。信息能力是信息素养的核心和基本内容，信息意识是信息能力的基础和前提，并渗透到信息能力的全过程。只有具有强烈的信息意识才能激发信息能力的提高。信息能力的提升，也促进了人们对信息及信息技术作用和价值的认识，进一步增强了应用信息的意识。信息道德则是信息意识和信息能力正确应用的保证，它关系到信息社会的稳定和健康发展。

3. 信息素养的重要性

◆ 信息素养与日常生活

信息素养与我们的生活密切相关。在日常生活中，当人们可以随时了解与自身生活相关的信息时，就能提高生活质量。例如，求职者想要了解哪里有就业机会；租房人想知道与房东的纠纷可以依据什么法律来处理；一个家庭面对较大的支出，如金融投资、购房或购买保险等问题时，想要了解有哪些选择、如何选择。这些问题，依靠个人原有的知识可能无法解决。但当具备了良好的信息素养能力时，就可以及时获取有用的信息，及时找到机会，做出正确决策。

◆ 信息素养与学习

在计算机普及之前，大学生的专业学习主要是依靠图书馆中的图书和期刊。学生们频繁地往返于图书馆、宿舍和教室之间，形成"三点一线"的生活学习模式。在这种模式中，对图书馆的利用存在种种不便，如占位难、图书副本有限、摘录不便等。现在的图书馆已不限于提供纸本的信息资料，而是提供各种类型的数据库，将大量信息资源通过网络服务提供给师生。师生通过校园网络访问图书馆的数据库服务器，或者采用 IP 限定的方式访问远程的服务器，直接浏览和下载各种文献信息资料。数字图书馆和电子资源的繁荣要求学生除了会使用计算机，还要对信息资源和数据库的使用方法有较为深刻的了解，这是大学生信息素养的基本要求。

◆ 信息素养与求职

2000 年以来，我国的高校毕业生总人数每年都处于增长的态势，而且这一形势还在持续。2000 年，全国高校毕业生总人数为 107 万，2021 年全国高校毕业生总人数已突破 900 万。大学毕业生数量越来越多，大学生求职成功的机会相对而言可能在变小。在就业压力日趋严峻、就业竞争越发激烈的形势下，拥有良好的信息素养更有机会在竞争中脱颖而出，相反就可能陷入信息两难困境：要么面对大量信息像没头苍蝇到处乱飞，误打误撞，浪费时间和精力；要么没有掌握必要的信息，失去了本应属于自己的好机会。

◆ 信息素养与科技创新

在信息社会中，科技创新是推动社会前进的重要因素。科技创新是一个国家和民族在全球竞争中获得优势的重要途径，也是一个国家持续发展的重要基石。科技创新离不开信息，科研人员必须全面、系统、准确地掌握本领域的相关信息。在信息资源激增的环境下，科研人员在科学研究和工作中面对数量巨大的信息，信息质量的不确定性和数量的膨胀对科技人员认识和评价信息、快速找到有用信息的能力提出挑战。拥有大量信息并不意味着就能产生思辨能力和创新意识，良好的信息素养才是科技创新的基础。

◆ 信息素养与终生学习

信息素养能力是终身学习的法宝。要不断学习和更新知识，除了接受学校教育，更要学会如何自我学习。信息素养能力具有自我定向的特性，信息素养能力强的人通常能按照特定的需求寻求知识、寻找事实，评价和分析问题，产生自己的意见和建议，在经历成功寻求知识的激动和喜悦中，为自己准备和积累终身学习的能力和经验。同时，具备信息素养能力的人，在寻求知识的过程中经常与他人交流自己的思想，加深对知识的理解，激发创造，并能在更大的空间和社会团体中重新定位自己，找到人生新的价值。信息素养是自我学习、终身学习的必备能力，也是建设学习型社会的重要条件。

【案例实践】

在大学的第一次班会上，辅导员让同学们从专业学习、技能提升、素质锻炼、社会实践等方面规划自己的大学生活，并运用思维导图来完成规划。王明准备利用百度脑图完成本次作业。

案例实施

1. 开启百度脑图

启动搜索引擎，在搜索框中输入"百度脑图"，在搜索结果列表中单击如图 1-6 所示的第一个选项，即可开启【百度脑图】启动界面，如图 1-7 所示。

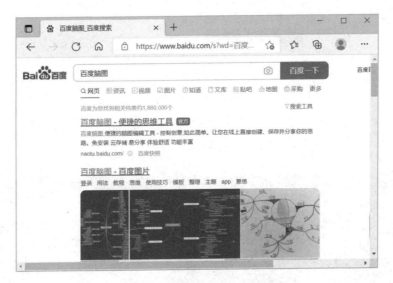

图 1-6　浏览器搜索百度脑图

图 1-7　【百度脑图】启动界面

2. 登录或注册

单击【马上开启】按钮，进入登录界面，如图 1-8 所示。

图 1-8　登录界面

如果已经有百度账号，可以直接使用百度账号登录，如果没有百度账号，则单击【立即注册】按钮，进入注册界面，如图 1-9 所示。

图 1-9　注册界面

输入用户名、手机号和密码，输入该手机号获取的验证码，勾选【阅读并接受《百度用户协议》及《百度隐私保护声明》】选项，单击【注册】按钮，完成注册，在弹出的界面中单击【授权】按钮，进入百度脑图工作界面，如图 1-10 所示。

3. 开始创建脑图

单击【新建脑图】按钮，开始脑图的创建，工作界面上会自动生成一个【新建脑图】节点，双击中间的【新建脑图】文字，可以修改节点的名称，选中节点并右键单击，可以添加节点、对节点进行编辑，如图 1-11 所示。

4. 完成脑图内容创建

在弹出的页面中单击【下级】按钮，然后重复该操作，添加下级节点，如图 1-12 所示。

图 1-10　百度脑图工作界面

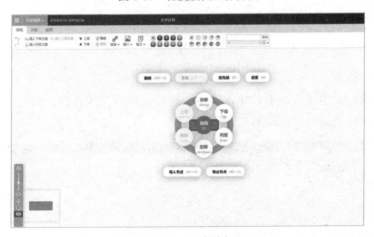

图 1-11　节点编辑

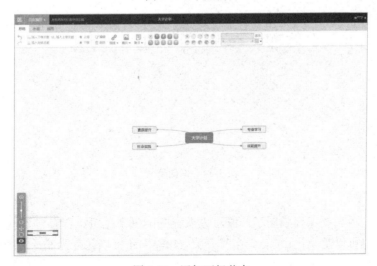

图 1-12　添加下级节点

在每个二级节点下单击鼠标右键，继续添加三级节点，如图 1-13 所示。

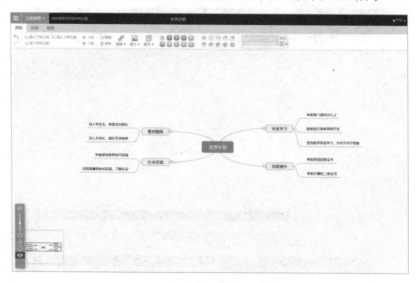

图 1-13　添加三级节点

5. 编辑样式

创建完成后，单击【外观】按钮，可以进行样式和颜色的设置，如果不修改样式，默认即为思维导图样式。修改样式后如图 1-14 所示。

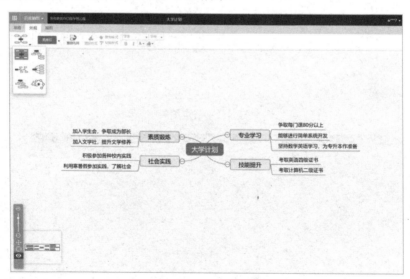

图 1-14　修改样式

6. 保存脑图

编辑完成之后就要保存脑图了，既可以保存到网盘中也可以保存到本地，保存的格式可以是图片，也可以是 svg（浏览器中打开）、txt 等，还可以保存为 km 文件。保存选项如图 1-15 所示。

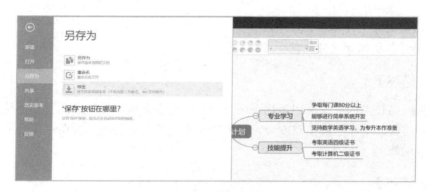

图 1-15　保存选项

7. 导出图片

选择【导出】选项，弹出【导出脑图】对话框，如图 1-16 所示。在弹出的对话框中选择【PNG 图片（.png）】，完成图片的导出。

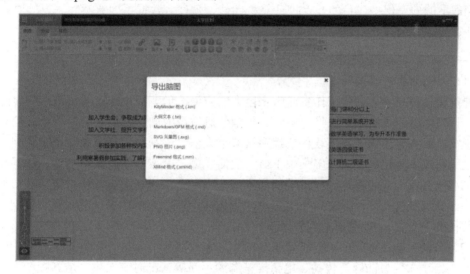

图 1-16　【导出脑图】对话框

【扩展任务】

人工智能技术已经深入到人们生活的方方面面，正在改变着人们的生活方式。请通过互联网自学"人工智能与生活"的相关文字、视频资料，总结人工智能对人们生活的具体影响，形成书面总结报告。

任务四　信息安全与职业道德

【任务目标】

➢ 了解信息安全的定义和安全防御技术。
➢ 掌握计算机病毒的特征、分类和预防方法。

> 能够识别常见计算机犯罪手段。
> 了解计算机职业道德规范要求。

【任务描述】

计算机网络技术的广泛应用，让不法分子有了可乘之机，保护信息的安全显得尤为重要。本任务将带领大家了解信息安全，掌握计算机病毒防护技能，甄别计算机犯罪，坚守计算机职业道德。

【知识储备】

1.4.1　信息安全

1．信息安全的定义

对于信息安全，ISO（国际标准化组织）的定义为：为数据处理系统建立和采用的技术上、管理上的安全保护，目的是保护计算机硬件、软件、数据不因偶然和恶意的原因而遭到破坏、更改和泄露。

2．个人信息泄露的原因

（1）个人信息没有得到规范采集

现阶段，信息给人们的工作生活带来巨大的方便，但背后也伴有诸多信息安全隐患。例如，诈骗电话、大学生"裸贷"问题、推销信息以及人肉搜索信息等，对个人信息安全造成影响。不法分子通过各类软件或程序盗取个人信息，利用信息获利，严重影响公民人身安全和财产安全。此类问题多集中于日常生活，如过度或非法收集信息等。除了政府和得到批准的企业，还有部分未经批准的商家或个人对个人信息实施非法采集，甚至部分调查机构建立调查公司，肆意兜售个人信息。上述问题使个人信息安全遭到极大影响，严重侵犯公民的隐私权。

（2）公民欠缺足够的信息保护意识

网络上个人信息的肆意传播、电话推销源源不断等情况时有发生，从其根源来看，与公民欠缺足够的信息保护意识不无关系。公民在个人信息层面的保护意识相对薄弱，给信息被盗取创造了条件。比如，对于随意浏览网站便要求填写个人资料，有的网站甚至要求身份证号码等信息，很多公民并未意识到上述行为是对信息安全的侵犯。此外，部分网站基于公民意识薄弱的特点，公然泄露或者出售相关信息。

（3）相关部门监管不力

政府针对个人信息采取监管和保护措施时，可能存在界限模糊的问题，这主要与管理理念模糊、机制缺失关系密切。部分地方并未基于个人信息保护的需要设置专业的监管部门，引起职责不清、管理效率较低等问题。此外，大数据需要以网络为基础，网络用户较多并且信息较为繁杂，因此政府也很难实现精细化管理。再加上与网络信息管理相关的规范条例等并不系统，政府很难针对个人信息做到有力监管。

3. 个人信息防护策略

在具体的计算机网络数据库安全管理中经常出现各类人为因素造成的计算机网络数据库安全隐患,对数据库安全造成较大的不利影响。例如,人为操作不当可能会使计算机网络数据库中遗留有害程序,这些程序影响计算机系统的安全运行,甚至给用户带来巨大的经济损失。基于此,现代计算机用户和管理者应依据不同风险因素采取有效控制防范措施,从意识上真正重视安全管理保护,加大计算机网络数据库的安全管理工作力度。

(1)加强安全防护意识

日常生活中经常会用到各种用户登录信息,如网银账号、微博、微信及支付宝等,这些信息的使用不可避免,但这些信息也成为不法分子的窃取目标,他们使用窃取的信息登录用户的终端,盗取用户账号内的数据信息或者资金。更为严重的是,很多用户的各个账号都是相互关联的,一旦窃取成功一个账号,其他账号的窃取可能会易如反掌,给用户带来更大的经济损失。因此,用户必须时刻保持警惕,提高自身安全意识,拒绝下载不明软件,杜绝访问不明网址,提高账号密码安全等级,避免多个账号使用同一密码等,加强自身安全防护能力。

(2)科学采用数据加密技术

对于计算机网络数据库安全管理工作而言,数据加密技术是一种有效手段,它能够最大限度地避免计算机系统受到病毒侵害,保护计算机网络数据库的安全,进而保障相关用户的切身利益。数据加密技术的特点是隐蔽性和安全性,具体是指利用一些程序完成数据库或者数据的加密操作。当前,市场上应用较广的计算机数据加密技术主要有保密通信、防复制技术及计算机密钥等,这些加密技术各有利弊,对于保护用户信息数据具有重要的现实意义。因此,在计算机网络数据库的日常安全管理中,采用科学先进的数据加密技术是必要的,除了能够降低病毒等程序入侵用户的重要数据信息,还能够在用户的数据信息被入侵后,依然有能力保护数据信息不出现泄露问题。需要注意的是,计算机系统保存有庞大的数据信息,对每项数据进行加密保护显然不现实,这就需要利用层次划分法,依据信息的重要程度合理进行加密处理,确保重要数据信息不被破坏和窃取。

(3)提高硬件质量

影响计算机网络信息安全的因素不仅有软件质量,还有硬件质量。硬件系统在考虑安全性的基础上,还必须重视硬件的使用年限问题。硬件作为计算机的重要构成要件,具有随着使用时间增加性能逐渐降低的特点,用户应注意这一点,加强维护与修理。例如,若某硬盘的最佳使用年限为两年,那么尽量不要使用超过四年。

(4)维持良好的使用环境

具体来说,就是在计算机的日常使用中定期清理其表面灰尘,保证其在干净的环境下工作,有效避免计算机硬件老化。最好不要在温度过高和潮湿的环境中使用计算机,注重计算机的外部维护。

(5)安装防火墙和杀毒软件

防火墙能够有效控制计算机网络的访问权限,通过安装防火墙,可自动分析网络的安全性,将非法网站的访问拦截下来,过滤可能存在问题的消息,一定程度上增强系统的抵御能力，提高网络系统的安全指数。同时，要安装杀毒软件，这类软件可以拦截和中断系统中存在的病毒，对于提高计算机网络的安全性大有益处。

（6）加强计算机入侵检测技术的应用

通过 IDS（入侵检测系统）的使用，可以及时发现计算机与网络之间的异常，通过报警的形式提示使用者。为更好地发挥入侵检测技术的作用，通常在使用该技术时辅以密码破解技术、数据分析技术等，确保计算机网络安全。

（7）其他措施

为计算机网络安全提供保障的措施还包括提高账户的安全管理意识，加强网络监控技术的应用，加强计算机网络密码设置，安装系统漏洞补丁程序等。

4．安全防御技术

（1）入侵检测技术

在使用计算机软件学习或工作时，多数用户面临程序设计不当或者配置不当的问题，没能及时解决这些问题，就会让他人易于入侵到自己的计算机系统中。例如，黑客可以利用程序漏洞入侵他人计算机，窃取或者损坏信息资源，造成一定程度的经济损失。因此，在出现程序漏洞时必须及时处理，可以通过安装漏洞补丁来解决问题。此外，入侵检测技术是通信技术、密码技术等技术的综合体，合理利用入侵检测技术，能够及时了解到计算机中存在的各种安全威胁，并采取一定的措施进行处理。

（2）防火墙和病毒防护技术

防火墙是一种能够有效保护计算机安全的重要技术，它由软硬件设备组合而成，通过建立检测和监控系统来阻挡外部网络的入侵。可以使用防火墙有效控制外界因素对计算机系统的访问，确保计算机的保密性、稳定性以及安全性。病毒防护技术是指通过安装杀毒软件进行安全防御，如金山毒霸、360 安全卫士、腾讯电脑管家等。病毒防护技术的主要作用是对计算机系统进行实时监控，同时防止病毒入侵计算机系统对其造成危害，对病毒进行截杀与消灭，实现对系统的安全防护。此外，还应当积极主动地学习计算机安全防护的知识，在网上下载资源时尽量不要选择不熟悉的网站，必须下载时要对下载的资源进行杀毒处理，保证下载的资源不会对计算机安全运行造成负面影响。

（3）数字签名和生物识别技术

数字签名技术主要针对电子商务，有效保证了信息传播过程中的保密性以及安全性，同时避免计算机受到恶意攻击或侵袭等。生物识别技术是指通过对人体的特征识别来决定是否给予应用权利，主要包括指纹、视网膜、声音等特征。这种技术能够最大限度地保证计算机互联网信息的安全性。现今应用广泛的是指纹识别技术，该技术在安全保密的基础上有着稳定简便的特点，给人们带来极大的便利。

（4）信息加密处理与访问控制技术

信息加密技术是指用户可以对需要保护的文件进行加密处理，设置有一定难度的复杂密码，并牢记密码。此外，应对计算机设备进行定期检修及维护，加强网络安全保护，并对计算机系统进行实时监测，防范网络入侵与风险，进而保证计算机的安全稳定运行。访问控制技术是指通过用户的自定义设置，对某些信息进行访问权限设置，或者利用控制功能实现访问限制。该技术能够使用户信息得到保护，避免非法访问的发生。

（5）安全防护技术

安全防护技术包含网络防护技术（防火墙、UTM、入侵检测防御等）、应用防护技术（如应用程序接口安全技术等）和系统防护技术（如防篡改、系统备份与恢复技术等），防止外部网络用户以非法手段进入内部网络，访问内部资源，以此保护内部网络的运行环境。

（6）安全审计技术

安全审计技术包含日志审计和行为审计。通过日志审计协助管理员在受到攻击后查看网络日志，从而评估网络配置的合理性、安全策略的有效性，追溯分析安全攻击轨迹，为实时防御提供手段。通过对员工或用户的网络行为进行审计，确认其行为的合规性，确保信息及网络使用的合规性。

（7）安全检测与监控技术

对信息系统中的流量以及应用内容进行二至七层的检测并适度监管和控制，避免网络流量的滥用、垃圾信息和有害信息的传播。

（8）加密、解密技术

在信息系统的传输过程或存储过程中进行数据的加密和解密。

（9）身份认证技术

这是用来确定访问或接入信息系统的用户或设备身份合法性的技术，典型的手段有用户名口令识别、身份识别、PKI 证书和生物认证等。

5. 信息安全发展趋势

（1）新数据、新应用、新网络和新计算带来新挑战

物联网和移动互联网等的快速发展给信息安全带来更大的挑战。物联网将在智能电网、智能交通、智能物流、金融与服务业、国防军事等众多领域得到应用。物联网中的业务认证机制和加密机制是安全上最重要的两个环节，也是信息安全产业中保障信息安全的薄弱环节。移动互联网快速发展带来的是移动终端存储的隐私信息的安全风险越来越大。

（2）传统的网络安全技术已经不能满足新一代信息安全产业的发展需求

传统的信息安全更关注防御、应急处置能力，但是，随着云安全服务的出现，基于软硬件提供安全服务模式的传统安全产业开始发生变化。在移动互联网、云计算兴起的新形势下，简化客户端配置和维护成本成为企业新的网络安全需求，也成为信息安全产业发展面临的新挑战。

（3）从传统安全走向融合开放的大安全

随着互联网的发展，传统的网络边界不复存在，这给未来的互联网应用和业务带来巨大改变，给信息安全带来新挑战。融合开放是互联网发展的特点之一，网络安全也因此在向分布化、规模化、复杂化和间接化等方向发展，信息安全产业也将在融合开放的大安全环境中探寻发展。

1.4.2 计算机病毒

20 世纪 60 年代，冯·诺依曼在《计算机与人脑》一书中，详细论述了程序能够在内存中进行繁殖活动的理论。计算机病毒的出现和发展是计算机软件技术发展的必然结果。

计算机病毒是指可以制造故障的一段计算机程序或一组计算机指令，它被计算机软件制造者有意无意地放进一个标准化的计算机程序或计算机操作系统中。之后，病毒会依照指令不断地进行自我复制，也就是进行繁殖和扩散传播。有些病毒能控制计算机的磁盘系统，再去感染其他系统或程序，并通过磁盘的交换使用或计算机联网通信传染给其他系统或程序。病毒依照其程序指令，可以干扰计算机的正常工作，甚至毁坏数据，使磁盘、磁盘文件不能使用或者产生严重错误。

1．计算机病毒的特征和分类

（1）计算机病毒的特征

计算机病毒具有以下特征。

◆ 程序代码量小。计算机病毒的程序代码量通常是很小的，便于隐蔽在可执行程序和数据文件中。

◆ 依附性。病毒在计算机里，只有依附在某一种具有用户使用功能的可执行程序上，才有可能被计算机执行。当病毒程序依附上计算机中的程序时，就说明这个程序被感染了。

◆ 传染性。一旦一个程序染上了计算机病毒，程序运行时病毒就能够传染给访问计算机系统的其他程序和文件。于是病毒很快就传染给整个计算机系统，还可通过网络传染给其他计算机系统，其传播速度异常惊人。传染性是计算机病毒的最主要特点。

◆ 破坏性。计算机病毒轻则影响系统的工作效率，占用存储空间、中央处理器运行时间等系统资源；重则可能毁掉系统的部分数据，也可能破坏全部数据并使其无法恢复，还可能对系统级数据进行篡改，使系统的输出结果面目全非，甚至导致系统瘫痪。

◆ 潜伏性。病毒程序往往是先潜伏下来，等到特定的条件或时间才触发，这使得病毒程序的破坏力大为增强。在受害用户意识到病毒的存在之前，病毒程序有充分的时间进行传播。计算机病毒的潜伏性与传染性相辅相成，潜伏性越好，病毒传染范围越大。

◆ 持久性。即使在病毒程序被发现后，数据和程序以至操作系统的恢复也是非常困难的。在许多情况下，特别是在网络运行环境下，病毒程序由一个受感染的副本通过网络系统反复地传播，所以病毒程序的清除非常复杂。

（2）计算机病毒的分类

从已发现的计算机病毒来看，大小各异。小的病毒程序只需几十条指令，容量不到百字节，而大的病毒程序简直像一个操作系统，由上万条指令组成。计算机病毒一般可分成 5 种主要类型。

◆ 引导型病毒：主要通过 U 盘在 DOS 操作系统中传播。一旦硬盘中的引导区被病毒感染，病毒就试图感染每一个插入计算机的磁盘的引导区。

◆ 文件型病毒：它是文件的感染者，隐藏在计算机存储器中，通常感染扩展名为 COM、EXE、DRV、OVL、SYS 等的文件。

◆ 混合型病毒：混合型病毒具有引导型病毒和文件型病毒两者的特点，可以通过这两种方式传染。

◆ 宏病毒：宏病毒是指用 BASIC 语言编写的病毒程序，其寄存在 Office 文档的宏代码中。宏病毒影响对文档的各种操作。

◆ Internet 病毒（网络病毒）：此病毒大多是通过 E-mail 传播的，破坏特定扩展名的文件，并使邮件系统变慢，甚至导致网络系统崩溃。"蠕虫"病毒是典型代表。

2．计算机病毒的常见症状及清除

（1）计算机病毒的常见症状

计算机病毒虽然很难检测，但只要细心留意计算机的运行状况，还是可以发现计算机感染病毒的一些异常情况的。例如：

◆ 磁盘文件数目无故增多。

◆ 系统的内存空间明显变小。

◆ 文件的日期/时间值被修改（用户自己并没有修改）。

◆ 可执行文件的长度明显增加。

◆ 正常情况下可以运行的程序突然因内存不足而不能装载。

◆ 程序加载或执行时间比正常情况明显变长。

◆ 计算机经常出现死机现象或不能正常启动。

◆ 显示器上经常出现一些莫名其妙的信息或异常现象。

（2）计算机病毒的清除

发现计算机染上病毒，一定要及时清除，以免造成损失。清除病毒的方法有两种：手工清除，借助杀毒软件清除。

具备计算机专业知识的人员才能采用手工清除的方法，而利用杀毒软件是目前比较流行的方法。常见杀毒软件有 360 安全卫士、瑞星杀毒软件、金山毒霸等。

3．计算机病毒的预防

计算机感染病毒后，由反病毒软件检测和消除病毒是被迫的处理措施。相当多的病毒在感染之后会永久性地破坏被感染程序，没有备份将不易恢复。所以，我们要针对性地防范。所谓防范是指通过合理、有效的防范体系及时发现计算机病毒的侵入，并采取有效手段阻止病毒的破坏和传播，保护系统和数据安全。

计算机病毒主要通过移动存储介质（如 U 盘、移动硬盘）和计算机网络两大途径进行传播。可以采取以下措施预防。

（1）安装有效的杀毒软件并根据实际需求进行安全设置。同时，定期升级杀毒软件并经常全盘查毒、杀毒。

（2）扫描系统漏洞，及时更新系统补丁。

（3）在使用移动存储设备前应首先用杀毒软件查毒。

（4）分类管理数据。对各类数据、文档和程序，应分类备份保存。

（5）慎用网上下载的软件。网上下载的软件一定要检测后再用，更不要随便打开陌生人发来的电子邮件。

（6）建议备份。定期备份重要的文件，以免遭受病毒危害后无法恢复。

（7）定期检查。定期用杀毒软件对系统进行检测，发现病毒应及时清除。

（8）禁用远程操作功能，关闭不需要的服务。

（9）修改 IE 浏览器中与安全相关的设置。

（10）准备系统启动盘。为了防止计算机系统被病毒攻击而无法正常启动，应准备系统启动盘。系统染上病毒无法正常启动时，先用系统盘启动，再用杀毒软件杀毒。

1.4.3　计算机犯罪

1．计算机犯罪的定义

所谓计算机犯罪，就是在信息活动领域，用计算机信息系统或计算机信息知识作为手段，或者针对计算机信息系统，给国家、团体或个人造成危害，依据法律规定，应当予以刑罚处罚的行为。

2．计算机犯罪的手段

◆ 数据欺骗：非法篡改数据或输入假数据。

◆ 特洛伊木马术：非法装入秘密指令或程序，由计算机执行犯罪活动。

◆ 香肠术：利用计算机从金融银行信息系统上一点点窃取存款，如窃取各银行账户上的利息尾数，积少成多。

◆ 逻辑炸弹：输入犯罪指令，在指定的时间或条件下抹除计算机存储的数据，或者破坏系统功能。

◆ 线路截收：从系统通信线路上截收信息。

◆ 陷阱术：利用程序中用于调试或修改、增加程序功能而特设的断点，插入犯罪指令，或在硬件中相应的地方增设某种供犯罪用的装置。总之，是利用软件和硬件的某些断点或接口插入犯罪指令或装置。

◆ 寄生术：用某种方式紧跟有特权的用户打入系统，或者在系统中装入"寄生虫"。

◆ 超级冲杀：用共享程序突破系统防护，进行非法存取，或破坏数据及系统功能。

◆ 异步攻击：将犯罪指令混杂在正常作业程序中，以获取数据文件。

◆ 废品利用：从废弃资料、磁带、磁盘中提取有用的信息。

◆ 截获电磁波辐射信息：用必要的接收设备接收计算机设备和通信线路辐射出来的信息。

◆ 伪造证件：伪造他人的信用卡、磁卡、存折等。

3．计算机犯罪的特点

（1）智能性

犯罪手段的技术性和专业化使得计算机犯罪具有极强的智能性。实施计算机犯罪时，罪犯要掌握一定的计算机技术，需要在计算机技术方面具备较高专业知识并擅长实际操作技术，才能逃避安全防范系统的监控，掩盖犯罪行为。所以，计算机犯罪的犯罪主体许多是掌握了计算机技术和网络技术的专业人士。他们洞悉网络的缺陷与漏洞，运用丰富的计算机及网络技术，借助四通八达的网络，对网络系统及各种电子数据、资料等信息发动进攻，进行破坏。由于有高技术支撑，网上犯罪作案时间短，手段复杂隐蔽，许多犯罪行为的实施可在瞬间完成，而且往往不留痕迹，给网上犯罪案件的侦破和审理带来极大的困难。

（2）隐蔽性

网络的开放性、不确定性、虚拟性和超越时空性等特点，使得计算机犯罪具有极高的隐蔽性，增加了计算机犯罪案件的侦破难度。

（3）复杂性

计算机犯罪的复杂性主要表现为下面两个方面。

第一，犯罪主体的复杂性。任何罪犯只要通过一台联网的计算机便可以在计算机的终端与整个网络合成一体，调阅、下载、发布各种信息，实施犯罪行为。由于网络的跨国性，罪犯完全可能来自不同的民族、国家（地区），网络的"时空压缩性"为犯罪集团或共同犯罪提供了极大的便利。

第二，犯罪对象的复杂性。计算机犯罪就是行为人利用网络实施的侵害计算机信息系统和其他严重危害社会的行为，其犯罪对象也越来越复杂。

（4）跨国性

网络打破了地域限制，计算机犯罪呈国际化趋势。当各种信息通过网络传送时，国界和地理距离的暂时消失就是"空间压缩"的具体表现，这为犯罪分子跨地域、跨国界作案提供了可能。犯罪分子只要拥有一台联网的终端机，就可以通过因特网到网络上任何一个站点实施犯罪活动。而且，可以甲地作案，通过中间节点，使其他联网地受害。由于这种跨国界、跨地区的作案隐蔽性强、不易侦破，危害也就更大。

（5）匿名性

犯罪嫌疑人在接收网络中的文字或图像信息的过程中往往不需要任何登记，完全匿名，因而对其实施的犯罪行为也就很难控制。

（6）发现概率低

计算机犯罪的隐蔽性和匿名性等特点，使得对计算机犯罪的侦查非常困难。

（7）损失大，对象广泛，发展迅速，涉及面广

随着社会的网络化，计算机犯罪的对象从金融犯罪到个人隐私、国家安全、信用卡密码、军事机密等，犯罪发展迅速。我国从 1986 年开始每年出现至少几起或几十起计算机犯罪，到 1993 年一年就发生了上百起，近几年利用计算机犯罪的案件以每年 30% 的速度递增。

（8）持获利和探秘动机者居多

计算机犯罪作案动机多种多样，但是最近几年，越来越多的计算机犯罪活动集中于获取高额利润和探寻各种秘密上。

计算机犯罪的另外一个明显的动机表现在探秘上。在网络社会里，谁拥有更多的信息，谁就是网络空间的主宰。所以，个人隐私、商业秘密、军事秘密等都成为计算机犯罪的攻击对象。

（9）低龄化和内部人员多

主体的低龄化是指计算机犯罪的作案人员年龄越来越小，低龄的人占整个罪犯中的比例越来越高。

此外，在计算机犯罪中，犯罪主体为内部人员的占相当比例。

（10）巨大的社会危害性

网络的普及程度越高，计算机犯罪的危害越大，而且计算机犯罪的危害性远非一般传统犯罪所能比拟，不仅会造成财产损失，而且可能危及公共安全和国家安全。

在科技发展迅猛的今天，世界各国对网络的利用和依赖将会越来越多，因而网络安全越来越重要。

4．计算机犯罪的刑事立法

进入 20 世纪 90 年代以后，国家信息化建设发展迅速，社会各领域、各行业为适应社会发展的需要，纷纷应用计算机信息系统进行信息化改造，特别是 90 年代中期，国际互联网络与中国国内网络连通后，中国社会迅速迈入信息时代。与此同时，计算机犯罪在很短的时间内发展起来，从初期的主要是内部人员利用计算机盗窃银行资金，发展到社会各个领域、各种类型的计算机犯罪，情况日益严重，使国家信息化建设面临计算机犯罪的严重威胁。

我国首次提到计算机犯罪的法律是 1997 年的《中华人民共和国刑法》。犯罪主体界定为实施危害社会的行为、依法应当负刑事责任的自然人和单位。计算机犯罪的主体为一般主体。从计算机犯罪的具体表现来看，犯罪主体具有多样性，各种年龄、各种职业的人都可以进行计算机犯罪。一般来说，进行计算机犯罪的主体是具有一定计算机知识水平的行为人，而且这种水平还比较高，至少在一般人之上。

我国《刑法》第 285 条、第 286 条对侵入计算机信息系统、破坏计算机信息系统的多种行为进行了法律规定。

1.4.4　计算机职业道德

在计算机技术的发展为人类的思想、经济、文化带来促进的同时，也带来了许多前所未有的问题和挑战，网络犯罪、网络抄袭、利用计算机侵犯他人隐私等事件日益增多。计算机职业道德显得越来越重要，推进计算机职业道德建设，建立良好的计算机、网络使用风气，有助于计算机产业的发展。计算机职业作为一种不同于其他职业的特殊职业，具有与众不同的职业道德，每一个计算机职业人员都要共同遵守计算机职业道德。

1．职业道德的定义

职业道德的概念有广义和狭义之分。广义的职业道德是指从业人员在职业活动中应该遵循的行为准则，涵盖了从业人员与服务对象、职业与职工、职业与职业之间的关系。狭义的职业道德是指在一定职业活动中应遵循的、体现一定职业特征的、调整一定职业关系的职业行为准则和规范。不同的职业人员在职业活动中形成了特定的职业关系，包括职业主体与职业服务对象之间的关系、职业团体之间的关系、同一职业团体内部人与人之间的关系，以及职业劳动者、职业团体与国家之间的关系。

2．计算机从业者职业道德规范

法律是道德的底线，严格遵守法律法规是对计算机从业人员职业道德的最基本要求。世界知名的计算机道德规范组织——IEEE-CS/ACM 软件工程师道德规范和职业实践（SEEPP）联合工作组曾就此专门制订过一个规范，根据此项规范，计算机职业从业人员职业道德的核心原则主要有以下两项。

原则一：计算机从业人员应以公众利益为最高目标。

原则二：客户和雇主在保持与公众利益一致的原则下，计算机从业人员应注意维护客户和雇主的最高利益。

3．计算机使用者职业道德规范

个人在使用计算机软件或数据时，应遵守国家有关法律规定，尊重作品的版权，具体做到以下规范：

- ◆ 使用正版软件，坚决抵制盗版，尊重软件作者的知识产权。
- ◆ 不对软件进行非法复制。
- ◆ 不要为了保护自己的软件资源而制造病毒保护程序。
- ◆ 不擅自篡改他人计算机内的系统信息资源。
- ◆ 不蓄意破坏他人的计算机系统设备及资源。
- ◆ 不制造病毒程序，不使用带病毒的软件，更不要有意传播病毒给其他计算机系统（传播带有病毒的软件）。
- ◆ 采取预防措施，在计算机内安装防病毒软件。定期检查计算机系统内文件是否有病毒，如发现病毒，应及时用杀毒软件清除。
- ◆ 维护计算机的正常运行，保护计算机系统数据的安全。
- ◆ 被授权者对自己使用的资源负有保护责任，账户密码信息不得泄露给外人。
- ◆ 未经允许，不得使用他人的计算机资源。
- ◆ 不得私自复制不属于自己的软件资源。

【案例实践】

张强去机房完成老师布置的上机作业，发现机房计算机中了病毒，他决定用计算机上安装的 360 安全卫士对计算机进行一次全面的病毒查杀。

案例实施

1．启动 360 安全卫士

双击计算机桌面上的【360 安全卫士】图标，启动 360 安全卫士，在弹出的窗口中单击【木马查杀】按钮，切换到查杀木马病毒界面，如图 1-17 所示。

2．开始木马查杀

可以选择【快速查杀】或【全盘查杀】等方式进行木马查杀。单击【全盘查杀】按钮，对全盘进行木马查杀，如图 1-18 所示。

图 1-17　360 木马查杀界面

图 1-18　全盘查杀中

3．查看扫描结果

若要暂停扫描，单击【暂停扫描】按钮，若需继续扫描，则单击【继续扫描】按钮，即可恢复扫描。扫描结束后，系统显示扫描结果，如图 1-19 所示。

4．处理扫描结果

选择要处理的危险项，单击每一项后的【立即处理】按钮，可以逐项进行处理，若选择全部一起处理，单击【一键处理】按钮即可。

图 1-19　扫描结果

5. 完成处理

处理完后，系统弹出重启计算机提示对话框，可以单击【立即重启】按钮立即重启计算机，也可以单击【稍后重启】按钮，等不用计算机了再重新启动，这时系统会提示处理结果，单击【完成】按钮即完成本次的病毒查杀，如图 1-20 所示。

图 1-20　完成木马查杀

【扩展任务】

刘利是数字媒体专业的学生，他经常使用三维软件制作动画。最近，他发现计算机速度变慢，经常弹出存储空间不足的提示。请使用 360 安全卫士的【计算机清理】命令，对计算机进行全面清理，释放更多空间，提升计算机速度。

任务五　多媒体技术

【任务目标】

➢ 了解多媒体的概念和特点。
➢ 掌握多媒体的技术要素。
➢ 掌握多媒体技术的进展。

【任务描述】

多媒体技术使计算机具有处理图、文、声、像的能力，它改善了人机界面，改变了人们使用计算机的习惯。本任务将介绍多媒体的概念、特点、技术要素和技术进展。

【知识储备】

1.5.1　多媒体技术的概念和特点

1. 多媒体技术的概念

媒体（Media）是信息表示和传输的载体。多媒体技术是计算机交互式综合处理多媒体信息——文本、图形、声音、视频等，使多种信息建立逻辑连接，集成为一个具有交互性的系统。多媒体技术的实质就是将以各种形式存在的媒体信息数字化，用计算机对它们进行组织加工，并以友好的交互形式提供给用户。

2. 多媒体技术的特点

与传统媒体相比，多媒体具有交互性、集成性、多样性、实时性等特点。

（1）交互性

交互性是指多媒体系统向用户提供交互式使用、加工和控制信息的手段，从而可应用于更加广阔的领域，为用户提供更加自然的信息存取手段。在多媒体系统中，用户可以主动编辑、处理各种信息，具有人机交互功能。交互可以增强对信息的注意力和理解力，延长信息的保留时间。交互性是多媒体系统的关键特征。

（2）集成性

多媒体技术集成了许多单一的技术，如图像处理技术、声音处理技术等。多媒体能够同时表示和处理多种信息，但对用户而言，它们是集成的，这种集成包括信息的统一获取、存储、组织、合成等方面。

（3）多样性

多媒体的信息内容是多样化的，同时，媒体输入、传播、再现和展示手段也是多样化的。多媒体包括文字、声音、图像、动画等，它扩大了计算机所能处理的信息空间，使计算机不再局限于处理数值、文本等，使人们能得心应手地处理更多种信息。

（4）实时性

实时性是指在多媒体系统中，声音及活动的视频图像是实时的，是多媒体系统的关键特征。多媒体系统提供了对这些媒体实时处理和控制的能力。

1.5.2　多媒体技术的要素

多媒体包括文本、图片、静态图像、声音、动画、视频等基本要素。在进行多媒体教学课件设计时，从这些要素的作用、特性出发，在教育学、心理学等原理的指导下，充分构思、组织多媒体要素，发挥各种媒体要素的长处，为不同学习类型的学习者提供不同的学习媒体信息，通过多种媒体渠道向学习者传递教育、教学信息。

1．文本

计算机上的文本信息可以反复阅读、从容理解，不受时间、空间的限制。但是，在计算机屏幕上阅读文本信息，特别是信息量较大时，容易引起视觉疲劳，使学习者产生厌倦情绪。另外，文本信息具有一定的抽象性，阅读者在阅读时必须做"译码"工作，即将抽象的文字还原为相应事物，这就要多媒体教学软件使用者具有一定的抽象思维能力和想象能力，不同的阅读者对文本的理解也不完全相同。

2．图片

图片包括图形（Graphic）和图像（Still Image）两种。图形指的是从点、线、面到三维空间的黑白或彩色几何图，也称为矢量图（Vector Graphic）。一般所说的图像不是指动态图像，而指的是静态图像，静态图像是一个矩阵，其元素代表空间的一个点，称之为像素点（Pixel），这种图像也称为位图。

位图中的位（Bit）用来定义图中每个像素点的颜色和亮度。对于黑白线条图，常用 1 位值表示，对灰度图，常用 4 位（16 种灰度等级）或 8 位（256 种灰度等级）表示该点的亮度，而彩色图像则有多种描述方法。位图图像适合表现层次和色彩比较丰富、包含大量细节的图像。彩色图像需要由硬件（显示卡）合成显示。在多媒体制作中常用的是位图。

3．声音

声音是人们用来传递信息、交流感情最方便、最熟悉的媒介之一。声音是一种波，人的耳膜感受到声波的振动，通过听觉神经传给大脑，于是我们就听到了声音。声波的振幅越大，听到的声音越响，声波的频率越高，听到的音高越高。正常人的耳朵只能听到频率为 20Hz～22kHz 的声音。要使用计算机技术和网络技术传递声音，首先对声音进行数字化处理。计算机系统经过输入设备获得声音信号，通过采样、量化等将其转换成数字信号，再通过扬声器等输出设备将其输出给我们。

4．动画

动画利用人的视觉暂留特性，以一定的时间间隔快速播放一系列变化的图片，使人产生连续的活动画面的观感，动画中也包括画面的缩放、旋转、变换、淡入淡出等特殊效果。动画可以把抽象的内容形象化，使许多难以理解的内容变得生动有趣。合理使用动画可以达到事半功倍的信息传播效果。

5．视频

视频具有时序性与丰富的信息内涵，常用于在叙事中交待事件的发展过程。视频的丰富信息内涵使得其在多媒体技术中具有非常重要的作用。

1.5.3　多媒体技术的进展

1．音频技术

音频技术主要包括四个方面：音频数字化、语音处理、语音合成及语音识别。

音频数字化是较为成熟的技术，多媒体声卡就是采用此技术而设计的，数字音响也是采用了此技术取代传统的模拟方式而达到了理想的音响效果。音频采样包括两个重要的参数，即采样频率和采样数据位数。采样频率即对声音每秒采样的次数，人耳听觉上限在20kHz 左右，常用的采样频率为 11kHz、22kHz 和 44kHz 几种。采样频率越高，音质越好，数据量越大。采样数据位数即每个采样点的数据表示范围，常用的有 8 位、12 位和 16 位三种。不同的采样数据位数决定了不同的音质，采样位数越高，数据量越大，音质也越好。CD 唱片采用了双声道 16 位采样，采样频率为 44.1kHz，达到了专业级水平。

音频处理技术涉及的范围较广，但主要集中在音频压缩上。MPEG 语音压缩算法可将声音压缩为原来容量的六分之一。语音合成是指将文本合成为语言播放，国外主要的语音合成技术均已达到实用阶段，汉语合成近几年来也有突飞猛进的发展，实验系统正在运行。在音频技术中，语音识别因广阔的应用前景而成为研究关注的热点之一。

2．视频技术

视频技术包括视频数字化和视频编码技术两个方面。视频数字化是将模拟视频信号经模数转换和彩色空间变换转换为计算机可处理的数字信号，使得计算机可以显示和处理视频信号。

视频编码技术是将数字化的视频信号经过编码成为电视信号，从而可以在电视上播放。不同的应用环境可以采用不同的技术，从低档的游戏机到电视台广播级的编码技术都已成熟。

3．图像压缩

图像压缩一直是技术热点之一，它的潜在价值相当大，是计算机处理图像和视频以及网络传输的重要基础，ISO 制订了两个压缩标准，即 JPEG 和 MPEG。JPEG 是静态图像的压缩标准，适用于连续色调彩色或灰度图像。它包括两部分：一是基于 DPCM（空间线性预测）技术的无失真算法，二是基于 DCT（离散余弦变换）和哈夫曼编码的有失真算法。前者图像压缩无失真，但是压缩比很小，目前主要应用的是后一种算法，图像有损失但压缩比很大。

MPEG 按照 25 帧/秒的速度使用 JPEG 算法压缩视频信号，完成动态视频的压缩。MPEG算法是适用于动态视频的压缩算法，它除了对单幅图像进行编码，还利用图像序列中的相关原则，将帧间的冗余去掉，大大提高了图像的压缩比例。MPEG 算法的缺点是压缩算法复杂，实现困难。

【案例实践】

唐红刚刚进入大学，对校园的一切都很好奇，课余时间到处逛逛的同时，用手机记录了很多有趣的画面。她打算利用免费视频剪辑软件"爱剪辑"将这些画面剪辑成视频，保存起来回家给父母看。

案例实施

1. 启动爱剪辑

双击桌面的【爱剪辑】启动图标，打开爱剪辑软件界面，如图 1-21 所示。

图 1-21　爱剪辑视频编辑窗口

2. 添加视频

在软件主界面单击【视频】选项卡，在视频列表下方单击【添加视频】按钮，或者双击【已添加片段】列表的文字提示处，快速添加视频片段，如图 1-22 所示。使用这两种方法添加视频时，均可在弹出的【请选择视频】对话框中对要添加的视频进行预览，如图 1-23 所示，然后导入所选视频即可。

图 1-22　添加视频片段

图 1-23　预览待添加的视频片段

3．剪辑视频

在主界面预览框的时间进度条上，单击向下凸起的箭头（或者按 Ctrl+E 组合键），打开【创新式时间轴】面板，用鼠标拖到要分割的画面附近，通过上下方向键精准逐帧选取到要分割的画面，然后单击软件界面底部的剪刀图标（即【超级剪刀手】，或者按 Ctrl+Q 组合键），将视频分割成两段，如图 1-24 所示。按此方法操作，将视频分割成多段，然后在【已添加片段】列表中选中要删除片段的缩略图，单击片段缩略图右上角的按钮 ，将不需要的片段删除，即可实现剪辑视频，如图 1-25 所示。

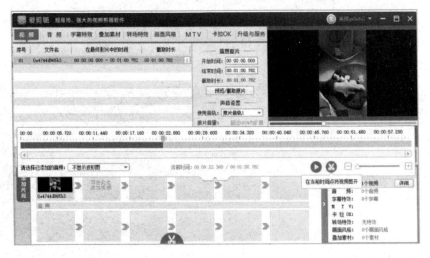

图 1-24　一键分割剪辑视频

4．添加音频

添加视频后，在【音频】面板中单击【添加音频】按钮，在弹出的下拉框中，根据自己的需要选择【添加音效】或【添加背景音乐】选项，为要剪辑的视频配上背景音乐或相得益彰的音效，如图 1-26 所示。

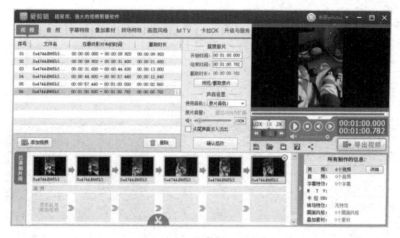

图 1-25　删除不需要的片段

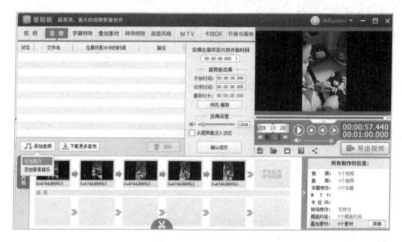

图 1-26　添加音频

同时，爱剪辑还支持截取视频中的音频，作为台词或背景音乐，并可实时预览视频画面，方便快速地提取视频某部分的声音（如某句台词），如图 1-27 所示。

图 1-27　截取音频

5．添加字幕特效

单击【字幕特效】按钮，可以为视频添加出现特效、停留特效、消失特效等多时间节点的特效。选择要添加的特效节点，在列表中选择特效类型，然后双击视频预览窗口，打开【输入文字】对话框，添加字幕文字并退出后设置文字的样式。设置的过程如图1-28、图1-29和图1-30所示。

图1-28　选择字幕效果

图1-29　【输入文字】对话框

图1-30　字幕文字格式的设置

6. 添加转场效果

在【已添加片段】列表中选中要应用转场特效的视频片段缩略图，在【转场特效】面板的特效列表中选中要应用的转场效果，然后单击【应用/修改】按钮即可。爱剪辑提供了数百种转场效果，而一些常见的视频剪辑效果，在爱剪辑中一键应用即可实现，如图 1-31 所示。

图 1-31　转场效果设置

7. 保存剪辑设置

在剪辑视频过程中，可能需要中途停止，下次再进行视频剪辑，或以后对视频剪辑设置进行修改。此时只需在视频预览框中单击【保存所有设置】按钮（或按 Ctrl+S 组合键），将所有设置保存为后缀名为.mep 的工程文件，下次通过【保存所有设置】按钮旁的【打开已有制作】按钮，加载保存好的.mep 文件，即可继续视频剪辑，或在此基础上修改视频剪辑设置，如图 1-32 所示。

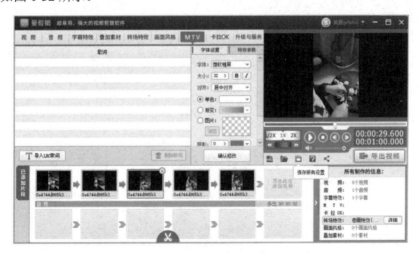

图 1-32　保存剪辑设置

8．导出视频

全部编辑完成后，单击预览窗口下方的【导出视频】按钮，即可启动导出设置。根据需要完成导出设置、版权信息和画质设置，选择导出路径，即可完成视频导出。

【扩展任务】

学校迎新生晚会要求各班分别表演一个节目。计算机应用 3 班准备合唱《唱支山歌给党听》，需要制作合唱的背景音乐。请通过网络下载合适的视频作为背景和伴奏，并用爱剪辑软件合并视频和伴奏。

项目2　计算机系统

　　计算机系统由硬件系统和软件系统两部分组成。硬件是组成计算机系统的物理设备，是计算机系统的物质基础；软件由相关的程序及技术文档组成，是计算机的灵魂。软件系统中最底层的是操作系统，它管理计算机硬件与软件，提供用户与系统交互的操作界面。当前，Windows 10是应用广泛的操作系统。

【项目目标】

➢ 知识目标

1. 理解计算机系统的组成。
2. 了解硬件系统的组成及主要技术指标。
3. 了解软件系统的组成及分类。
4. 理解操作系统的概念。

➢ 技能目标

1. 能根据需要设计个人计算机配置方案。
2. 能安装 Windows 10 操作系统。
3. 能用 Windows 10 管理计算机硬件资源。
4. 能用 Windows 10 管理计算机软件资源。

任务一　计算机的硬件系统

【任务目标】

➢ 理解计算机系统的组成。
➢ 认识计算机的硬件结构。
➢ 了解计算机的工作原理。
➢ 掌握构成计算机的主要设备及技术指标。

【任务描述】

　　计算机硬件是计算机的物理设备，是软件运行的载体，由控制器、运算器、存储器、输入设备和输出设备五大部分组成。本任务主要理解计算机系统的组成，认识计算机的硬件结构，了解计算机的工作原理和工作过程。

【知识储备】

2.1.1 计算机系统概述

计算机系统由硬件系统和软件系统两部分组成，它们共同协作运行，处理和解决实际问题。计算机系统通过软件管理协调硬件部件，按照指定要求和顺序进行工作。计算机系统的组成如图 2-1 所示。

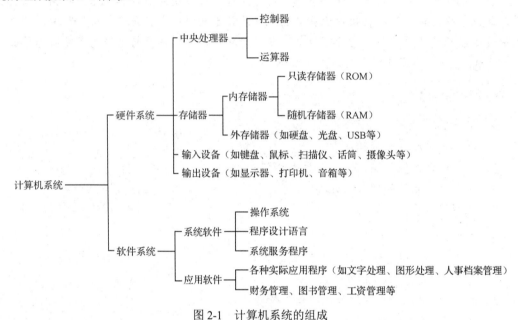

图 2-1 计算机系统的组成

2.1.2 计算机工作原理

计算机硬件（Computer Hardware）简称为硬件，是指组成一台计算机的各种机械的、电子的、磁性的装置和设备，由各种实在的物理器件组成。计算机的工作原理如图 2-2 所示。

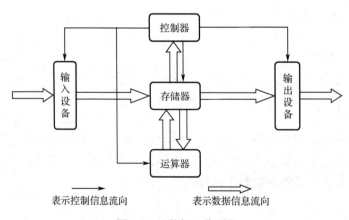

图 2-2 计算机工作原理

图中的空心箭头代表"数据信息"的流向，包括原始数据、中间数据、处理结果、程序指令等。实线箭头代表"控制信息"的流向。

计算机简单工作流程为：

（1）操作员通过输入设备将数据和程序送入存储器。

（2）通过输入设备发出运行程序的命令。

（3）系统接收到运行程序命令后，控制器从存储器中取出第一条程序指令，进行分析。然后向受控对象发出控制信号，执行该指令。

（4）控制器再从存储器中取出下一条指令，进行分析，执行该指令，周而复始进行取指令—分析指令—执行指令的过程，直到程序中的全部指令执行完毕。

2.1.3 计算机硬件系统

1．运算器

运算器（Arithmetic Unit，AU）是计算机处理数据、形成信息的加工厂，它的主要功能是对二进制数码进行算术运算或逻辑运算。所以，也称其为算术逻辑部件（Arithmetic and Logic Unit，ALU）。所谓算术运算，就是数的加、减、乘、除以及乘方、开方等数学运算。而逻辑运算则是指逻辑变量之间的运算，即通过与、或、非等基本操作对二进制数进行逻辑判断。

运算器的性能指标是衡量整个计算机性能的重要因素之一，与运算器相关的性能指标包括计算机的字长和运算速度。

（1）字长：字长是指计算机运算部件一次能同时处理的二进制数据的位数。作为存储数据，字长越长，则计算机的运算精度越高；作为存储指令，字长越长，则计算机的处理能力越强。目前普遍使用的 Intel 和 AMD 微处理器大多是 64 位的，意味着这样的微处理器可以并行处理 64 位二进制数的算术运算和逻辑运算。

（2）运算速度：计算机的运算速度通常是指每秒执行指令的数目，常用百万次每秒（Million Instructions Per Second，MIPS）来表示。这个指标更能直观地反映机器的速度。

2．控制器

控制器（Control Unit，CU）是计算机的司令部，指挥全机各部件自动、协调地工作。控制器的基本功能是根据指令计数器中指定的地址从内存取出一条指令，对指令进行译码，再由操作控制部件有序地控制各部件完成操作码规定的功能。控制器也记录操作中各部件的状态，使计算机有条不紊地自动完成程序规定的任务。

从宏观上看，控制器的作用是控制计算机各部件协调工作。从微观上看，控制器的作用是按一定顺序产生机器指令以获得执行过程中所需的全部控制信号，这些控制信号作用于计算机的各部件以使其完成某种功能，从而达到执行指令的目的。所以，对控制器而言，真正的作用是对机器指令执行过程的控制。

机器指令是一个按照一定格式组成的二进制代码串，用来描述计算机可以理解并执行的基本操作。机器指令通常由操作码和操作数两部分组成。

（1）操作码：指明指令所要完成操作的性质和功能。

（2）操作数：指明操作码执行时的操作对象。

操作数的形式可以是数据本身，也可以是存放数据的内存单元地址或寄存器名称。操作数又分为源操作数和目的操作数，源操作数指明参加运算的操作数来源，目的操作数地址指明保存运算结果的存储单元地址或寄存器名称。

指令的基本格式如图 2-3 所示。

操作码	源操作数	目的操作数

图 2-3　指令的基本格式

计算机的工作过程就是按照控制器的控制信号自动、有序地执行指令的过程。指令是计算机正常工作的前提，程序是由一条条指令序列组成的。一条机器指令的执行需要获得指令、分析指令、执行指令。

控制器和运算器是计算机的核心部件，这两部分合称为中央处理器（Central Processing Unit，CPU），在微型计算机中通常也称为微处理器（Micro Processing Unit，MPU）。微型计算机的发展与微处理器的发展是同步的。

主频是指 CPU 的时钟频率，是微型计算机性能的一个重要指标，它的高低一定程度上决定了计算机速度的高低。主频以吉赫兹（GHz）为单位，一般来说，主频越高，速度越快。由于微处理器发展迅速，微型计算机的主频也在不断地提高。

现在的 CPU 已进入多核心、多线程的时代。多核心是指多个处理器集成到同一芯片内，各个处理器并行执行不同的进程。多线程是指同一个处理器上的多个线程同步执行并共享处理器的执行资源，可最大限度地提高处理器运算部件的利用率。现在比较常见的 CPU 一般是四核四线程、四核八线程或八核八线程。CPU 的外观如图 2-4 所示。

图 2-4　CPU 的外观

3．内存储器

存储器是计算机存储数据和程序的地方，包括内存储器和外存储器。程序是计算机操作的依据，数据是计算机操作的对象。为了实现自动计算，各种信息必须预先存放在计算机的存储器中。

内存储器简称为内存或主存，它与 CPU 直接交换数据，所有的程序和待处理的数据只有读入内存后才能被计算机的 CPU 执行。外存储器（磁盘、硬盘、光盘等）以文件形式存储数据和程序，需要时调入内存被处理和执行。外存容量比内存大得多，内存的存取速度要快得多。内存的运算速度直接影响到读取指令的速度，因而也就影响主机执行指令的速度。

内存储器又分为只读存储器（Read Only Memory，ROM）、随机存储器（Random Access

Memory，RAM）和高速缓冲存储器（Cache）。

　　ROM 里面存放的信息一般由计算机制造厂写入并经固化处理，用户是无法修改的，即使断电，ROM 中的信息也不会丢失。CPU 对只读存储器（ROM）也只取不存。因此，ROM 中一般存放计算机系统管理程序，如监控程序、基本输入/输出系统模块 BIOS 等。

　　RAM 是通常所说的计算机内存容量，即计算机的主存。RAM 有两个特点，第一个特点是可读/写性，说的是对 RAM 既可以进行读操作，又可以进行写操作。读操作时不破坏内存已有的内容，写操作时才改变原来已有的内容。第二个特点是易失性，即电源断开（关机或异常断电）时，RAM 中的内容立即丢失。因此微型计算机每次启动时都要对 RAM 进行重新装配。内存条的外观如图 2-5 所示。

图 2-5　内存条的外观

　　内存储器的主要性能指标有两个：存储容量和存取速度。

◆ 存储容量：指一个存储器包含的存储单元总数。这一概念反映了存储空间的大小。
◆ 存取速度：一般用存储周期（也称读写周期）来表示。存取周期就是 CPU 从内存储器中存取数据所需的时间（读出或写入）。

　　高速缓冲存储器（Cache）主要是为了解决 CPU 和主存速度不匹配、提高存储器速度而设计的。Cache 中主要存放 CPU 经常访问的指令和数据。当 CPU 存取信息时，可先从 Cache 中进行查找，若有，则将信息直接传送给 CPU；若无，则再从内存中查找，同时把含有该信息的整个数据块从内存复制到 Cache 中。Cache 中内容命中率越高，CPU 执行效率越高。

4．外存储器

（1）硬盘

　　硬盘是计算机重要的外部存储设备，计算机的操作系统、应用软件、文档、数据以及游戏等，都可以存放在硬盘上。硬盘主要包括机械硬盘（HDD）和固态硬盘（SSD 盘）。机械硬盘采用磁性碟片来存储，固态硬盘采用闪存颗粒来存储。

　　机械硬盘即传统普通硬盘，其结构如图 2-6 所示。

　　机械硬盘的技术指标主要有转速、平均寻道时间、平均访问时间、最大内部数据传输率以及缓冲时间等。机械硬盘的转速是决定硬盘内部传输速率的关键因素之一，也是

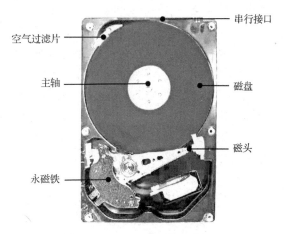

图 2-6　机械硬盘的结构

区分硬盘档次的重要指标。目前市场上硬盘的转速主要有 5400 转/秒、7200 转/秒等，主流硬盘已向 7200 转/秒以上发展。现在的机械硬盘的容量已达到 TB 级别。

固态硬盘（Solid State Drive）是用固态电子存储芯片阵列制成的硬盘，由控制单元和存储单元（Flash 芯片或 DRAM 芯片）组成。固态硬盘在接口的规范和定义、功能及使用方法上与普通硬盘完全相同，在产品外形和尺寸上也完全与普通硬盘一致。与机械硬盘相比，固态硬盘的优点是读写速度快、防震抗摔性、低功耗、无噪音和轻便等；缺点是有寿命限制，售价比较高。随着固态硬盘的性价比提高，它越来越广泛地进入个人计算机配置中。固态硬盘的外观如图 2-7 所示。

图 2-7　固态硬盘的外观

（2）光盘

光盘是利用激光原理进行读、写的设备，是迅速发展的一种辅助存储器，可以存放文字、声音、图形、图像和动画等多媒体数字信息。

一张 CD 光盘的存储容量一般是 650MB，能存储较大的软件、游戏或影视节目等信息。软盘与硬盘都是同心磁道的，而 CD-ROM 光盘只有一个螺旋道，从中心开始，旋向外边。计算机系统的光盘一般分为只读光盘、一次写入光盘和可擦写光盘。只读型光盘（CD-ROM）的内容由生产厂家写入，用户在使用过程中只能读取，不能修改和删除，也不能写入。一次写入型光盘（CD-R）一般是由用户写入信息的，必须在专用的光盘刻录机上进行写入。它只能写一次，写入后不能删除和修改，是一次写入多次读出的光盘。

DVD（Digital Video Disc，数字视频光盘）缩小了光道之间的距离，减小记录信息的凸凹坑长度，采用波长更短的激光源，使用双面甚至更多层面来记录数据。DVD 光盘的存储容量一般为 4.7GB，有的可以达到 8.5GB（双面）或 17GB（双面双层），而且数据质量更好，存储的视频音频资料质量更高。

（3）U 盘

U 盘，全称 USB 闪存盘，是一种使用 USB 接口的、不需要物理驱动器的微型高容量移动存储产品，通过 USB 接口与计算机连接，实现即插即用。U 盘的优点是小巧且便于携带、存储容量大、价格便宜、性能可靠。

5. 输入设备

输入设备（Input Device）用来向计算机输入数据和信息，其主要作用是把人们可读的信息（命令、程序、数据、文本、图形、图像、音频和视频等）转换为计算机能识别的二进制代码并输入计算机，供计算机处理，是人与计算机系统之间进行信息交换的主要装置之一。

（1）键盘

键盘是最常用也是最主要的输入设备，通过键盘可以将英文字母、数字、标点符号等输入到计算机中，从而向计算机发出命令、输入数据等。目前常见的键盘有 101 键、102 键、104 键等。键盘接口规格有两种：PS/2 和 USB。

键盘的种类很多，根据工作原理一般可分为触点式和无触点式。触点式借助于金属把两个触点接通或断开以输入信号，无触点式借助于电容开关（利用电流和电压变化）产生输入信号。

（2）鼠标

鼠标按工作原理分为机械式和光电式两种。机械式鼠标利用鼠标内的圆球滚动来触发传导杆控制鼠标指针的移动；光电式鼠标则是利用光的反射来启动鼠标内部的红外线发射和接收装置，使用时需配备一块专用的感光板。光电式鼠标比机械式鼠标定位精度高。

鼠标分为单键、双键和三键，常用的是双键鼠标和三键鼠标。有的鼠标在双键的中间设置了一个或两个（水平、垂直）滚轮，滑动滚轮可以快速浏览屏幕窗口，这种鼠标为浏览网页提供了方便。

无线鼠标分为两种：红外无线型鼠标和电波无线型鼠标。红外无线型鼠标在使用时需要对准计算机红外线发射装置，否则不起作用。电波无线型鼠标可以随时随地使用，使用起来比较方便。

（3）其他输入设备

除了常用的键盘、鼠标，现在输入设备还有很多种。一些设备的外观如图 2-8 所示。

图 2-8 一些输入设备的外观

扫描仪（Scanner）是一种图形、图像输入设备，可以将图形、图像、照片或文本扫描输入计算机中。对于文本文件，扫描后经文字识别软件进行识别，便可保存文字。利用扫描仪输入图片在多媒体计算机中广泛使用，现已进入家庭应用。扫描仪通常采用 USB 接口，支持热插拔，使用方便。

条形码阅读器是一种能够识别条形码的扫描装置，连接在计算机上使用。阅读器从左向右扫描条形码，就把不同宽窄的黑白条纹翻译成相应的编码供计算机使用。许多自选商场和图书馆里用它来帮助管理商品和图书。

光学字符阅读器是一种快速字符阅读装置。它用许多光电管排成一个矩阵，当光源照射被扫描的一页文件时，文件中空白的白色部分会反射光线，使光电管产生一定的电压；有字的黑色部分则把光线吸收掉，光电管不产生电压。这些电压无、有的信息组合形成一个图案，并与 OCR 系统中预先存储的图案模板匹配，若匹配成功就可确认该图案是何种字符。

触摸屏由安装在显示器屏幕前面的检测部件和触摸屏控制器组成。当手指或其他物体碰摸触摸屏时，所触摸的位置由触摸屏控制器检测，并通过接口（RS-232 串行接口或 USB 接口）送到主机。触摸屏有很多种，按安装方式可分为外挂式、内置式、整体式、投影仪式；按结构和技术分类可分为红外技术触摸屏、电容技术触摸屏、电阻技术触摸屏、表面声波触摸屏、压感触摸屏、电磁感应触摸屏。

语音输入设备和手写笔输入设备使汉字输入变得更为方便、容易，免去了计算机用户学习键盘汉字输入法的烦恼，语音或手写汉字输入设备在经过训练后，输入正确率在 90% 以上。但语音或手写笔汉字输入设备的输入速度还有待提高。

6. 输出设备

输出设备（Output Device）把各种计算结果数据或信息以数字、字符、图像、声音等形式表示出来。常用的输出设备除了显示器、打印机，还有绘图仪、影像输出、语音输出、磁记录设备等。

（1）显示器

显示器也称为监视器，是微型计算机中最重要的输出设备之一，也是人机交互必不可少的设备。显示器显示的信息除了文本和数字，还可以是图形、图像和视频等多种不同类型的信息。

用于计算机的显示器有许多种，常用的有阴极射线管显示器（简称 CRT）和液晶显示器（简称 LCD）。CRT 显示器又有球面和纯平之分。纯平显示器大大改善了视觉效果，已取代球面 CRT 显示器，成为 PC 的主流显示器。液晶显示器为平板式，体积小、重量轻、功耗少、辐射少，用于移动 PC、笔记本电脑及中、高档台式机。

像素（Pixel）与点距（Pitch）：屏幕上图像的分辨率或清晰度取决于能在屏幕上独立显示的点的直径，这种独立显示的点称为像素，屏幕上两个像素之间的距离叫点距，点距直接影响显示效果。像素越小，在同一个字符面积下像素数就越多，显示的字符越清晰。目前微型计算机常见的点距有 0.31mm、0.28mm、0.25mm 等。点距越小，分辨率越高，显示器清晰度越高。

分辨率：常用的分辨率是 1024×768、1280×1024、1920×1080 等。1920×1080 的分辨率是指在水平方向上有 1920 个像素，在垂直方向上有 1080 个像素。显示器的尺寸越大，分辨率越高。显示器的尺寸是以显示屏的对角线长度来度量的。

显示卡又称为显卡或显示适配器（Display Adapter）。微型计算机的显示系统由显示器和显示卡组成，一些显示器和显卡的外观如图 2-9 所示。显示器是通过显示卡与主机连接的，所以显示器必须与显示卡匹配。不同类型的显示器要配用不同的显示卡。显示卡主要由显示控制器、显示存储器和接口电路组成。显示卡的作用是在显示驱动程序的控制下接收 CPU 输出的显示数据，按照显示格式进行变换并存储在显存中，再把显存中的数据以显示器要求的方式输出到显示器。

图 2-9　一些显示器和显卡的外观

（2）打印机

打印机是把文字或图形输出在纸上以供阅读和保存的计算机外部设备，一些打印机的外观如图 2-10 所示。

图 2-10　一些打印机的外观

◆　点阵式打印机

点阵式打印机主要由打印头、运载打印头的小车机构、色带机构、输纸机构和控制电路等几部分组成。打印头是点阵式打印机的核心部分。点阵式打印机有 9 针、24 针之分，24 针打印机可以打印出质量较高的汉字，是普遍使用的点阵式打印机。

点阵式打印机在脉冲电流信号的控制下，由打印针击打的针点形成字符或汉字的点阵。这类打印机的最大优点是耗材（包括色带和打印纸）便宜；缺点是依靠机械动作实现印字，打印速度慢、噪声大、打印质量差，字符的轮廓不光滑。

◆　喷墨打印机

喷墨打印机是非击打式打印机。其工作原理是，喷嘴朝着打印纸不断喷出极细小的带电墨水雾点，当它们穿过两个带电的偏转板时接受控制，落在打印纸的指定位置上，形成正确的字符，此过程中无机械击打动作。喷墨打印机的优点是设备价格低廉，打印质量高于点阵式打印机；缺点是打印速度慢，耗材（墨盒）价格贵。

◆　激光打印机

激光打印机属于非击打式打印机，其工作原理与复印机相似，涉及光学、电磁学、化学等。激光打印机先将来自计算机的数据转换成光，射向一个充有正电的旋转的鼓上。鼓上被照射的部分便带上负电，吸引带色粉末。鼓与纸接触，把粉末印在纸上，粉末在一定压力和温度的作用下熔结在纸的表面。激光打印机的优点是无噪声、打印速度快、打印质量好，常用来打印正式公文及图表；缺点是设备价格高、耗材贵，打印成本是三种打印机中最高的。

打印机是计算机目前最常用的输出设备之一，也是品种、型号最多的输出设备之一。

（3）其他输出设备

在微型计算机上使用的其他输出设备还有绘图仪、音频输出设备、视频投影仪等。

绘图仪有平板绘图仪和滚动绘图仪两类，通常采用"增量法"在 x 和 y 方向产生位移来绘制图形。视频投影仪是微型计算机输出视频的重要设备,目前有 CRT 和 LCD 投影仪。LCD 投影具有体积小、重量轻、价格低且色彩丰富的特点。

目前,不少设备同时集成了输入/输出两种功能。例如,调制解调器(Modem),它是数字信号和模拟信号之间的桥梁。调制解调器将计算机的数字信号转换成模拟信号,通过电话线传送到另一台调制解调器上,经过解调,再将模拟信号转换成数字信号送入计算机,实现两台计算机之间的数据通信。又如,光盘刻录机可作为输入设备,将光盘上的数据读入到计算机内存,也可作为输出设备将数据刻录到 CD-R 或 CD-RW 光盘。

计算机的输入/输出系统实际上包含输入/输出设备和输入/输出接口两部分。输入/输出设备简称 I/O 设备,也称为外部设备,是计算机系统不可缺少的组成部分,是计算机与外部世界进行信息交换的中介,是人与计算机联系的桥梁。

7. 计算机的结构

计算机硬件系统的五大部件并不是孤立存在的,它们在处理信息的过程中需要相互连接。计算机的结构反映了计算机各组成部件之间的连接方式。

现代计算机普遍采用总线结构。所谓总线(Bus),就是系统部件之间传送信息的公共通道,各部件由总线连接并通过它传递数据和控制信号。总线经常被比喻为"高速公路",它包含运算器、控制器、存储器和 I/O 部件之间进行信息交换和控制传递所需的全部信号。按照传输信号的性质,总线一般分为如下三类。

(1)数据总线。数据总线是一组用来在存储器、运算器、控制器和 I/O 部件之间传输数据信号的公共通路。一方面用于 CPU 向主存储器和 I/O 接口传送数据,另一方面用于主存储器和 I/O 接口向 CPU 传送数据。它是双向的总线。数据总线的位数是计算机的一个重要指标,体现了传输数据的能力,通常与 CPU 的位数相对应。

(2)地址总线。地址总线是 CPU 向主存储器和 I/O 接口传送地址信息的公共通路。地址总线传送地址信息,地址是识别信息存放位置的编号,地址信息可能是存储器的地址,也可能是 I/O 接口的地址。它是自 CPU 向外传输的单向总线。由于地址总线传输地址信息,所以地址总线的位数决定了 CPU 可以直接寻址的内存范围。

图 2-11　主板的外观

(3)控制总线。控制总线是一组用来在存储器、运算器、控制器和 I/O 部件之间传输控制信号的公共通路。控制总线是 CPU 向主存储器和 I/O 接口发出命令信号的通道,又是外界向 CPU 传送状态信息的通道。

总线在发展过程中已逐步标准化,常见的总线标准有 ISA 总线、PCI 总线、AGP 总线和 EISA 总线等。

总线体现在硬件上就是计算机主板(Main Board),主板的外观如图 2-11 所示,它也是配置计算机时的主要硬件之一。主板上配有插放 CPU、内存条、显卡、声卡、网卡、鼠标和键盘等各类扩展槽或接口，而光盘驱动器和硬盘驱动器则通过扁平线缆与主板相连。主板的主要指标包括所用芯片组工作的稳定性和速度、插槽的种类和数量等。

在计算机维修中，人们把 CPU、主板、内存储器、显卡加上电源所组成的系统称为最小化系统。在检修中，经常用到最小化系统，一台计算机性能的好坏就是由最小化系统加上硬盘所决定的。

【案例实践】

李丽芳是动漫专业的一名新生，想要购买一台计算机用于学习，在信息技术课堂上听了老师对计算机硬件的介绍后，她想运用所学知识制定一个主要用于学习的计算机的配置方案。

案例实施

1. 选择 CPU

（1）了解 CPU 型号。通过对淘宝、京东等电子商务平台所销售的台式机、笔记本计算机的配置进行查询，并通过百度进一步搜索了解这些配置的含义，李丽芳发现主流的 CPU 主要有 AMD 和 Intel 两个品牌。AMD 处理器中性能较好的是 AMD7、AMD9，Intel 处理器中性能较好的是 i7、i9。

（2）了解 CPU 主频。CPU 主频就是内核工作的时钟频率，通常以 MHz 和 GHz 为单位。目前，大部分的主流 CPU 主频在 3.0GHz 左右，如果是统一核心架构的 CPU，主频越高性能越好，CPU 的运算速度越快。

（3）CPU 内核和线程。CPU 内核数是指物理上一个 CPU 芯片上集成了多个内核单元，这样计算机性能就有了成倍的提升。现代 CPU 都是多核的。CPU 线程数是指逻辑上的处理单元，这个技术是 Intel 的超线程技术，它让操作系统识别到多个处理单元。多核心、多线程的技术是为了满足完成多任务的需求，核心数越多、线程数越多，越有利于同时运行多个程序，CPU 能够并行处理多个任务数。目前性能较好的 CPU 至少是八核八线程，更好的是六核十二线程和八核十六线程。

2. 选择内存

内存是和 CPU 进行数据交换的，用于直接提供 CPU 要处理的数据，内存的性能直接影响计算机的速度。内存的性能主要由容量和存取时间两个参数决定。

（1）内存容量。内存容量通常是指随机存储器（RAM）的容量，是内存的关键性参数。内存的容量一般都是 2 的整数次方倍，目前主流的配置内存容量是 8GB 及以上。一般而言，内存容量越大越有利于系统的运行。

（2）存取时间。存取时间代表了读取数据所用的时间，其单位为纳秒（ns）。数值越小，存取时间越短，性能越高。

3. 选择硬盘

硬盘是计算机的外部存储器，平时没有运行的数据都存放在硬盘中。硬盘的基本参数有容量、转速、平均访问时间、传输速率、缓存等，容量和转速尤为关键。

（1）容量。硬盘的容量以兆字节（MB）或千兆字节（GB）为单位。因为需要存储大量的视频、图片等资料，硬盘容量越大越好，现在主流的配置硬盘容量为 512GB 及以上。

（2）转速。转速是指硬盘盘片每分钟转动的圈数，单位为 rpm。

4. 选择显卡

显卡连接在主机和显示器之间，其作用是控制计算机的图像输出，负责将 CPU 送来的影像数据处理成显示器能识别的格式，再送到显示器形成图像。因此，显卡的性能好坏决定着机器的显示效果。

（1）显存容量。在现在的大型 3D 游戏中，显卡需要临时存储的图像很大，所以显存要足够大，否则会出现卡顿现象。

（2）核心频率和显存频率。显卡的核心部分是 GPU（图形处理器），核心频率就是 GPU 的工作频率，相当于主机的 CPU 频率，显存频率就相当于显卡的"内存频率"。

5. 确定配置方案

通过了解，为了满足以后学习中经常用到三维图形软件、图像处理软件的需求，并综合考虑性价比，李丽芳确定主要部件配置方案如下：

（1）Intel Core i7 处理器；

（2）16GB 内存；

（3）512GB SSD 固态硬盘；

（4）GeForce RTX 8GB 独立显卡。

【扩展任务】

到计算机组装与维修实训室认识台式计算机各部件，并对各部件进行组装演练，最终组装一台能够正常开机运行的计算机。

任务二　计算机的软件系统

【任务目标】

➢ 理解软件的基本概念。

➢ 了解计算机软件的组成。

➢ 理解操作系统的概念。

【任务描述】

系统软件为计算机使用提供最基本的功能，应用软件根据用户和所服务的领域提供不同的功能。本任务将理解计算机软件的组成，理解操作系统的作用，理解程序的概念。

【知识储备】

2.2.1　软件的基本概念

计算机软件是指在计算机硬件上运行的各种程序和相关的说明文件。这里所说的程序是指用某种特定的符号系统（计算机语言）对被处理的数据和实现算法的过程进行的描述，也就是用于指挥计算机执行各种动作以便完成指定任务的指令的集合。在程序的开发和维护中，必须对程序做必要的说明，并整理出有关的资料。在运行程序时，有时还需要输入必要的数据。因此，计算机软件就是指挥计算机进行工作的程序和程序运行时所需的数据，以及与这些程序和数据有关的文字说明和图表资料。在这里，有必要对程序和程序设计语言进行简单说明。

1. 程序

程序是按照一定顺序执行的、能够完成某一任务的指令集合。计算机的运行要有时有序、按部就班，需要程序控制计算机的工作流程，实现一定的逻辑功能，完成特定的设计任务。Pascal 之父 Wirth 认为，"程序=算法+数据结构"。其中，算法是解决问题的方法，数据结构是数据的组织形式。人在解决问题时一般分为分析问题、设计方法和求出结果三个步骤。相应地，计算机解题也要完成模型抽象、算法分析和程序编写三个过程。不同的是计算机研究的对象仅限于它能识别和处理的数据。因此，算法和数据的结构直接影响计算机解决问题的正确性和高效性。

2. 程序设计语言

在日常生活中，人与人之间交流信息和思想一般是通过语言进行的，人类使用的语言一般称为自然语言，由字、词、句、段、篇等构成。而人与计算机之间的"沟通"，或者说人们指使计算机完成某项任务，也需用一种语言，这就是计算机语言，也称为程序设计语言，它由单词、语句、函数和程序文件等组成。程序设计语言是软件的基础和组成。随着计算机技术的不断发展，计算机使用的语言也在快速发展，并形成了体系。

（1）机器语言

在计算机中，指挥计算机完成某个基本操作的命令称为指令。所有指令的集合称为指令系统。直接用二进制代码表示指令系统的语言称为机器语言。

机器语言是直接用二进制代码指令表达的计算机语言。机器语言是唯一能被计算机硬件系统理解和执行的语言。因此，它的处理效率最高，执行速度最快，不需要"翻译"。但机器语言编写、调试、修改、移植和维护都非常烦琐，程序员要记忆几百条二进制指令，这限制了计算机软件的发展。

（2）汇编语言

为了克服机器语言的缺点，人们想到直接使用英文单词或缩写代替晦涩难懂的二进制代码进行编程，从而出现了汇编语言。

汇编语言是一种把机器语言"符号化"的语言。它和机器语言的实质相同，都直接对硬件操作，但汇编语言使用助记符描述程序，例如，ADD 表示加法指令，MOV 表示传送指令等。汇编语言和机器语言指令基本是一一对应的。

相对机器指令，汇编指令更容易掌握。但计算机无法自动识别和执行汇编语言，必须对其进行翻译，即使用语言处理软件将汇编语言编译成机器语言（目标程序），再链接成可执行程序在计算机中执行。汇编语言的翻译过程如图 2-12 所示。

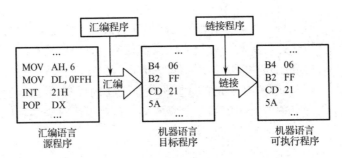

图 2-12　汇编语言的翻译过程

（3）高级语言

汇编语言虽然比机器语言前进了一步，但使用起来仍然很不方便，编程仍然是一种极其烦琐的工作，而且汇编语言的通用性差。人们在继续寻找一种更加方便的编程语言，于是出现了高级语言。

高级语言是最接近人类自然语言和数学公式的程序设计语言，它基本脱离了硬件系统，如 Pascal 语言中采用"Write"和"Read"表示写入和读出操作，采用"+""-""*""/"表示加、减、乘和除。目前常用的高级语言有 C、C++、Java、Visual Basic 等。

用高级语言编写的源程序在计算机中是不能直接执行的，必须翻译成机器语言程序。通常有两种翻译方式：编译方式和解释方式。

编译方式是将高级语言源程序整个编译成目标程序，然后通过链接程序将目标程序链接成可执行程序的方式。将高级语言源程序翻译成目标程序的软件称为编译程序，这种翻译过程称为编译。编译过程经过词法分析、语法分析、语义分析、中间代码生成、代码优化、目标代码生成等 6 个环节，才能生成对应的目标程序，目标程序还不能直接执行，还需经过链接和定位生成可执行程序后才能执行。高级语言程序的编译过程如图 2-13 所示。

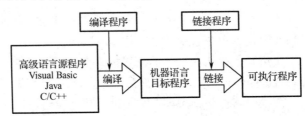

图 2-13　高级语言程序的编译过程

解释方式将源程序逐句翻译、逐句执行，解释过程不产生目标程序，基本上是翻译一行执行一行，边翻译边执行。如果在解释过程中发现错误，就给出错误信息，并停止解释和执行；如果没有错误，就解释执行到最后。常见的解释型语言是 Basic 语言。

无论是编译程序还是解释程序，其作用都是将高级语言编写的源程序翻译成计算机可以识别和执行的机器指令。它们的区别在于：在编译方式中源程序经编译、链接得到可执行程序文件后，就可脱离源程序和编译程序而单独执行，所以编译方式的效率高，执行速度快。而解释方式在执行时，源程序和解释程序必须同时参与才能运行，由于不产生目标文件和可执行程序文件，解释方式的效率相对较低，执行速度慢。

2.2.2 计算机软件的组成

计算机软件分为系统软件（System Software）和应用软件（Application Software）两类，如图 2-14 所示。

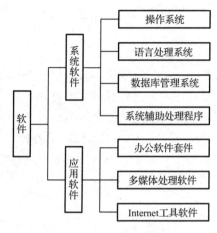

图 2-14 计算机软件的组成

1. 系统软件

系统软件是指控制和协调计算机及外部设备，支持应用软件开发和运行的软件。系统软件的主要功能是调度、监控和维护计算机系统，负责管理计算机系统中各独立硬件，使得它们协调工作。系统软件使得底层硬件对计算机用户是透明的，用户在使用计算机时不需要了解硬件的工作过程。

系统软件是软件的基础，所有应用软件都是在系统软件上运行的。系统软件主要分为以下几类。

（1）操作系统

系统软件中最重要且最基本的是操作系统。它是最底层的软件，控制计算机上运行的所有程序并管理整个计算机的软硬件资源，是计算机裸机与应用程序、用户之间的桥梁。没有它，用户无法使用其他软件或程序。常用的操作系统有 Windows、Linux、DOS、UNIX、MacOS 等。

操作系统作为掌控一切的控制和管理中心，其自身必须是稳定和安全的，即操作系统自己不能出现故障。操作系统要确保自身的正常运行，还要防止非法操作和入侵。

（2）语言处理系统

语言处理系统是系统软件的另一大类型。早期的第一代和第二代计算机使用的编程语言一般是由计算机硬件厂家随机器配置的。随着编程语言发展到高级语言，IBM 公司宣布不再捆绑语言软件，因此语言系统就开始成为用户可选择的一种产品化的软件，它也是最早开始商品化和系统化的软件。

（3）数据库管理系统

数据库（Database）管理系统是应用最广泛的软件。用于建立、使用和维护数据库，把各种不同性质的数据进行组织，以便有效地进行查询、检索并管理这些数据，这是应用数据库的主要目的。各种信息系统，包括从提供图书查询的书店销售软件，到银行、保险公司这样的大企业的信息系统，都需要使用数据库。需要说明的是，有观点认为数据库属于系统软件，尤其是在数据库中起关键作用的数据库管理系统（DBMS），属于系统软件。也有观点认为，数据库是构成应用系统的基础，它应当被归类到应用软件中。其实这种分类争议并没有实质性的意义。

（4）系统辅助处理程序

系统辅助处理程序主要是指一些为计算机系统提供服务的工具软件和支撑软件，如编辑程序、调试程序、系统诊断程序等，这些程序主要是为了维护计算机系统的正常运行，方便用户在软件开发和实施过程中的应用，如 Windows 中的磁盘整理工具程序等。还有一些工具软件，如 Norton Utility，集成了对计算机维护的各种工具程序。实际上，Windows 和其他操作系统都有附加的实用工具程序。随着操作系统功能的延伸，已很难严格划分系统软件和系统服务软件，这种对系统软件的分类方法也在变化之中。

2．应用软件

应用软件是用户使用的各种程序设计语言，以及用各种程序设计语言编制的应用程序的集合，分为应用软件包和用户程序。应用软件包是利用计算机解决某类问题而设计的程序的集合，供多用户使用。

在计算机软件中，应用软件种类最多，它们包括从一般的文字处理到大型的科学计算和各种控制系统的实现，有成千上万种，这类为解决特定问题而与计算机本身关联不多的软件统称为应用软件。常用的应用软件在下面介绍。

（1）办公软件套件

办公软件是日常办公需要的一些软件，一般包括文字处理软件、电子表格软件、演示文稿软件、个人数据库软件、个人信息管理软件等。常见的办公软件套件有微软公司的 Office 和金山公司的 WPS 等。

（2）多媒体处理软件

多媒体技术已经成为计算机技术的一个重要方面，多媒体处理软件是应用软件领域中一个重要的分支。多媒体处理软件主要包括图形处理软件、图像处理软件、动画制作软件、音频视频处理软件、桌面排版软件等。如 Adobe 公司的 Illustrator、Photoshop、Flash、Premiere 和 PageMaker，Ulead Systems 公司的绘声绘影，Quark 公司的 QuarkXPress，等等。

（3）Internet 工具软件

随着计算机网络技术的发展和 Internet 的普及，涌现了许多基于 Internet 环境的应用软件，如 Web 服务器软件、Web 浏览器、文件传送工具 FTP、远程访问工具 Telnet、下载工具 Flash-Get 等。

2.2.3 操作系统

很多人认为将程序输入计算机中运行并得出结果是一个很简单的过程，其实整个执行情况错综复杂、各种因素相互影响。比如，如何确定你的程序运行正确？如何保证你的程序性能最优？如何控制程序执行的全过程？这其中，操作系统起了关键性的作用。

1．操作系统的概念

操作系统是一个系统软件，它是一些程序模块的集合，这些程序模块管理和控制计算机系统中的软硬件资源，合理地组织计算机工作流程，以便有效地利用这些资源为用户提供功能强大、使用方便、可扩展的工作环境。操作系统在计算机与用户之间起到接口的作用，如图 2-15 所示。

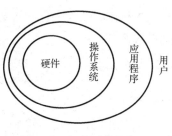

图 2-15　操作系统的作用

操作系统是最基本、最重要的系统软件，它负责管理计算机系统的全部软件资源和硬件资源，合理地组织计算机各部分协调工作，为用户提供操作和编程的界面。随着计算机技术的迅速发展和计算机的广泛应用，用户对操作系统的功能、应用环境、使用方式不断提出新的要求，因而逐步形成了不同类型的操作系统。根据操作系统的功能和使用环境，大致可分为单用户操作系统、批处理操作系统、分时操作系统、实时操作系统、网络操作系统、分布式操作系统等。

操作系统通常是最靠近硬件的一层系统软件，它把硬件裸机改造成为功能完善的虚拟机，使得计算机系统的使用和管理更加方便，计算机资源的利用效率更高，上层的应用程序可以获得比硬件提供的功能更多的支持。

操作系统中的重要概念有进程、线程、内核态和用户态。

（1）进程

进程（Process）是操作系统中的一个核心概念。顾名思义，进程是指执行中的程序，即进程=程序+执行。进程是程序的一次执行过程，是系统进行调度和资源分配的一个独立单位。或者说，进程是一个程序与其数据一道在计算机上顺利执行时所发生的活动，简单地说，就是一个正在执行的程序。

在 Windows、UNIX、Linux 等操作系统中，用户可以查看到当前正在执行的进程。图 2-16 所示的是 Windows 任务管理器（按 Ctrl+Shift+Esc 组合键可启动任务管理器），利用任务管理器可以快速查看进程信息，或者强行终止某个进程。当然，结束一个应用程序的最好方式是在应用程序的界面中正常退出，而不是在进程管理器中删除一个进程，应用程序出现异常而不能正常退出时才这样做。

（2）线程

随着硬件和软件技术的发展，为了更好地实现并发处理和共享资源，提高 CPU 的利用率，许多操作系统把进程"细分"成线程（Thread）。线程是进程的一个实体，是 CPU 调度和分派的基本单位，它是比进程更小的能独立运行的基本单位。线程基本不拥有系统资源，只拥有在运行中必不可少的资源（如程序计数器、一组寄存器和栈），但是它可与同属一个进程的其他线程共享进程所拥有的全部资源。一个线程可以创建和撤销另一个线程，同一个进程中的多个线程之间可以并发执行。

（3）内核态和用户态

计算机世界中的程序是不平等的，它们有特权态和普通态之分。特权态即内核态，拥有计算机中所有的软硬件资源；普通态即用户态，其访问资源的数量和权限均受到限制。

关系到计算机根本运行的程序应该在内核态下执行（如 CPU 管理和内存管理），只与用户数据和应用相关的程序则放在用户态中执行（如文件系统和网络管理）。由于内核态享有最大权限，其安全性和可靠性尤为重要。能够运行在用户态的程序，一般尽量让它在用户态中执行。

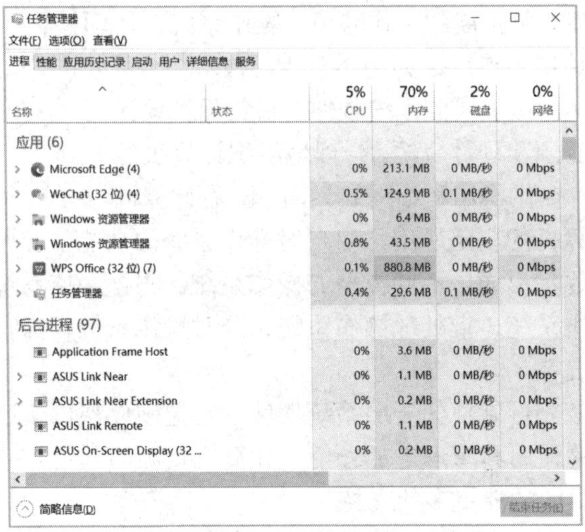

图 2-16　Windows 任务管理器

2．操作系统的主要作用

（1）提高系统资源利用率

通过对计算机系统软硬件资源进行合理的调度与分配，最大限度地发挥计算机系统的工作效率，即提高计算机系统在单位时间内处理任务的能力。

（2）提供方便友好的用户界面

用户无须了解有关硬件和系统软件的过多细节就能方便灵活地使用计算机。

（3）提供软件开发的运行环境

给计算机系统的功能扩展提供支撑平台，使之在增加新的服务和功能时更加容易，且不影响原有的服务和功能。

3．操作系统的功能

操作系统主要有以下 5 个方面的功能。

（1）处理机管理

在多道程序或多用户的情况下，组织多个作业同时运行，解决对处理机的分配调度策略、分配实施和资源回收等问题，实现处理机的高速、有效运行。

（2）存储管理

主要是对内存进行分配、保护和扩充，合理地为各种程序分配内存，保证程序间不发生冲突和相互破坏，并将内存和外部存储器结合管理，为用户提供虚拟内存。

（3）设备管理

根据一定的分配策略，把通道、控制器和输入/输出设备分配给请求输入/输出操作的程序，并启动设备完成实际的输入/输出操作，使用户方便灵活地使用设备。

（4）文件管理

这是对软件资源的管理，将暂时不用的程序数据以文件的形式保存到外部存储器上，保证这些文件不会引起混乱或遭到破坏，并实现信息共享、保密和保护。

（5）作业管理

用户请求计算机系统完成的一个独立操作称为作业。作业管理包括作业的输入和输出、作业的调度和控制。

4. 操作系统的分类

操作系统的种类繁多，根据功能和特性可分为批处理操作系统、分时操作系统和实时操作系统等；根据管理用户数的多少分为单用户操作系统和多用户操作系统；根据有无管理网络环境的能力可分为网络操作系统和非网络操作系统。下面介绍其中的几种。

（1）单用户操作系统（Single User Operating System）

单用户操作系统的主要特征是计算机系统内一次只能支持运行一个用户程序。这类系统的最大缺点是计算机系统的资源不能充分被利用。微型计算机的 DOS、Windows 操作系统属于这类系统。

（2）批处理操作系统（Batch Processing Operating System）

批处理操作系统是 20 世纪 70 年代运行于大、中型计算机上的操作系统，当时由于单用户单任务操作系统的 CPU 使用效率低，I/O 设备资源未被充分利用，因而产生了多道批处理系统。多道是指多个程序或多个作业（Multi-Programs or Multi-Jobs）同时存在和运行，故也称为多任务操作系统。IBM 的 DOS/VSE 就是这类系统。

（3）分时操作系统（Time-Sharing Operating System）

分时操作系统实际上是将 CPU 时间资源划分成极短的时间片（毫秒量级），轮流分给每个终端用户使用。当一个用户的时间片用完后，CPU 就转给另一个用户，前一个用户只能等待下一次轮到。每个用户可以在各自的终端上以交互的方式控制作业运行。分时操作系统是多用户多任务操作系统，UNIX 是国际上最流行的分时操作系统。此外，UNIX 具有网络通信与网络服务的功能，也是广泛使用的网络操作系统。

（4）实时操作系统（Real-Time Operating System）

实时操作系统对测量系统测得的数据及时、快速地进行处理和反应，以便达到控制的目的。实时系统按其使用方式可分成两类：一类是广泛用于钢铁、炼油、化工生产过程控制，武器制造等领域中的实时控制系统；另一类是广泛用于飞机票/火车票自动订购系统、情报检索系统、银行业务系统、超级市场销售系统中的实时数据处理系统。

（5）网络操作系统（Network Operating System）

网络将物理上分布（分散）的多个独立计算机系统互联起来，通过网络协议在不同的计算机之间实现信息交换、资源共享。通过网络，用户可以突破地理条件的限制，方便地使用远程的计算机资源。提供网络通信和网络资源共享功能的操作系统称为网络操作系统。

【案例实践】

为计算机安装 Windows 10 操作系统。

案例实施

安装 Windows 10 操作系统前，可以在 Windows 官方网站下载安装包，也可以在其他网站下载安装镜像。本案例采用官方网站下载，并简要叙述主要步骤。

步骤 1：使用 U 盘安装 Windows 10 操作系统。先准备一个空 U 盘，其容量大于 4GB。

步骤 2：通过微软官方下载页面制作启动 U 盘。进入该网站后，根据提示完成 U 盘的制作，下载页面如图 2-17 所示。

图 2-17　Windows 10 下载页面

步骤 3：把制作好的安装 U 盘插入计算机的 USB 接口，启动计算机时不停按开机菜单键（一般是 F2 键，不同品牌、型号的计算机可能不同，查阅该机说明），进入主板 BIOS 设置，设置第一启动项为 U 盘，如图 2-18 所示。保存设置后重启。

图 2-18　选择启动顺序

步骤 4：重新启动计算机，进入安装界面，选择相应的选项，单击【下一步】按钮，如图 2-19 所示。

步骤 5：根据需要，选择安装的版本，一般选择专业版，如图 2-20 所示。

步骤 6：选择版本后，进入安装磁盘的选择，一般选择第一个分区，如图 2-21 所示。

步骤 7：分区选好后，进入安装进度界面，根据提示完成安装，如图 2-22 所示。

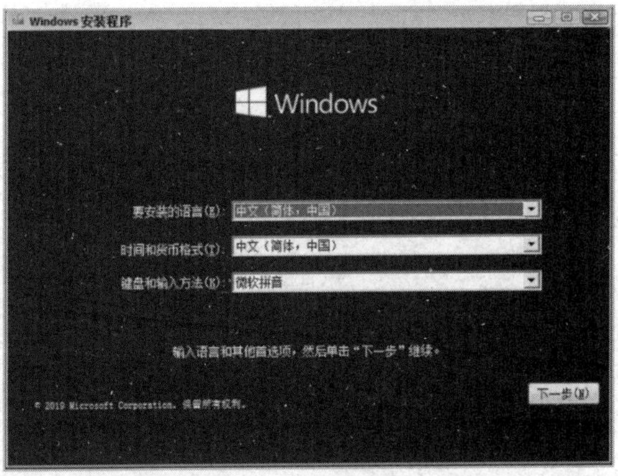

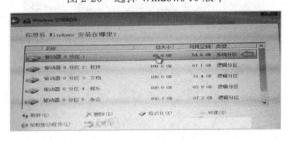

图 2-19　Windows 10 安装界面

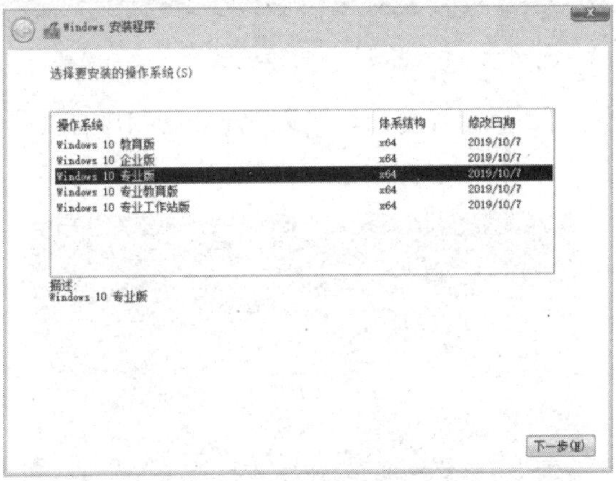

图 2-20　选择 Windows 10 版本

图 2-21　选择安装系统的分区

图 2-22　安装进度界面

步骤 8：完成后会重启计算机，进行一系列 Windows 10 的初始设置，根据需要进行设置，如图 2-23 所示。

图 2-23　Windows 10 系统安装时的初始设置

步骤 9：初始设置完成，重启计算机，进入 Windows 10 的欢迎界面，如图 2-24 所示，安装完成。

图 2-24　Windows 10 的欢迎界面

【扩展任务】

请大家通过虚拟机，参照上面案例实践的内容，在计算机中安装 Windows 10 操作系统。

任务三　使用 Windows 10 操作系统

【任务目标】

➢ 了解 Windows 10 操作系统。
➢ 掌握 Windows 10 操作窗口和对话框。
➢ 掌握 Windows 10 的文件管理。
➢ 掌握 Windows 10 的系统管理。
➢ 掌握 Windows 10 网络设置。

【任务描述】

Windows 10 是由微软公司开发的一款跨平台及设备应用的操作系统，具有操作简单、启动速度快、安全和连接方便等特点。本任务主要介绍 Windows 10 操作系统的基础知识、窗口与菜单操作、对话框操作、使用汉字输入法、文件管理、Windows 10 系统管理、Windows 10 网络设置等内容。

【知识储备】

2.3.1　Windows 10 使用基础

1．Windows 10 的版本

Windows 10 是美国微软公司研发的跨平台及设备应用的操作系统，是微软发布的最后一个独立 Windows 版本。Windows 10 有家庭版、专业版、企业版、教育版、移动版、移动企业版和物联网核心版 7 个版本，分别面向不同用户和设备。

Windows 10 可供家庭及商业工作环境等使用，支持广泛的设备类型。2015 年 4 月 29日，微软公司宣布 Windows 10 将采用同一个应用商店，同时支持 Android 和 iOS 程序。2015 年 7 月 29 日，微软公司发布 Windows 10 正式版。2018 年微软公司宣布为 Windows 10 系统提供 ROS（机器人操作系统）支持，此前操作系统只支持 Linux 平台，现在微软公司正在打造 ROS for Windows。

2．鼠标和键盘基本操作

（1）鼠标基本操作

登录 Windows 10 后，轻轻移动鼠标，会发现 Windows 桌面上有一个箭头图标随着鼠标的移动而移动，我们将该图标称为鼠标指针，它用于指示要操作的对象或位置。在 Windows 系列操作系统中，常用的鼠标操作如表 2-1 所示。

表 2-1　常用鼠标操作的说明

操　作	说　明
移动鼠标	在鼠标垫上移动鼠标，此时鼠标指针将随之移动
单击	即"左击"，将鼠标指针移到要操作的对象上，快速按一下鼠标左键并快速释放（松开鼠标左键），主要用于选择对象或打开超链接等
右击	将鼠标指针移至某个对象上并快速单击鼠标右键，主要用于打开快捷菜单
双击	在某个对象上快速双击鼠标左键，主要用于打开文件或文件夹
左键拖动	在某个对象上按住鼠标左键不放并移动，到达目标位置后释放鼠标左键。此操作通常用来改变窗口大小，以及移动和复制对象等
右键拖动	按住鼠标右键的同时拖动鼠标，该操作主要用来复制对象、移动对象等
拖放	将鼠标指针移至桌面或程序窗口空白处（而不是某个对象上），然后按住鼠标左键不放并移动鼠标指针。该操作通常用来选择一组对象
转动鼠标滚轮	常用于上下浏览文档或网页内容，或在某些图像处理软件中改变显示比例

（2）键盘按键

在操作计算机时，键盘是使用比较多的工具，各种字符、数据等都要通过键盘输入到计算机中。此外，在 Windows 系统中，键盘还可以代替鼠标快速地执行一些命令。

键盘一般包括 26 个英文字母键、10 个数字键、12 个功能键（F1～F12）、方向键以及其他一些功能键。所有按键分为 5 个区：主键盘区、功能键区、编辑键区、小键盘区和键盘指示灯，如图 2-25 所示。

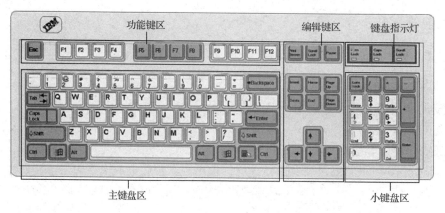

图 2-25　键盘

① 主键盘区

主键盘区是键盘的主要使用区，包括字符键和控制键两大类。字符键包括英文字母键、数字键、标点符号键 3 类，按下它们可以输入键面上的字符；控制键主要用于辅助执行某些特定操作。下面介绍一些常用控制键的作用。

◆ 制表键 Tab：编辑文档时，按一下该键可使光标向右移动一个制表位的距离。

◆ 大写锁定键 CapsLock：用于控制大小写字母的输入。默认情况下，敲击字母键将输入小写英文字母；按一下 CapsLock 键，键盘右上角的 CapsLock 指示灯变亮，此时敲击字母键将输入相应的大写英文字母；再次按一下该键可返回小写字母输入状态。

◆ 换挡键 Shift：主要用于与其他字符键组合，输入键面上有两种字符的上挡字符。例如，要输入"！"号，应在按住 Shift 键的同时敲击 键。

◆ 组合控制键 Ctrl 和 Alt：这两个键只能配合其他键一起使用才有意义。

◆ 空格键：编辑文档时，敲一下该键输入一个空格，同时光标右移一个字符。

◆ Win 键 ：标有 Windows 图标的键，任何时候按下该键都将弹出【开始】菜单。

◆ 快捷键 ：相当于单击鼠标右键，按下该键将弹出快捷菜单。

◆ 回车键 Enter：主要用于结束当前的输入行或命令行，或确认某种操作结果。

◆ 退格键 Backspace：编辑文档时，按一下该键光标向左退一格，并删除原来位置上的对象。

② 功能键区

功能键位于键盘的最上方，主要用于完成一些特殊的任务和工作。

F1～F12 键：这 12 个功能键在不同的程序中有不同的作用。例如，在大多数程序中，按一下 F1 键都可打开帮助窗口。

Esc 键：该键为取消键，用于放弃当前的操作或退出当前程序。

③ 编辑键区

编辑键区的按键主要在编辑文档时使用。例如，按一下←键将光标左移一个字符；按一下↓键将光标下移一行；按一下 Delete 键删除当前光标所在位置后的一个对象，通常为字符。

④ 小键盘区

它位于键盘的右下角，也叫数字键区，主要用于快速输入数字。该键盘区的 NumLock 键用于控制数字键上下挡的切换。当 NumLock 指示灯亮时，表示可输入数字；按一下 NumLock 键，指示灯灭，此时只能使用下挡键；再次按一下该键，可返回数字输入状态。

3. 认识 Windows 10 的视窗元素

Windows 是一个视窗化的操作系统，使用 Windows 系统，其实就是操作各种窗口、菜单和对话框等视窗元素。下面就来认识一下 Windows 10 的这些视窗元素。

（1）【开始】菜单

利用【开始】菜单可以打开计算机中大多数应用程序和系统管理窗口，单击任务栏左侧的【开始】按钮即可打开【开始】菜单，它主要由应用程序列表、系统菜单按钮和开始菜单磁贴组成，如图 2-26 所示。

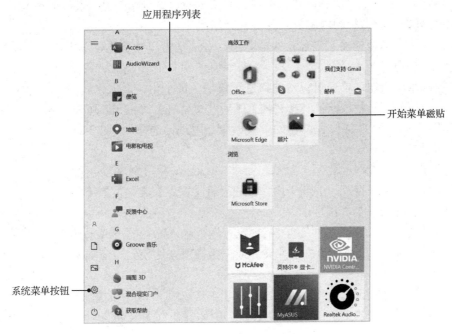

图 2-26　Windows 10 的【开始】菜单

（2）窗口

在 Windows 10 中启动程序或打开文件夹时，会在屏幕上划定一个矩形区域，这便是窗口。操作应用程序大多是通过窗口中的选项卡、工具按钮、功能区或打开的对话框等来进行的。图 2-27 所示的是在 Windows 10 中打开 C 盘的窗口结构。

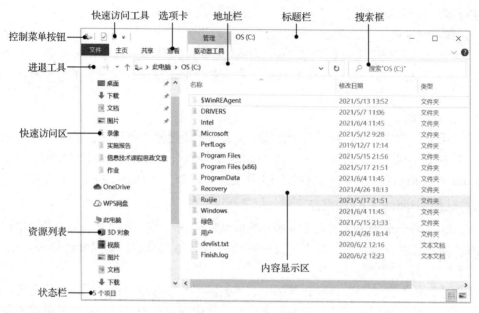

图 2-27　Windows 10 的窗口结构

可以看到，窗口主要由标题栏、快速访问工具栏、选项卡、地址栏、搜索框、快速访问区、资源列表、状态栏和内容显示区等元素组成。

◆ 标题栏：标题栏显示当前窗口的名字，右边是窗口最小化、最大化（还原）、关闭三个按钮。

◆ 控制菜单按钮：单击可以对窗口进行移动、最小化、最大化、关闭等操作。

◆ 快速访问工具栏：默认有【属性】、【新建文件夹】等按钮，可以单击右边的 ▼ 按钮，在弹出的下拉框命令中进行选择，如图 2-28 所示。

◆ 选项卡和功能区：相当于菜单和命令。Windows 10 把命令用图标表示，形象直观，更便于操作。一般有【文件】、【主页】、【共享】和【查看】等选项卡。

图 2-28　自定义快速访问工具栏

◆ 地址栏：显示当前文件夹的路径，也可通过输入路径的方式来打开文件夹，还可通过单击文件夹名或三角按钮来切换到相应的文件夹中。

◆ 【前进】、【后退】、【下拉】和【向上】4 个按钮 ← → ∨ ↑：单击【前进】和【后退】这两个按钮可在打开过的文件夹之间切换，【下拉】按钮可以看到最近访问过的位置，【向上】按钮可以访问上一级文件夹。

◆ 工具栏：其上的按钮随所选对象的不同而不同，用于快速完成相应的操作。

◆ 导航窗格：导航窗格由"快速访问区"和"资源列表"两部分组成。【快速访问区】列出了【桌面】、【下载】、【文档】和【图片】等常用的图标，单击即可直接访问指定资源。【资源列表】采用层次结构对计算机中的资源进行导航，最顶层的为【此

· 90 ·

计算机】，其下是系统默认的常见图标和【本地磁盘】。【本地磁盘】又层层细分为多个子项目（如磁盘和文件夹等）。单击各项目左侧的 $\boxed{}$ 按钮可展开其子项目；单击 $\boxed{\lor}$ 按钮可收缩项目；单击项目名称可在窗口显示区中显示其包含的内容，可以是磁盘、文件或文件夹等。

◆ 详细信息面板：显示当前文件夹或所选文件、文件夹的有关信息。

（3）对话框

对话框是一种特殊的窗口，用于提供一些参数选项供用户设置。不同的对话框，其组成元素也不相同。例如，图 2-29 中包含选项卡、复选框、列表框、下拉列表框和命令按钮等组成元素。

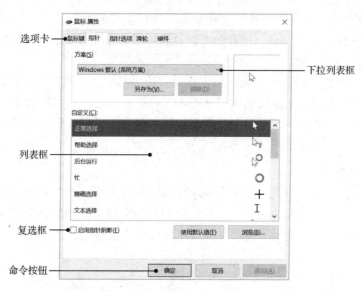

图 2-29　Windows 10 的对话框

（4）任务栏

Windows 10 的任务栏主要由【开始】菜单、搜索框、工具按钮、应用程序区和托盘区等组成。【开始】菜单可以打开大部分安装的软件，应用程序区是用户多任务工作时的主要区域，它可以存放大部分正在运行的程序窗口。而托盘区则是通过各种小图标形象地显示计算机软硬件的重要信息与动态，托盘区右侧是时钟。各组成部分如图 2-30 所示。

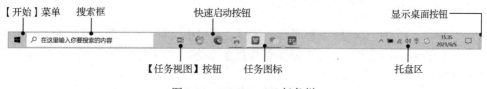

图 2-30　Windows 10 任务栏

2.3.2　管理文件和文件夹

计算机中的数据以文件的形式保存，而文件夹用来分类存储文件，因此，在 Windows 10 中最重要的操作就是管理文件和文件夹。

1. 文件的概念

文件是数据在计算机中的组织形式。计算机中的任何程序和数据都是以文件的形式保存在计算机的外存储器（如硬盘、光盘和 U 盘等）中的。Windows 10 中的任何文件都是用图标和文件名来标识的，其中文件名由主文件名和扩展名两部分组成，中间由 "." 分隔。

◆ 主文件名：最多可以由 255 个英文字符或 127 个汉字组成，或者混合使用字符、汉字、数字甚至空格。但是，文件名中不能含有 "\" "/" ":" "<" ">" "?" "*" """ "|" 字符。

◆ 扩展名：通常为 3 个英文字符。扩展名决定了文件的类型，也决定了可以使用什么程序来打开文件，常说的文件格式指的就是文件的扩展名。

从打开方式看，文件分为可执行文件和不可执行文件两种类型。

◆ 可执行文件：指可以自己运行的文件，其扩展名主要有.exe，.com 等。用鼠标双击可执行文件，它便会自己运行。

◆ 不可执行文件：指自己不能运行，而需要借助特定程序打开或使用的文件。例如，双击 TXT 文档，系统将调用 "记事本" 程序打开它。不可执行文件有许多类型，如文档文件、图像文件、视频文件等。每一种类型又可根据文件扩展名细分为多种类型。大多数文件属于不可执行文件。

2. 文件夹的概念

文件夹是存放文件的场所。在 Windows 10 中，文件夹由一个黄色的小夹子图标和名称组成，如图 2-31 所示。为了方便管理文件，用户可以创建不同的文件夹，将文件分门别类地存放在文件夹内。文件夹除了包含文件，还可以包含其他文件夹。

图 2-31　Windows 10 文件夹

Windows 10 中的文件夹分为系统文件夹和用户文件夹两种类型。系统文件夹是安装好操作系统或应用程序后系统自己创建的文件夹，其通常位于 C 磁盘中，不能随意删除和更改名称；用户文件夹是用户自己创建的文件夹，可以随意更改和删除。

3. 文件资源管理器

在 Windows 10 中，文件资源管理器是管理计算机中文件、文件夹等资源的最重要工具。右键单击【开始】菜单选择【文件资源管理器】命令，可打开【文件资源管理器】窗口，如图 2-32 所示。

可以看到，资源管理器主要由快速访问工具、选项卡、地址栏、搜索框、快速访问区、资源列表、内容显示区等元素组成。

4. 文件和文件夹的查看方式

Windows 10 是一个图形化的操作系统，其中驱动器、文件和文件夹等对象都是以图标的方式显示的。为了方便查看文件夹中的内容，可以对图标的显示方式进行调整。【查看】选项卡中有【窗格】【布局】【当前视图】【显示/隐藏】【选项】等功能组命令，可以完成相关操作，如图 2-33 所示。

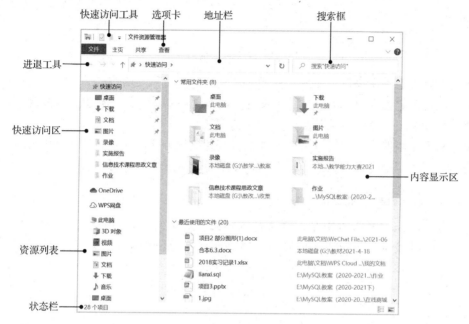

图 2-32 【文件资源管理器】窗口

图 2-33 【查看】选项卡

◆【窗格】组命令可以将选定文档的内容或详细信息在预览区显示出来。

◆【布局】组命令可以更改图标的显示方式或显示大小。

◆【当前视图】组命令可以设置排序方式、分组依据、增删显示列和改变列宽等。

◆【显示/隐藏】组命令可以实现是否隐藏或显示文件扩展名，是否显示隐藏的文件或文件夹。

◆【选项】命令可弹出【文件夹选项】对话框，对文件的打开方式或显示等进行详细设置。

5. 文件和文件夹的管理操作

在使用计算机的过程中，经常需要对文件或文件夹进行各种管理操作，如新建、选择、重命名、删除、移动或复制文件和文件夹等。这些操作都可以在【主页】选项卡的【剪贴板】【组织】【新建】【打开】【选择】功能组命令中操作，如图 2-34 所示。

图 2-34 【主页】选项卡

◆ 【剪贴板】组命令可以完成文件或文件夹的复制、移动操作。

◆ 【组织】组命令可以完成文件或文件夹的复制、移动，以及删除和重命名。

◆ 【新建】组命令可以新建文件夹或文档。

◆ 【打开】组命令可以打开文件或者选择打开文件方式，显示文件属性。

◆ 【选择】组命令可以快速选择对象，全部选择或者反向选择。

2.3.3 系统管理和应用

以往的 Windows 版本都是通过【控制面板】对系统进行设置和管理的。单击【开始】→【设置】命令，就可以弹出如图 2-35 所示的【Windows 设置】窗口。

图 2-35 【Windows 设置】窗口

【Windows 设置】窗口的内容与【控制面板】窗口差不多，但更显美观。下面就以【设置】为例来讲解系统的管理。对于习惯使用【控制面板】的读者，也可以用【控制面板】来管理计算机。通过以下方式打开控制面板，如图 2-36 所示。

◆ 在【Windows 设置】窗口的搜索框中输入"控制面板"即可找到。

◆ 按下 ▦+R 组合键，在【运行】对话框中输入"control"，确定运行后即可弹出【控制面板】窗口。

图 2-36 【控制面板】窗口

1.【设置】的组成与操作

Windows 10 允许用户根据自己的使用习惯定制工作环境，以及管理计算机中的软、硬件资源。【设置】窗口是进行这些操作的门户，利用它可以设置屏幕显示效果，修改系统日期和时间，添加和删除程序，查看系统软、硬件信息和优化系统，以及配置网络等。

各系统设置工具被分成 13 类，放置在【设置】窗口中。具体设置操作可由以下步骤完成。首先判断要使用的工具属于哪个类别，然后单击相应的类别，弹出如图 2-37 所示的窗口。在窗口的左下侧单击要设置的对象，就会在窗口右侧弹出对象的具体设置内容，根据需求完成设置。

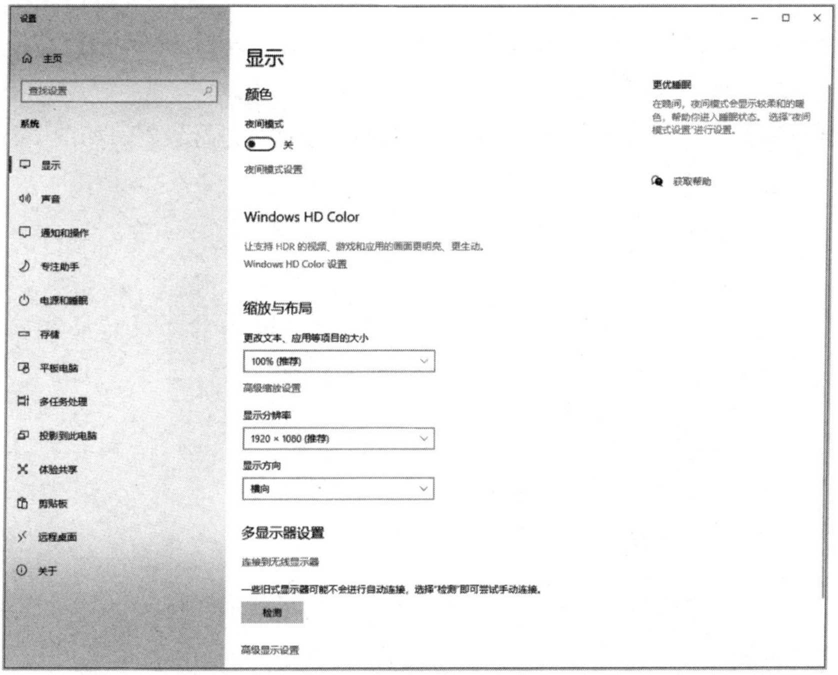

图 2-37 【设置】窗口的组成

2．个性化 Windows 10

Windows 10 提供了强大的外观和个性化设置功能，用户可通过单击【设置】窗口的【个性化】分类中的相应选项来进行设置。例如，更换桌面主题、设置桌面图标、更换桌面背景、设置屏幕保护程序、设置屏幕分辨率等。【个性化】设置选项如图 2-38 所示。

图 2-38 【个性化】设置选项

3．创建和管理用户账户

Windows 10 提供了多用户操作环境。当多人使用一台计算机时，可以分别为每个人创建一个用户账户。这样，每个人都可以用自己的账号和密码登录系统，拥有独立的【桌面】【收藏夹】【我的文档】文件夹等，从而使用户之间互不影响。

选择【设置】窗口的【账户信息】分类中的相应选项来进行设置。如图 2-39 所示。

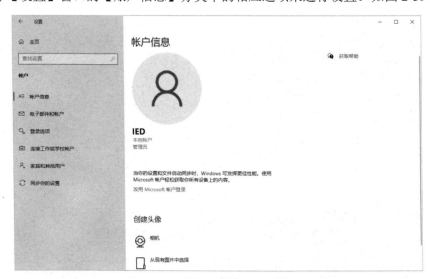

图 2-39 【账户信息】设置选项

4．安装和卸载应用程序

应用程序必须安装（而不是复制）到 Windows 10 中才能使用。一般软件都配置了自动安装程序，以 Setup.exe 或 Install.exe（也可能是软件名称）等命名，双击它便可进行安装操作。安装了应用程序后，Windows 10 可以进行管理，具体操作可通过【设置】窗口的【应用和功能】分类中的相应选项来进行设置，如图 2-40 所示。

图 2-40 【应用和功能】设置选项

5．添加或删除 Windows 10 组件

Windows 10 自带了很多应用程序，如画图、计算器以及一些小游戏等。对于自己认为无用的一些程序，可以将其删掉；对于希望使用的一些程序，则可以将其添加。操作步骤如下。

步骤 1：在【设置】界面查找设置框中输入【启用或关闭 Windows 功能】选项，即可弹出如图 2-41 所示的对话框。

步骤 2：在弹出的【Windows 功能】对话框的【组件】列表中勾选要添加的组件，取消勾选要删除的组件。单击【确定】按钮。

在【组件】列表框中列出了 Windows 10 自带的所有可用组件，如果某组件复选框已被勾选，表示该组件已被添加，否则表示未被添加。某些组件还带有子组件，对于这类组件，可单击组件左侧的【+】显示其子组件，然后进行添加或删除。

图 2-41 【Windows 功能】对话框

2.3.4 管理和维护磁盘

Windows 10 提供了几个硬盘维护工具，如磁盘清理和磁盘碎片整理等，定期使用这些工具可以使硬盘保持良好的工作状态。

◆ 磁盘清理工具：使用磁盘清理工具可以帮助用户找出并清理硬盘中的垃圾文件，从而提高计算机的运行速度，增加硬盘的可用空间。

◆ 磁盘扫描工具：该工具用于检查硬盘健康状态及数据储存情况。一般情况下，磁盘扫描能检测出硬盘上的坏道、文件交叉链接和文件分配表错误等故障，及时提示用户修复或自动地进行修复。

◆ 磁盘碎片整理工具：使用计算机时，系统自身和用户经常需要在硬盘上存储和删除文件，日久天长就会在硬盘上产生大量碎片（未使用的磁盘空间）。当碎片越来越多时，系统读取文件的速度就会越来越慢，进而影响系统的运行速度。利用磁盘碎片整理工具可以整理磁盘碎片，提高系统运行速度。

1. 使用磁盘清理工具

使用磁盘清理工具的具体操作步骤如下。

步骤 1：单击【开始】按钮，在所有程序列表中选择【Windows 管理工具】→【磁盘清理】菜单项。

步骤 2：在弹出的【驱动器选择】对话框的【驱动器】下拉列表框中选择需要清理的磁盘驱动器，单击【确定】按钮，如图 2-42 所示。

系统首先对磁盘进行检查，统计可以释放多少空间，统计结束后，弹出如图 2-43 所示的对话框，在【要删除的文件】列表框中选择需要清理的文件夹，然后单击【确定】按钮开始清理。

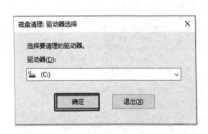

图 2-42　选择要清理的磁盘　　　　　　　　图 2-43　清理磁盘

2．使用磁盘碎片整理工具

利用磁盘碎片整理工具整理磁盘碎片的具体操作步骤如下。

步骤 1：单击【开始】按钮，在所有程序列表中选择【Windows 管理工具】→【碎片整理和优化驱动器】菜单项。

步骤 2：在弹出【优化驱动器】对话框中，选择要整理碎片的磁盘驱动器，单击【分析】按钮，分析磁盘是否需要进行碎片整理。如图 2-44 所示。

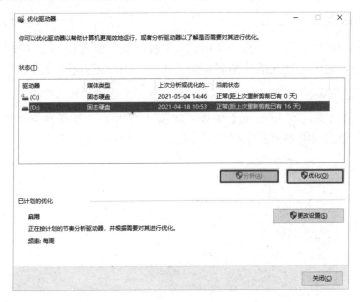

图 2-44　整理磁盘碎片

步骤 3：分析完成后，如果提示有磁盘碎片（在【上一次运行时间】下方的碎片百分比不是 0%），单击【碎片整理】按钮，对磁盘进行碎片整理。

步骤 4：磁盘碎片整理会花很长的时间。整理完后，单击【关闭】按钮，完成指定磁盘的碎片整理工作。

3．使用磁盘扫描工具

利用磁盘扫描工具检测和修复磁盘错误的具体操作步骤如下。

步骤 1：打开【此计算机】窗口，右键单击要检查的磁盘，打开【磁盘属性】对话框，单击【工具】选项卡标签切换到该选项卡，单击【检查】按钮，如图 2-45 所示。

步骤 2：系统开始检查所选磁盘，检查结果如图 2-46 所示。

图 2-45　单击【检查】按钮

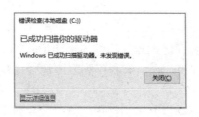

图 2-46　检查磁盘的正常结果

2.3.5　网络配置与应用

在 Windows 10 中，几乎所有与网络相关的操作和控制程序都在【设置】→【网络和 Internet】面板中，通过可视化的视图和单站式命令，用户可以轻松连接到网络。

1．连接到宽带网络

步骤 1：打开【网络和 Internet】面板，如图 2-47 所示。在【网络和 Internet】中，用户可以通过形象化的网络映射图了解网络状况，并进行各种网络设置。

图 2-47　【网络和 Internet】面板

步骤 2：选择【网络和共享中心】→【设置新的链接或网络】命令，在打开的对话框中选择【连接到 Internet】命令，单击【下一步】按钮。

步骤 3：在【连接到 Internet】对话框中选择【宽带（PPPoE）】命令，并在随后弹出的对话框中输入 ISP 提供的用户名、密码以及自定义的连接名称等信息，单击【连接】按钮完成设置。

使用时，只需单击任务栏通知区域的网络图标，选择自建的宽带连接即可。

2．连接到无线网络

单击任务栏通知区域的网络图标，在弹出的可用网络列表中双击需要连接的网络，如图 2-48 所示。在此对话框中，可以选择无线网络【WLAN】，也可以选择【飞行模式】，还可以选择【移动热点】进行上网。如果无线网络设有安全加密，则需要输入密码。

图 2-48　可用网络列表

【案例实践】

张星是大学计算机专业一年级的学生，刚刚买了台新计算机，听老师说信息技术课上要用到 WPS Office 办公软件，于是他决定自己动手安装 WPS Office 办公软件。

案例实施

安装 WPS 比较简单，在官网下载 WPS 软件后，运行安装包，根据提示完成所有操作，具体步骤如下。

步骤 1：进入 WPS 官方网站，选择下载 WPS Office，如图 2-49 所示。

图 2-49　WPS 下载页面

步骤2：下载完成后，运行安装包文件，如图2-50所示。

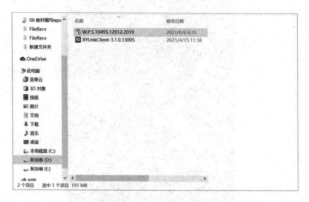

图2-50　WPS安装包

步骤3：运行安装程序后，弹出安装页面，勾选已阅读相关内容选项，进入安装，如图2-51所示。

图2-51　WPS安装页面

步骤4：确认安装后，进入安装进度页面，自动进行安装，如图2-52所示。

图2-52　WPS的安装进度页面

步骤 5：安装完成后，进行 WPS 启动页面，如图 2-53 所示。

图 2-53　WPS 的启动页面

步骤 6：WPS 启动之后，进行用户类型设置，在这里选择个人用户，如图 2-54 所示。

图 2-54　选择用户类型

步骤 7：接下来进行账号登录认证，在这里选择微信登录，用手机微信扫码进入 WPS，如图 2-55 所示。

图 2-55　WPS 账号登录认证

步骤 8：登录后，就可以用 WPS 进行工作了。WPS 工作界面如图 2-56 所示。

图 2-56　WPS 工作界面

【扩展任务】

在计算机中安装好 Windows 10 操作系统后，进行以下设置：

1．设置桌面的背景主题和分辨率。

2．布置自己喜欢的开始菜单的磁贴界面。

3．查看或设置个人的有线网络或无线网络。

项目3　WPS 文字 2019 的使用

WPS Office 是金山软件公司自主开发的一款开放、高效的网络协同办公套装软件，主要包括 WPS 文字、WPS 表格和 WPS 演示三大模块，在功用上分别对应 MS Office 的 Word、Excel 和 PowerPoint 三大软件。金山 WPS Office 以其中文办公特色、绿色小巧、功能强大、易于操作、最大限度地与 MS Office 兼容等优势，成为我国企事业单位的标准办公平台。

WPS 文字是 WPS Office 办公软件组件中的一个重要部分，是集文字编辑、页面排版与打印输出于一体的文字处理软件，适用于制作各种文档，如图书、报刊、信函、公文、表格等。本项目以 WPS 文字 2019 版本为基础撰写，所有操作均在 Windows 10 操作环境下运行。

【项目目标】

➤ 知识目标

1. 了解 WPS 文字 2019 的基本功能、工作界面、启动和退出。
2. 掌握 WPS 文档的创建、打开、保存、保护等基本操作。
3. 掌握 WPS 文档的编辑与排版方法。
4. 掌握图片、艺术字、文本框等对象的插入及编辑方法。
5. 掌握创建、编辑及美化表格的方法。
6. 了解长文档的构成，掌握长文档排版的方法。
7. 掌握打印设置与打印输出的方法。

➤ 技能目标

1. 学会进行 WPS 文档的基本操作。
2. 能够对 WPS 文档进行编辑和排版。
3. 能够利用 WPS 的图片、图形等进行图文混排。
4. 能够创建并制作规则及不规则的表格。
5. 能够进行长文档的编辑与排版制作。
6. 能够正确进行页面、打印设置并打印输出。

任务一　WPS 文字的基本概念和操作

【任务目标】

➤ 了解 WPS 文字的启动和退出。

> ➤ 认识 WPS 文字的工作界面。
> ➤ 掌握 WPS 文档的创建、打开、保存、保护等操作。

【任务描述】

在使用 WPS 文字进行文档编辑排版之前，首先要做的工作就是启动该程序，熟悉它的工作界面，然后输入文字，最后将编辑好的文档保存起来。

本任务从启动 WPS 文字开始，介绍了 WPS 文字的工作界面、基本概念和基础操作，学生应该在熟悉内容的基础上以实践为主，达到掌握技能的目的。

【知识储备】

3.1.1　认识 WPS 文字 2019

1．WPS 文字的启动

用户安装好 WPS 文字 2019 软件后，若要启动 WPS 文字，可以通过以下三种方法实现。

方法一：快捷方式启动

安装 WPS Office 软件时在计算机桌面上添加了 WPS Office 的快捷方式，双击桌面上的快捷方式图标 即可启动 WPS 文字。

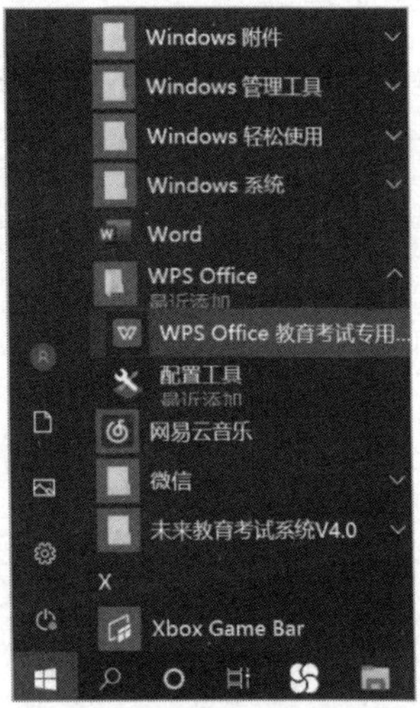

图 3-1　通过【开始】按钮启动 WPS 文字

方法二：在程序菜单中启动

单击任务栏左侧的【开始】按钮，在弹出的所有程序中找到 WPS Office，单击启动，如图 3-1 所示。

方法三：启动已存在的文档

双击已经存在的 WPS 文字文档图标，启动 WPS 文字，可以继续编辑此文档，也可以创建新的文档。

2．WPS 文字的退出

退出 WPS 文字的方法有以下三种。

方法一：单击窗口右侧上方的关闭按钮 ×。

方法二：单击窗口左侧上方的【文件】菜单，在弹出的菜单列表中选择【退出】命令。

方法三：使用快捷键 Ctrl+F4 组合键。

退出 WPS 文字时，若正在编辑的文档存在未保存的操作，则系统会提示操作者是否保存对文档的更改，如图 3-2 所示。

单击【是】按钮，则 WPS 文字完成对文档的保存后退出；单击【否】按钮，则 WPS 文字不保存文档，直接退出，用户会丢失未保存的操作且不可恢复；若单击【取消】按钮，则忽略本次退出操作，返回到原来的文档继续编辑。

图 3-2　提示是否保存文档

3. WPS 文字的工作界面

用户成功启动 WPS 文字之后，首先看到的主窗口就是 WPS 文字的工作界面，如图 3-3 所示。它主要由文档标签、快速访问工具栏、选项卡、功能区、对话框启动器、文档编辑区、状态栏等几部分组成。下面分别介绍主窗体中的主要部分。

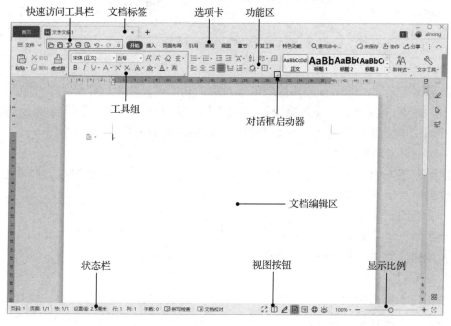

图 3-3　WPS 文字的工作界面

（1）文档标签

文档标签位于界面最上方，完整显示文档名称和扩展名。在 WPS 文字中可以打开多个文档进行编辑，WPS 文字以文档标签的形式将文档依次排列。

正在编辑的文档以高亮方式显示，若用户需要转向其他文档进行操作，单击相应的文档标签即可，如图 3-4 所示。

图 3-4　多文档标签的显示和切换

（2）快速访问工具栏

图 3-5　快速访问工具栏

　　快速访问工具栏包含了 WPS 文字最常用的【保存】、【输出为 PDF 文档】、【打印】、【打印预览】和【撤销】、【恢复】等按钮，用户也可以单击右方的 ▽ 按钮自定义快速访问工具栏，如图 3-5 所示。

（3）选项卡

　　WPS 文字将用于文档的各种操作分为【开始】【插入】【页面布局】【引用】【审阅】【视图】【章节】【开发工具】【特色功能】等 9 个默认显示的选项卡。另外，还有一些选项卡只在处理相关任务时才出现，如【绘图工具】【表格工具】等。每一个选项卡下又包含多个功能组，如图 3-6 所示。

图 3-6　WPS 文字的选项卡

（4）功能区

　　单击选项卡名称，即可看到该选项卡下对应的功能区，功能区里分为若干功能组。如【开始】选项卡功能区就包含【剪贴板】【字体】【段落】【样式和格式】等功能组（如图 3-6 所示）。每个功能组中又包含若干个命令按钮，以实现对应的操作。

（5）对话框启动器

　　功能组右下方的按钮 ◢ 称为"对话框启动器"，单击则打开对应的对话框。有些命令需要通过窗口对话的方式来实现。

（6）文档编辑区

　　文档编辑区也就是工作区，是水平标尺以下和状态栏以上的一个屏幕显示区域。显示当前正在编辑的文档内容，用户对文档的各种操作都是在编辑区中完成的。

（7）状态栏

　　状态栏位于文档的最下方，显示了当前编辑中的文档的一些基本信息。例如，光标所在行列位置、页码位置、总页数、字数等。右侧还设置了视图切换按钮和显示比例按钮，如图 3-7 所示。

图 3-7　WPS 文字的状态栏

4．文档视图

　　所谓文档视图就是查看文档的方式。文档的不同视图方式可以满足用户在不同情况下编辑、查看文档效果的需要。WPS 文字根据不同需求向用户提供了页面、全屏显示、阅读版式、写作模式、大纲、Web 版式、护眼模式等多种视图，分别用于不同需求下的文档查看。

（1）页面视图

新建一个空白文档时，WPS 文字默认呈现为页面视图方式。页面视图是文档操作最常用的一种视图，它采用了"所见即所得"的方式来展示文档。在此视图下，用户可以看到文档中的图形、文字、页脚和页眉、脚注、尾注在页面上的精确位置以及分栏排列等效果。由于页面视图下文档的显示效果跟打印效果几乎完全一致，文档的编辑操作基本上都是在此视图下完成的。

（2）全屏显示视图

用户若选择全屏显示视图，则界面上文档内容外的所有部分会暂时隐藏，方便用户集中精力关注文档内容。可以单击 Esc 键恢复到原先的视图。

（3）阅读版式视图

阅读版式视图最大的优点是便于用户阅读文档。它模拟书本阅读的方式，将相连的两页显示在一个版面上，使得阅读非常方便。另外，用户阅读时还可以利用工具栏上的工具按钮，在文档中以不同颜色突出显示文本或插入批注内容。

（4）写作模式视图

写作模式是 WPS 文字中非常有趣的一种视图模式，能够提供给用户专注的写作环境。其中的护眼模式、历史版本、诗词库、写作锦囊等，都是它的独特功能。在写作模式中，选中正在编辑文档中的一个词组或一段文字，单击【写作锦囊】工具，一些与词组或文字相关的华丽辞藻即可出现在右侧面板中，它能给创作者带来无限灵感。在该模式下写作，可以随时引经据典，提升文章格局。此外，写作模式还能帮用户统计出当前的字数甚至稿费。

（5）大纲视图

大纲视图用于创建、显示、修改文档的大纲结构。切换到大纲视图后，窗口中显示【大纲】选项卡，利用选项卡中的工具按钮方便用户选择仅查看文档的标题、升降各级标题的大纲级别和移动标题以重新组织文档。WPS 文字可以根据用户需要对文档各层次有针对性地进行操作，如整体移动等。在大纲视图下可以十分方便地实现这些功能。

（6）Web 版式视图

Web 版式视图用来查看文档在 Web 浏览器中的外观效果。在此视图下，用户可以对文档的背景颜色进行设置，文档将显示一个不带分页符号的页面，且文本将自动换行以适应窗口的大小，与使用浏览器打开文档的画面一致。

（7）护眼模式视图

在此模式下，文档编辑区界面的背景颜色将显示为绿色，用于保护视力。

要切换不同视图模式，可以单击【视图】选项卡，选择第一个功能组中相应的视图工具按钮进行。此外，也可以在状态栏右侧选择相应的视图按钮进行切换。

注意：视图的切换并不会改变文档的格式，只是改变了文档的显示方式。

3.1.2　文档的基本操作

1. 新建文档

创建新文档的方法主要有以下三种。

方法一：单击【首页】→【新建】菜单项，选择【文字】按钮，单击【新建空白文档】命令，即可新建空白文档。如图 3-8 所示。

图 3-8　利用【首页】菜单新建空白文档

方法二：单击【文件】下拉按钮，在下拉菜单中选择【文件】→【新建】菜单项，即可新建一个空白文档。

方法三：在 WPS 文字中单击文档标签右侧的加号图标 ＋，进入新建页面，在页面中选择【文字】选项，单击【新建空白文档】按钮即创建一个新文档，如图 3-9 所示。

图 3-9　用加号图标创建新的文档

若要建立基于模板的新文档，则可以单击【首页】→【新建】菜单项，选择【文字】选项，在下方的模板中选择【新建在线文档】选项，再单击所选择模板即可。

2．打开文档

打开 WPS 文档的常用方法有以下几种。

方法一：利用【快速访问工具栏】打开 WPS 文字文档。操作步骤如下。

步骤 1：单击【快速访问工具栏】中的【打开】按钮，弹出【打开】对话框。

步骤 2：选择要打开的文档所在的位置。

步骤 3：选择要打开的文件名。

步骤 4：单击【打开】按钮。

方法二：单击【文件】→【打开】命令，也可打开 WPS 文档。

方法三：利用【资源管理器】打开 WPS 文字文档。

双击桌面上的【此计算机】图标，打开【此计算机】窗口，或在【开始】按钮上单击右键，打开【资源管理器】窗口，在其中找到需要打开的文件，双击该文件图标即可打开。

3．保存文档

用户在文档窗口中输入的文档内容，仅仅保存在计算机内存中并显示在显示器上，如果希望将该文档保存下来备用，就要对它进行命名并保存到本地磁盘或保存为 WPS 云文档。在文档的编辑过程中，经常进行保存文档操作是一个好习惯。

（1）保存新文档

步骤 1：单击【快速访问工具栏】中的【保存】按钮，或单击【文件】→【保存】按钮，或直接按 F12 键，弹出【另存文件】对话框，如图 3-10 所示。

步骤 2：在【另存文件】区域单击保存位置，选择要保存的 WPS 文字文件所在的驱动器和文件夹，在【文件名】文本框中输入文档的名称，在【文件类型】下拉列表框中选择文件类型。

步骤 3：单击【保存】按钮。

图 3-10 【另存文件】对话框

若用户想将自己的文档保存为 WPS 的云文档，则在对话框中同时勾选【把文档备份到云】，这样可以方便用户随时随地查看、编辑。下班回家或出差在外时，利用其他安装有 WPS Office 的计算机打开该云文档即可继续编辑，避免了使用 U 盘而增加感染病毒的风险，使文档的安全性更有保障。

（2）保存已有文档

对于已经保存过的文档，进行编辑修改后再次保存，可单击【快速访问工具栏】中的【保存】按钮，或直接按 Ctrl+S 组合键，这时不再弹出【另存文件】对话框，而是直接覆盖原来的文档保存。

（3）换名保存文档

如果用户既想保存修改后的文档，又希望留下修改之前的原始资料，则可以将正在编辑的文档进行换名或者换位置保存。操作步骤如下。

步骤1：单击【文件】→【另存文件】（或右击【文件标签名】→【另存文件】）选项，打开【另存文件】对话框。

步骤2：选择希望保存文件的位置。

步骤3：在【文件名】文本框中键入新的文件名。

步骤4：单击【保存】按钮。

4．保护文档

在 WPS 文字中，用户可以使用密码加密以防止其他人打开或修改文档，起到保护 WPS 文档的作用。对文档加密的操作常用的有以下两种方法。

方法一：利用【文件】菜单加密。

步骤1：单击【文件】→【文档加密】命令。

步骤2：在子菜单中选择【密码加密】选项，打开【密码加密】对话框。如图 3-11 所示。

步骤3：在【密码加密】对话框中输入打开权限的密码及编辑权限的密码。为防止密码遗忘，可以在下方输入密码提示。

步骤4：单击【应用】按钮。

方法二：利用【另存文件】对话框加密。

步骤1：单击【文件】→【另存文件】命令，打开【另存文件】对话框。

步骤2：在【另存文件】对话框右下角单击【加密】按钮（如图 3-10 所示），打开【密码加密】对话框，如图 3-11 所示。

步骤3：在【密码加密】对话框中输入打开权限及编辑权限的密码。

步骤4：单击【应用】按钮返回【另存文件】对话框。

步骤5：单击【确定】按钮。

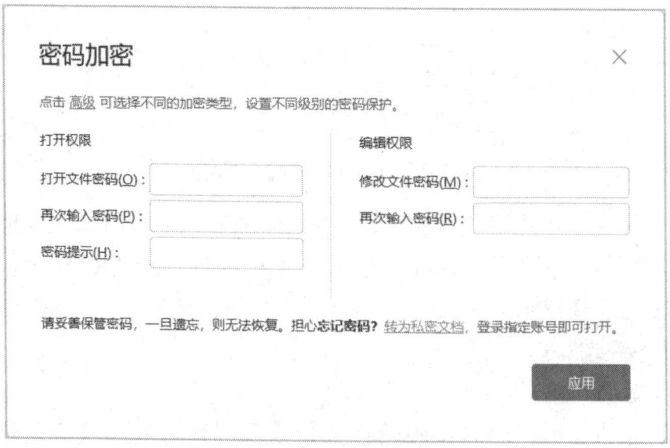

图 3-11 【密码加密】对话框

3.1.3 文档的编辑操作

1. 文字的输入与删除

（1）输入文字

用户新建空白文档后，光标会在文档编辑区的左上侧闪烁，代表了输入内容的插入位置，新输入的文字内容会显示在这个位置。

在 WPS 文字中输入文字内容与在记事本或写字板中输入文字的方法相似，不同的是，WPS 文字在输入文本到一行的最右边时，不需要按 Enter 键换行，WPS 文字会根据页面的大小自动换行，用户输入下一个字符时将自动转到下一行的开头。

若要生成一个段落，则必须按 Enter 键，系统会在行尾插入一个↵（称为回车符），并将插入点移到新段落的首行处。

如果需要在同一段落内换行，可以按 Shift+Enter 组合键，系统会在行尾插入一个↓符号（称为换行符）。

单击【开始】选项卡的【段落】组中的【显示/隐藏段落标记】按钮，可以选择回车符、空格等格式标记是否在文档中显示。

WPS 文字支持"即点即输"功能，即可以在文档空白处的任意位置双击鼠标以快速定位插入点。

（2）删除文字

用户若要将已输入的内容删除，在键盘上有两个键可以实现此操作。连续按 Delete 键是将位于光标后面的内容逐个删除，连续按 Backspace 键是将位于光标前面的内容逐个删除。

注意：如果已经有选中的内容，那么按下以上两个删除键效果是一样的，都是将选中内容删除。

2. 特殊符号与公式的插入

（1）插入特殊符号

输入文本时，除了输入英文、中文以及常用的标点符号，经常会遇到要输入键盘上未提供的符号（如希腊字符、复杂数学符号、图形符号等），这就需要使用 WPS 文字的插入符号功能。

具体操作步骤如下。

步骤 1：将插入点定位到要插入符号的位置。

步骤 2：单击【插入】选项卡中【符号】下拉按钮，在下拉列表中单击需要插入的符号，如图 3-12 所示。

步骤 3：如果没有所需的符号，则选择【其他符号】选项，打开如图 3-13 所示的【符号】对话框。

步骤 4：选择【字体】下拉列表中的相应字体，选定符号表中所需的符号，单击【插入】按钮，即可将该符号插入到文档中。

图 3-12 【符号】下拉列表

图 3-13 【符号】对话框

（2）插入公式

WPS 文字中还集成了公式编辑器，当用户需要输入复杂的数学公式时，可使用公式编辑器输入。操作步骤如下。

步骤 1：将插入点定位到要插入公式的位置。

步骤 2：单击【插入】选项卡中的【公式】按钮π，打开【公式编辑器】对话框。

步骤 3：在对话框中选择需要的符号类别和模板类别，单击需要的符号及模板，在虚线编辑框中输入想要的公式，如图 3-14 所示。

步骤 4：关闭对话框，该公式即插入到文档中。

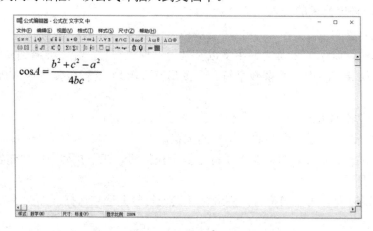

图 3-14　公式编辑器

同时，已经形成的公式还具备可编辑性，只要双击已经插入文档的公式，公式编辑器便可以启动。

3．文本的选定

对文档进行操作时，首先需要选定文本。在选定文本内容后，被选中的部分以灰色底纹显示，此时可方便地对其进行删除、替换、移动、复制等操作。

（1）用键盘选定

在 WPS 文字中，用户可以通过组合使用键盘上的 Ctrl 键、Shift 键及方向键来选定文本。选定文本的快捷键如表 3-1 所示。

表 3-1　选定文本的快捷键

组　合　键	作　用
Shift + ↑	向上选定一行
Shift + ↓	向下选定一行
Shift + ←	向左选定一个字符
Shift + →	向右选定一个字符
Ctrl + Shift + ↑	选定内容扩展至段首
Ctrl + Shift + ↓	选定内容扩展至段末
Shift + Home	选定内容扩展至行首
Shift + End	选定内容扩展至行尾
Shift + PageUp	选定内容向上扩展一屏
Shift + PageDown	选定内容向下扩展一屏
Ctrl + Shift + Home	选定内容扩展至文档开始处
Ctrl + Shift + End	选定内容扩展至文档结尾处
Ctrl + A	选定整个文档

（2）用鼠标选定

使用鼠标也可以快速方便地选定文本，常用操作方法如表 3-2 所示。

表 3-2　鼠标选定文本的常用操作方法

选　定　内　容	操　作　方　法
文本	拖过这些文本
一个单词	双击该单词
一行文本	将鼠标指针移动到该行左侧的选定区域，然后单击
多行文本	将鼠标指针移动到文本左侧选定区域的第一行，从上向下拖动鼠标
一个段落	将鼠标指针移动到该段落左侧的选定区域，然后双击
大段文本	单击要选择内容的起始处，然后移动滚动条到要选择内容的结尾处，按住 Shift 键，在结尾处单击
整篇文档	将鼠标指针移动到文档左侧的选定区域，然后三次连击
矩形文本	按住 Alt 键，然后将鼠标拖过要选定的文本

4．复制与移动

（1）文本的复制

有时需要重复输入一些前面已经输入的文本，这时使用复制操作可以提高输入效率。

操作步骤如下。

步骤 1：选定要复制的文本。

步骤 2：单击【开始】选项卡中的【复制】按钮，或单击鼠标右键，从弹出的快捷菜单中选择【复制】命令，或使用 Ctrl+C 组合键。

步骤 3：将插入点定位到欲放置的目标处。

步骤 4：单击【开始】选项卡中的【粘贴】按钮，或单击鼠标右键，从弹出的快捷菜单中选择【粘贴】命令，或使用 Ctrl+V 组合键。

还可以使用拖曳方式进行复制。选定要复制的文本，按住 Ctrl 键并按下鼠标左键进行拖动，鼠标箭头处会出现一个"+"号，将选定的文本拖动到目标处，释放鼠标左键即可。

（2）文本的移动

即将选定的文本移动到另一位置，以调整文档的结构。移动文本与复制文本的操作类似，不同的只是需将【复制】变为【剪切】即可。

移动文本的操作步骤如下。

步骤 1：选定要移动的文本。

步骤 2：单击【开始】选项卡中的【剪切】按钮，或单击鼠标右键，从弹出的快捷菜单中选择【剪切】命令，或使用 Ctrl+X 组合键。

步骤 3：将插入点定位到欲放置的目标处。

步骤 4：单击【粘贴】按钮，或单击鼠标右键，从弹出的快捷菜单中选择【粘贴】命令，或使用 Ctrl+V 组合键。

当近距离移动文本时，也可直接用鼠标拖曳选定的文本到新的位置。

5．查找与替换

WPS 文字允许对字符、文本甚至文本中的格式进行查找和替换。可以单击位于垂直滚动条下端的【选择浏览对象】按钮（位于窗口右下角），再单击其中的【查找】按钮；或单击【开始】选项卡中的【查找替换】按钮，打开【查找和替换】对话框，如图 3-15 所示。

图 3-15 【查找和替换】对话框

（1）查找无格式文字

用户若想找出文档中指定的查找内容，操作步骤如下。

步骤1：将光标置于需要查找的文档的开始位置。

步骤2：单击【查找和替换】对话框中的【查找】选项卡。

步骤3：在【查找内容】文本框内键入要查找的文字。

步骤4：重复单击【查找下一处】按钮，可以找出全文所有要查找的内容。

步骤5：若要突出显示全部查找的内容，单击【突出显示查找内容】下拉按钮，选择【全部突出显示】命令；若要去除突出显示标记，可选择【清除突出显示】命令。

需要结束查找命令时，按 Esc 键即可。

（2）查找具有特定格式的文字

操作步骤如下。

步骤1：将光标置于要查找的文档开始位置。

步骤2：要搜索具有特定格式的文字，可在【查找内容】框内输入文字。如果只需搜索特定的格式而非内容，【查找内容】文本框中应为空。

步骤3：单击【格式】按钮，然后选择所需格式。

步骤4：如果要清除已指定的格式，单击【清除格式设置】命令。

步骤5：单击【查找下一处】按钮进行查找，按 Esc 键可取消正在执行的查找。

（3）替换

若要将文档中指定的查找内容，替换为其他指定内容，操作步骤如下。

步骤1：将光标置于要查找文档的开始处。

步骤2：单击【查找和替换】对话框中的【替换】选项卡。

步骤3：在【查找内容】文本框内输入要查找的文字，如有特殊格式，单击【格式】按钮，然后选择所需格式。

步骤4：在【替换为】文本框内输入替换文字，如有特殊格式，单击【格式】按钮，然后选择所需格式。

步骤5：根据需要，单击【替换】或【全部替换】按钮。

（4）定位

定位是指根据选定的定位操作将光标移动到指定的位置。操作步骤如下。

步骤1：将光标置于需要定位的文档的开始位置。

步骤2：单击【查找和替换】对话框中的【定位】选项卡。

步骤3：在【定位目标】框中，单击所需的项目类型，如【页】。

步骤4：此时右侧即显示【输入页号】对话框，在其中键入要定位页的编号，然后单击【定位】按钮；若要定位到下一页或前一页，则不用输入页号，直接单击【下一处】或【前一处】按钮。

6. 撤销与恢复

WPS 文字会记录用户对文档的每一步操作，这样就可以针对操作过程中的误操作及时恢复，并且还可以维持原来的状态，删除被恢复的内容和操作。

撤销操作：单击【快速访问工具栏】的【撤销】按钮 ↺ ，或使用 Ctrl+Z 组合键。

恢复操作：单击【快速访问工具栏】的【恢复】按钮 ↻ ，或使用 Ctrl+Y 组合键。

【案例实践】

又到新学期了，大学二年级的学生李明准备为自己制定一份详细的新学期学习计划，以此督促自己更好地学习，有效完成学习目标与任务。

本案例引导学生熟悉 WPS 2019 的界面与窗口组成，并熟练掌握 WPS 文字 2019 的启动与退出，文档的创建、保存、打开与保护，输入与编辑文本，复制与移动文本，查找与替换文本等操作。

输入给定素材里的文字，并按要求完成对文档的基本操作。最终效果如图 3-16 所示。

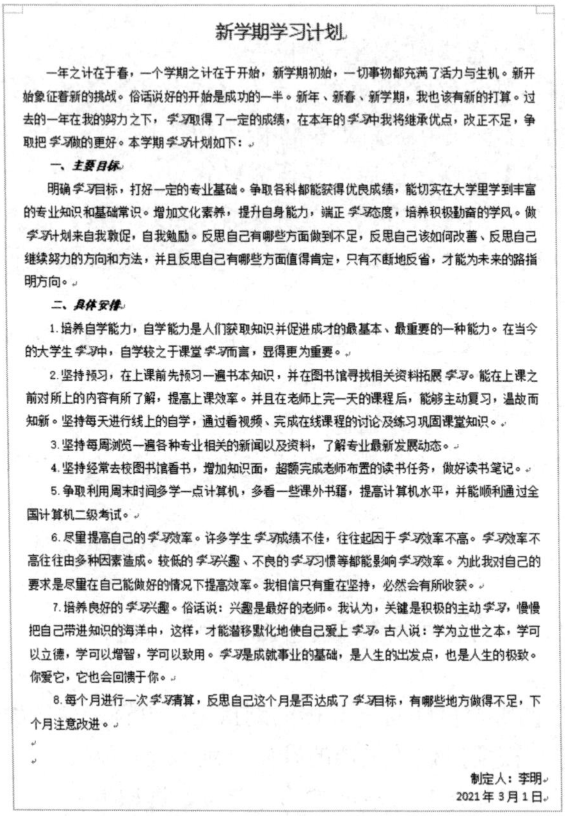

新学期学习计划

一年之计在于春，一个学期之计在于开始，新学期初始，一切事物都充满了活力与生机。新开始象征着新的挑战。俗话说好的开始是成功的一半。新年、新春、新学期，我也该有新的打算。过去的一年在我的努力之下，学习取得了一定的成绩，在本年的学习中我将继承优点，改正不足，争取把学习做的更好。本学期学习计划如下：

一、*主要目标*

明确学习目标，打好一定的专业基础。争取各科都能获得优良成绩，能切实在大学里学到丰富的专业知识和基础常识。增加文化素养，提升自身能力，端正学习态度，培养积极勤奋的学风。做学习计划来自我敦促，自我勉励。反思自己有哪些方面做到不足，反思自己该如何改善、反思自己继续努力的方向和方法，并且反思自己有哪些方面值得肯定，只有不断地反省，才能为未来的路指明方向。

二、*具体安排*

1. 培养自学能力，自学能力是人们获取知识并促进成才的最基本、最重要的一种能力。在当今的大学生学习中，自学较之于课堂学习而言，显得更为重要。

2. 坚持预习，在上课前先预习一遍书本知识，并在图书馆寻找相关资料拓展学习。能在上课之前对所上的内容有所了解，提高上课效率。并且在老师上完一天的课程后，能够主动复习，温故而知新。坚持每天进行线上的自学，通过看视频、完成在线课程的讨论及练习巩固课堂知识。

3. 坚持每周浏览一遍各种专业相关的新闻以及资料，了解专业最新发展动态。

4. 坚持经常去校图书馆看书，增加知识面，超额完成老师布置的读书任务，做好读书笔记。

5. 争取利用周末时间多学一点计算机，多看一些课外书籍，提高计算机水平，并能顺利通过全国计算机二级考试。

6. 尽量提高自己的学习效率。许多学生学习成绩不佳，往往起因于学习效率不高。学习效率不高往往由多种因素造成。较低的学习兴趣、不良的学习习惯等都能影响学习效率。为此我对自己的要求是尽量在自己能做好的情况下提高效率。我相信只有重在坚持，必然会有所收获。

7. 培养良好的学习兴趣。俗话说：兴趣是最好的老师。我认为，关键是积极的主动学习，慢慢把自己带进知识的海洋中，这样，才能潜移默化地使自己爱上学习。古人说：学为立世之本，学可以立德，学可以增智，学可以致用。学习是成就事业的基础，是人生的出发点，也是人生的极致。你爱它，它也会回馈于你。

8. 每个月进行一次学习清算，反思自己这个月是否达成了学习目标，有哪些地方做得不足，下个月注意改进。

制定人：李明

2021 年 3 月 1 日

图 3-16　文档最终效果

案例实施

1. 新建并保存文档

步骤 1：双击桌面上的 WPS Office 图标，打开 WPS 窗口。

步骤 2：单击标题栏左侧的【新建】按钮，选择【文字】→【新建空白文档】命令。

步骤 3：单击【快速访问工具栏】中的【保存】按钮，弹出【另存文件】对话框，以自己所在班级+姓名为文件名（如“2020 计应 1 班赵子龙”），将文档保存在桌面上。

2．输入文档内容

输入文字时，暂时不考虑文本格式，按默认格式输入即可。

3．添加标题

步骤1：将光标定位于文档开头（即文档第一行行首），按 Enter 键，留出一个空行。

步骤2：将光标定位于空行，输入标题"新学期学习计划"。

4．删除句子

步骤1：拖动鼠标选定第一段第二行的内容"新学期意味着新开始"。

步骤2：按 Delete 键删除选定的内容。

5．交换段落

将"一、主要目标"下的两个段落交换位置。

步骤1：拖动鼠标选定第四段文档内容，单击右键，在弹出的快捷菜单中选择【剪切】命令。

步骤2：将光标定位在第三段的开头处，单击右键，在弹出的快捷菜单中选择【粘贴】命令。

6．合并段落

将"二、具体安排"下的第三段合并到第二段。

步骤1：将光标定位于第二段末尾。

步骤2：按键盘上的 Delete 删除键。

步骤3：重新调整后面段落的编号。

7．查找与替换

将文中除标题外的所有"学习"二字替换成"加粗、倾斜、红色"字体显示。

步骤1：将光标定位于文档开头。

步骤2：单击【开始】选项卡中的【查找替换】下拉按钮，选择【查找】命令，在弹出的【查找和替换】对话框中单击【替换】选项卡。

步骤3：在【查找内容】文本框内输入"学习"，在【替换为】文本框内输入"学习"。确认光标处在【替换为】后的文本框内，单击【格式】按钮，在下拉命令列表中选择【字体】命令，在弹出的【字体】对话框中选择字形为"加粗倾斜"，字体颜色为"红色"。

步骤4：单击【高级搜索】按钮，在【搜索】下拉列表里选择【向下】选项，如图3-17所示。

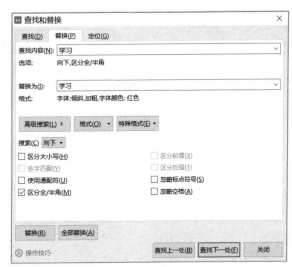

图3-17　查找替换操作中的设置

步骤 5：单击【全部替换】按钮，在弹出的【是否继续从开头搜索】对话框里选择【取消】选项。

步骤 6：单击【确定】按钮。

8. 保存文档

单击【快速访问工具栏】中的【保存】按钮，再次保存文档。

【扩展任务】

制作一份如图 3-18 所示的文档，具体要求如下：

（1）新建一个空白文字文档，输入扩展任务素材"格局决定结局，态度决定高度"里的文字。

（2）给文档添加标题"格局决定结局，态度决定高度"。

（3）删除文档最后一个段落。

（4）将"机不可失……一辈子活在后悔当中。"合并到上一段中。

（5）复制正文第一段，粘贴到文档的最后，成为新的最后一段。

（6）将文中的"地"字全部替换为"的"字，并以"红色、加粗倾斜"显示。

（7）保护文档，为文档设置打开权限密码。

（8）保存文档。

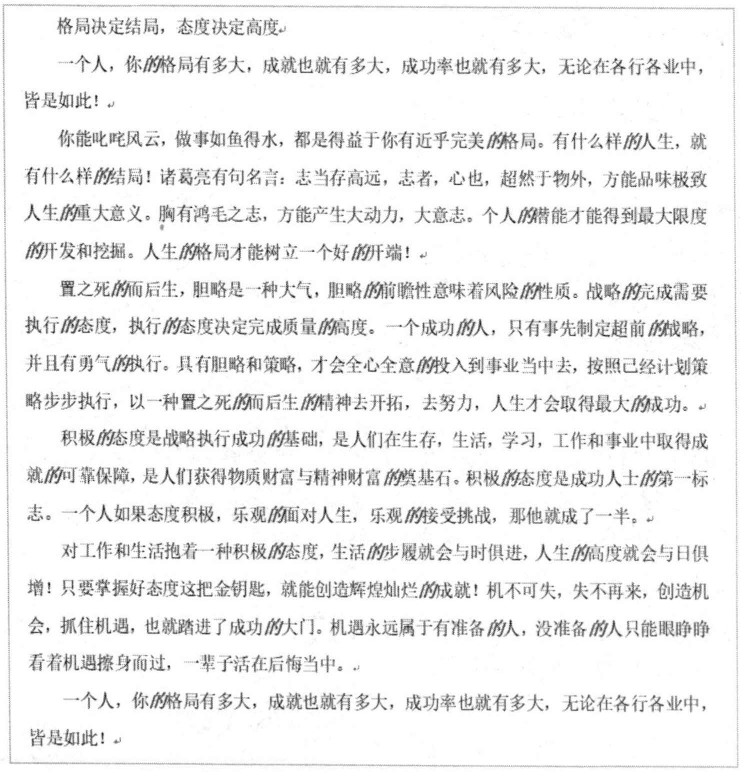

格局决定结局，态度决定高度

一个人，你的格局有多大，成就也就有多大，成功率也就有多大，无论在各行各业中，皆是如此！

你能叱咤风云，做事如鱼得水，都是得益于你有近乎完美的格局。有什么样的人生，就有什么样的结局！诸葛亮有句名言：志当存高远，志者，心也，超然于物外，方能品味极致人生的重大意义。胸有鸿毛之志，方能产生大动力，大意志。个人的潜能才能得到最大限度的开发和挖掘。人生的格局才能树立一个好的开端！

置之死的而后生，胆略是一种大气，胆略的前瞻性意味着风险的性质。战略的完成需要执行的态度，执行的态度决定完成质量的高度。一个成功的人，只有事先制定超前的战略，并且有勇气的执行。具有胆略和策略，才会全心全意的投入到事业当中去，按照已经计划策略步步执行，以一种置之死的而后生的精神去开拓，去努力，人生才会取得最大的成功。

积极的态度是战略执行成功的基础，是人们在生存，生活，学习，工作和事业中取得成就的可靠保障，是人们获得物质财富与精神财富的奠基石。积极的态度是成功人士的第一标志。一个人如果态度积极，乐观的面对人生，乐观的接受挑战，那他就成了一半。

对工作和生活抱着一种积极的态度，生活的步履就会与时俱进，人生的高度就会与日俱增！只要掌握好态度这把金钥匙，就能创造辉煌灿烂的成就！机不可失，失不再来，创造机会，抓住机遇，也就踏进了成功的大门。机遇永远属于有准备的人，没准备的人只能眼睁睁看着机遇擦身而过，一辈子活在后悔当中。

一个人，你的格局有多大，成就也就有多大，成功率也就有多大，无论在各行各业中，皆是如此！

图 3-18 完成效果

任务二　WPS 文档的排版

【任务目标】

➤ 了解 WPS 的字符格式。
➤ 掌握设置字符格式的方法。
➤ 了解段落以及段落的格式。
➤ 掌握设置段落格式的方法。
➤ 掌握版面设计的一些方法。

【任务描述】

文档输入完成并进行相应的编辑后，还要对文档进行格式设置，包括字符格式、段落格式、项目符号和编号、边框和底纹、页面背景等，从而使版面更加美观和便于阅读。WPS文字提供了丰富的字符和段落格式供用户使用。

本任务从设置字符和段落的各种格式开始，介绍 WPS 文字排版的一些基本内容。

【知识储备】

3.2.1 字符格式及设置

1. 认识字符格式

字符格式包括字体、字号、英文字母大小写、粗体、斜体、下画线、上标、下标、字距调整、颜色、底纹、文本效果等。

下面介绍字体、字号和字形。

（1）字体

字体指字的形体，常用的汉字字体有宋体、仿宋体、楷体、黑体等，有的字库字体可以达到一百多种。

宋体、仿宋体、楷体、黑体

（2）字号

字号指字的大小，有中文的"号"和英文的"磅"两种计量单位。对于以"号"为单位的字，初号最大，八号最小；对于以"磅"为单位的字，数值越大，字就越大。

初号、　一号、二号、三号、四号、五号

（3）字形

字形指字的形状，WPS 提供了常规、加粗、倾斜和加粗倾斜四种字形。

常规、加粗、倾斜、加粗倾斜

要为某一部分文本设置字符格式，首先必须选中这部分文本。可以使用字体工具按钮设置文字的格式，也可以使用【字体】对话框设置。

2．使用工具按钮设置字符格式

步骤 1：选定需设置格式的内容。

步骤 2：单击【开始】选项卡中的【字体】下拉按钮，在出现的下拉列表中选择需要的字体。单击【字号】下拉按钮选择需要的字号。如果还需要设置字形，则单击【加粗】按钮 **B**、【倾斜】按钮 *I*、【下画线】按钮 U，如图 3-19 所示。

图 3-19 【字体】工具组

【加粗】、【倾斜】及【下画线】三个按钮属于开关按钮，选中时按钮背景呈灰色。【下画线】下拉按钮中还提供了多种线形可供选择。

3．使用对话框设置字符格式

步骤 1：选定需要设置格式的内容。

步骤 2：单击【开始】选项卡中【字体】对话框启动器按钮 ↵，弹出【字体】对话框，如图 3-20 所示。

步骤 3：在【字体】选项卡中可设置中文或西文字体、字号、字形、字体颜色、下画线、着重号、删除线、上标、下标、英文大小写等格式。

步骤 4：在【字符间距】选项卡中可以设置字符的间距、缩放和位置等，如图 3-21 所示。

图 3-20 【字体】对话框　　　　　　图 3-21 【字符间距】选项卡

3.2.2 段落格式及设置

1. 认识段落格式

段落是以段落标记（即回车符）作为结束符的一段文字。段落标记不仅用于标记一个段落的结束，还保留有关该段落的所有格式设置。段落格式设置主要包括设置段落的对齐方式、缩进、间距及段落修饰等。

（1）段落的对齐方式

WPS 文字提供了 5 种段落对齐方式，即两端对齐、左对齐、居中对齐、右对齐和分散对齐。可以通过单击【开始】选项卡的【段落】选项组中的 ▤▤▤▤▤ 按钮，设置段落对齐方式。

◆ 左对齐▤：段落在页面左侧保持对齐，右边允许不齐。
◆ 居中对齐▤：段落从页面中间开始向两边排版。
◆ 右对齐▤：段落在页面的右侧保持对齐。
◆ 两端对齐▤：段落中除最后一行文本外，系统自动调整字符间距，使段落的两侧都保持对齐。
◆ 分散对齐▤：系统自动调整字符间距，使段落的两侧保持对齐。文字不满一行的，将字符间距自动加大以满足段落的左右两端对齐。

（2）段落的缩进方式

段落的缩进就是指段落两侧与文本区域内部边界的距离。段落有 4 种缩进方式，分别为左缩进、右缩进、首行缩进和悬挂缩进。

◆ 首行缩进：指对段落中第一行第一个字的起始位置的控制。
◆ 悬挂缩进：指对段落中首行以外的其他行的起始位置的控制。
◆ 左缩进：指对整个段落与左边界位置的控制。
◆ 右缩进：指对整个段落与右边界位置的控制。

可以使用【段落】组中的工具按钮设置段落格式，也可以使用【段落】对话框设置。

2. 使用工具按钮设置段落格式

步骤 1：选定需设置格式的段落。

步骤 2：单击【开始】选项卡的【段落】组中的相应工具按钮进行设置。如图 3-22 所示。

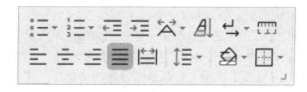

图 3-22 【段落】工具组

3. 使用对话框设置段落格式

步骤 1：选定需要设置段落格式的文本。

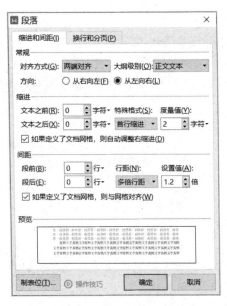

图 3-23 【段落】对话框

步骤 2：单击【开始】选项卡的【段落】组右下角的对话框启动按钮，打开【段落】对话框，如图 3-23 所示。

步骤 3：在该对话框中，用户可以对段落的对齐方式、段落缩进、首行缩进、行间距和段落间距等格式进行设置。

4．格式刷的使用

格式刷是 WPS 文字中的一个非常有用的工具，其功能是将选定文本的格式（包括字符格式和段落格式）复制到另一个文本上。使用格式刷简化了繁杂的排版操作，可以极大地提高排版效率。

（1）复制字符格式

步骤 1：选定已设置好格式的文本。

步骤 2：单击【开始】选项卡的【格式刷】按钮。

步骤 3：按住左键拖选要应用此格式的文本。

（2）复制段落格式

步骤 1：选定已设置好格式的段落（包括段落标记↵）。

步骤 2：单击【开始】选项卡的【格式刷】按钮。

步骤 3：左键单击要应用此格式的段落。

按照上述方法设置的格式刷只能被使用一次。若要将选定格式复制到多个位置，可双击【格式刷】按钮，复制完后，再次单击此按钮或按 Esc 键取消鼠标的格式刷状态。

3.2.3　特殊格式的设置

1．边框和底纹

编辑文档时，有时为了美化或突出显示文本和关键词，需要为页面、文字或段落加上边框和底纹。

具体操作步骤如下：

步骤 1：选定需要添加边框的段落或文字。

步骤 2：单击【开始】选项卡的【边框】下拉按钮，在列表中选择一种边框线，或单击底部的【边框和底纹】命令，打开【边框和底纹】对话框。如图 3-24 所示。

◆ 设置边框：单击【边框】选项卡，选择需设置的边框样式和边框线类型、颜色、宽度等外观效果。

◆ 设置页面边框：用于给页面加边框。【页面边框】选项卡与【边框】选项卡类似，增加了【艺术型】列表框，使页面边框更丰富多彩。

◆ 设置底纹：单击【底纹】选项卡，在【填充】选项区选择底纹的颜色（背景色），在【图案】选项区设置底纹的样式。

图 3-24 【边框和底纹】对话框

步骤 3：在对应选项卡中单击【应用于】选项区的下拉列表，选择设置应用的范围（段落或文字）。

步骤 4：设置完成后单击【确定】按钮。

如果要去掉文字或段落边框，可先选中加边框的文字或段落，打开【边框和底纹】对话框，单击【页面边框】选项卡，在【设置】区选择【无】项。去掉页面边框和段落底纹操作类似。

2. 项目符号和编号

给文档添加项目符号或编号，可使文档条理清晰，更容易阅读和理解。在 WPS 文字中，可以在输入文档时自动产生带有项目符号或编号的列表，也可以在输入后添加项目符号或编号。

（1）输入文本时自动创建项目符号

步骤 1：单击【开始】选项卡的【项目符号】下拉按钮，在下拉列表中选择一种项目符号，如图 3-25 所示。

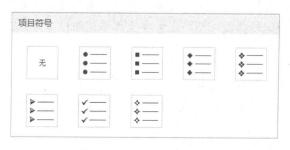

图 3-25 【项目符号】列表

步骤 2：在插入的项目符号之后输入文本。

步骤 3：按 Enter 键后，在新段落的开头处就会根据上一段的项目符号格式自动创建项目符号。如果要结束项目符号，可以按 Backspace 键删除插入点前的项目符号。

（2）输入文本时自动创建编号

自动创建编号的方法与创建项目符号类似，操作步骤如下。

步骤1：单击【开始】选项卡的【段落】组中的【编号】下拉按钮，在下拉列表中选择一种编号样式，如图3-26所示。

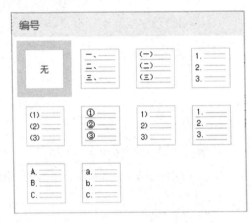

图3-26 【编号】列表

步骤2：在插入的编号之后输入文本。

步骤3：当按Enter键后，在新段落的开头处就会根据上一段的编号格式自动创建编号。

也可以先输入如"1.""(1)""一、""A."等格式的起始编号，然后输入文本，WPS文字也会自动创建编号。

如果要结束自动编号，可以按Backspace键删除插入点前的编号。在这些建立了编号的段落中，删除或插入某一段落时，其余的段落编号会自动修改，不必人工干预。

（3）为已有文本添加项目符号或编号

如果要对已经输入的文本添加项目符号和编号，可按如下步骤操作。

步骤1：选择要添加项目符号或编号的所有段落。

步骤2：单击【开始】选项卡的【段落】组中的【项目符号】或【编号】下拉按钮，选择所需的项目符号或编号样式，即可给所选段落添加项目符号或编号。

3.2.4 版面设计

在文档排版时，除对文档内容进行字符格式、段落格式等格式化设置外，经常还会用到分栏，首字下沉，插入页眉、页脚和页码等版面格式的设计，以使版面更美观和更便于阅读。

1. 分栏

分栏就是将一段文本分成并排的几栏，仅当文本排满第一栏后才移到下一栏。使用分栏可以将较长的、格式单一的文本行变为较短的形式，这样整个页面布局显得错落有致，更易于阅读。分栏排版处理广泛应用于报纸、杂志的编排中。

分栏操作步骤如下。

步骤1：选定需要进行分栏排版的文本。

步骤 2：单击【页面布局】选项卡的【分栏】按钮▦，在弹出的下拉列表中可直接选择分【一栏】、【两栏】或【三栏】项，若要自定义分栏，可选择【更多分栏】选项，弹出【分栏】对话框，如图 3-27 所示。

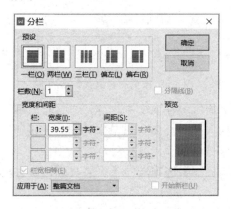

图 3-27 【分栏】对话框

步骤 3：在【预设】区中选择分栏格式及栏数，如果要分成更多栏，可在【栏数】文本框中输入分栏数。若希望各栏的宽度不相同，可取消选中【栏宽相等】复选框，然后分别在【宽度】和【间距】框内进行操作。

步骤 4：选中【分隔线】复选框，可以在各栏之间加入分隔线。

步骤 5：单击【确定】按钮，WPS 文字会按设置进行分栏。

2. 首字下沉

首字下沉就是将文档中某个段落的第一个字放大后显示，并下沉到下面的几行中，多用于小说或杂志，可以让一篇文章看起来更加活泼、更加美观。

具体操作步骤如下。

步骤 1：将光标置于要设置首字下沉的段落中。

步骤 2：单击【插入】选项卡的【首字下沉】下拉按钮▣，弹出【首字下沉】对话框，如图 3-28 所示。

步骤 3：在对话框的【位置】区内，选择所需的格式类型，在【选项】区内选择字体、下沉行数以及距正文的距离。

步骤 4：单击【确定】按钮，即可按所需的要求完成段落首字下沉设置。

图 3-28 【首字下沉】对话框

3. 插入页眉、页脚和页码

页眉和页脚通常用于显示文档的附加信息，如书名、章节名称、单位名称、徽标等。其中，页眉显示在页面的顶部，页脚显示在页面的底部。得体的页眉和页脚会使文稿显得更加规范，也会给阅读带来方便。

在文档中奇偶页可用同一个页眉和页脚，也可以在奇数页和偶数页上使用不同的页眉和页脚。

通过插入页码可以为多页文档的所有页面自动添加页码，方便读者查找和掌握阅读进度。

（1）添加页眉和页脚

步骤1：单击【插入】选项卡的【页眉和页脚】按钮□或直接双击页眉位置。

步骤2：进入【页眉】编辑区，同时新的选项卡【页眉和页脚】被激活，如图3-29所示。

图3-29 【页眉和页脚】选项卡

步骤3：用户可以在页眉区域输入文本内容，进行格式编辑，还可以单击页眉编辑区下方的【插入页码】按钮插入页码。还可以单击【图片】按钮，从【插入图片】对话框中选择图片作为页眉的一部分。

步骤4：单击【页眉和页脚】选项卡的【页眉页脚切换】按钮□，切换到页脚，以相同的方法插入页脚。

步骤5：完成编辑后单击【关闭】按钮，退出页眉和页脚的编辑，返回文档的编辑状态。

（2）在奇数和偶数页上添加不同的页眉和页脚

步骤1：单击【页眉和页脚】选项卡的【页眉页脚选项】按钮□，打开【页眉/页脚设置】对话框，如图3-30所示。

步骤2：在【页面不同设置】组中选中【奇偶页不同】复选框，单击【确定】按钮。

步骤3：在任一奇数页上添加要在奇数页上显示的页眉或页脚，在任一偶数页上添加要在偶数页上显示的页眉或页脚。

步骤4：单击【关闭】按钮，返回编辑区。

若要修改页眉或页脚，双击页眉或页脚，进入页眉、页脚的编辑状态，直接修改即可。

（3）添加页码

为文档添加页码，可以在添加页眉、页脚时进行，也可以单独进行。

步骤1：单击【插入】选项卡的【页码】按钮□，打开页码【预设样式】列表，如图3-31所示。

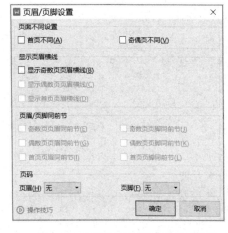

图3-30 【页眉/页脚设置】对话框

图3-31 页码【预设样式】列表

步骤 2：从列表中选择一种位置样式。

步骤 3：如果对所选页码位置或格式不满意，可以对其进行调整。选中页码，单击【页眉和页脚】选项卡的【页码】按钮，选择【页码】命令，弹出【页码】对话框，如图 3-32 所示。

步骤 4：在【页码】对话框中可以重新设置页码的样式、位置、应用范围等。

（4）删除页眉、页脚或页码

双击页眉、页脚或页码，进入页眉或页脚编辑状态，选择页眉、页脚或页码，按 Delete 键删除。

图 3-32 【页码】对话框

4. 添加页面背景

页面背景的设置是基于整篇文档的。为文档添加页面背景可使 WPS 文档看上去更美观、更具观赏性。页面背景默认是白色，可以设置纯色、渐变色、纹理、图案或图片作为页面的背景。

具体设置方法如下。

步骤 1：单击【页面布局】选项卡的【背景】按钮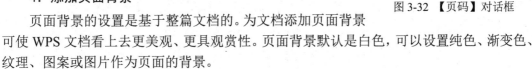，弹出下拉列表，如图 3-33 所示。

步骤 2：可直接在下拉列表中选择一种颜色，或单击【其他填充颜色】按钮，在打开的【颜色】对话框中选择其他合适的颜色。

步骤 3：也可选择列表中的【图片背景】选项，弹出【填充效果】对话框，如图 3-34 所示。在对话框中可将页面背景设置为渐变、纹理、图案或图片等效果。

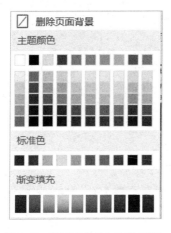

图 3-33 【页面背景】下拉列表

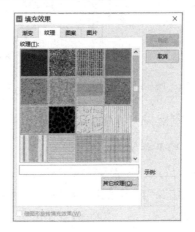

图 3-34 【填充效果】对话框

【案例实践】

辅导员刘老师准备在班会活动中组织一次优秀散文赏析及排版比赛，让每位同学准备一篇散文在班会上分享。小娟选了一篇"让优秀成为习惯"的散文，决定对文章做好基本排版后分享出来供大家鉴赏。本案例是对一篇散文进行单页基础排版操作，从录入文字开始，到字符格式设置、段落格式设置、项目符号和编号设置、边框和底纹设置、页面边框设置，最后排出精美的版面。

散文排版最终效果如图 3-35 所示。

图 3-35 散文排版最终效果

案例实施

1. 打开并另存文档

步骤 1：打开素材文档"让优秀成为一种习惯.wps"。

步骤 2：单击【文件】→【另存文件】命令，在【另存文件】对话框中以自己所在班级+姓名为文件名，将文档保存在桌面上。

2. 格式化标题

步骤 1：选定标题行。

步骤 2：在【开始】选项卡的【字体】选项组中定义标题为：华文行楷、小初号。

步骤 3：单击【开始】选项卡的【字体】组右下角的对话框启动器按钮，弹出【字体】对话框，在对话框中选择【字符间距】选项卡，设置缩放为 80%、间距为加宽 0.8 毫米。如图 3-36 所示。

步骤 4：单击【开始】选项卡的【段落】组右下角的对话框启动器按钮，弹出【段落】对话框，在对话框中选择【缩进和间距】选项卡，设置对齐方式为居中对齐，行距为单倍行距，间距为段前 1 行、段后 1 行，如图 3-37 所示。

图 3-36　设置字符的间距

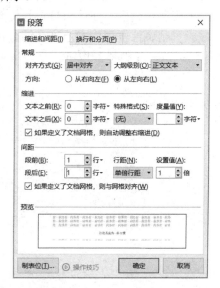

图 3-37　设置段落的格式

3. 格式化正文

步骤 1：选定除最后一段外的全部正文，在【开始】选项卡的【字符】组中设置字体格式为：仿宋、五号。

步骤 2：选定正文最后一段，设置该段落的字体格式为：楷体、五号。

步骤 3：选定全部正文，单击【段落】对话框启动器按钮，在【段落】对话框中，设置全文段落格式为：首行缩进 2 个字符，行距为固定值 20 磅，段前和段后间距均为 0.5 行。

步骤 4：选定最后一段，在【段落】对话框的【缩进】区中设置【文本之前】和【文本之后】均为 1 个字符。

4. 给文本添加下画线和倾斜效果

步骤 1：选定第三段开始"养成良好的学习习惯"，单击【开始】选项卡的【字体】工具组中的【下画线】下拉按钮，从下画线列表中选择波浪线。

步骤 2：选定第三段开始"养成良好的学习习惯"，单击【开始】选项卡的【字体】工具组中的【倾斜】按钮，将选定文字倾斜显示。

步骤 3：选定已设置下画线与倾斜效果的"养成良好的学习习惯"几个字，双击【开始】选项卡中的【格式刷】工具按钮，然后用【格式刷】刷过其下方第四段和第五段开头对应的几个字，使其变为波浪线下画线及倾斜效果。再次单击【格式刷】按钮，结束格式刷的使用。

5. 给段落添加项目符号

步骤 1：选定第三、四、五段，单击【开始】选项卡的【段落】组中的【项目符号】

下拉按钮 ，选择最下方的【自定义项目符号】，弹出【项目符号和编号】对话框。如图 3-38 所示。

步骤 2：在项目符号列表中选择一种样式，单击右侧【自定义】按钮，打开【自定义项目符号列表】对话框，在【项目符号位置】区域设置缩进位置为 2 个字符，在【文字位置】区域设置制表位位置为 0 厘米，缩进位置为 0 厘米，如图 3-39 所示。

步骤 3：单击【确定】按钮。

图 3-38 【项目符号和编号】对话框

图 3-39 【自定义项目符号列表】

6．给段落添加边框和底纹

步骤 1：选中最后一段，单击【开始】选项卡的【段落】组中的【边框】下拉按钮 ，从下拉列表选择【边框和底纹】命令，弹出【边框和底纹】对话框。

步骤 2：在【边框】选项卡的【设置】区中选择"方框"，在【线型】列表框中选择"双实线"，【应用于】下拉列表中选择"段落"。如图 3-40 所示。

步骤 3：切换到【底纹】选项卡，在【填充】区域单击下拉按钮，在颜色列表中选择"橙色，着色 4，浅色 80%"，在【应用于】下拉列表中选择"段落"。如图 3-41 所示。

图 3-40 段落边框设置

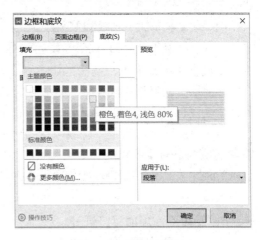

图 3-41 段落底纹设置

步骤 4：单击【确定】按钮，完成边框和底纹设置。

7．给页面添加边框

步骤 1：单击【页面布局】选项卡的【页面边框】按钮，弹出【边框和底纹】对话框，切换到【页面边框】选项卡。

步骤 2：在【设置】区选择"方框"，在【线型】区下面的【艺术型】下拉列表里选择一种艺术样式，【宽度】框中设置线型宽度为"6 磅"，【应用于】框中选择"整篇文档"。

步骤 3：单击对话框右下角的【选项】按钮，在弹出的对话框中设置【度量依据】为"页边"，与正文各边的距离均为"30 磅"。

步骤 4：单击【确定】按钮。如图 3-42 所示。

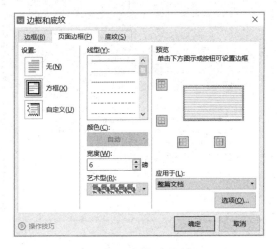

图 3-42　设置页面边框

8．保存文档

单击【快速访问工具栏】中的【保存】按钮，再次保存文档。

【扩展任务】

制作一份如图 3-43 所示的文档，具体要求如下：

（1）标题用隶书、一号，居中，字符间距加宽 3 磅；段前、段后间距均为 0.5 行。

（2）正文为宋体、五号字；正文各段落首行缩进 2 个字符，行距为固定值 20 磅。

（3）依照给定样本，将有编号标记的段落的前两个字设置为楷体、加粗、蓝色。

（4）给第二段末尾"一个成功的人，一定是可以不断完成自己目标的人"，添加波浪形下画线。

（5）给第三段末尾"我们就可以说，他是成功的"添加着重号。

（6）选中正文第六段至第十三段，给它添加边框和底纹效果。

（7）将正文最后两段分成两栏，栏间距为 2 个字符。

（8）设置正文首字下沉效果，下沉字体为楷体，下沉两行。

（9）给页面添加艺术型边框，边框各边与页面对应边的距离均为 30 磅。

图 3-43　最终排版效果

任务三　WPS 文字的图文混排

【任务目标】

- ➤ 了解 WPS 文字中的常用图形对象。
- ➤ 掌握插入与编辑艺术字的操作。
- ➤ 掌握插入与编辑图片的操作。
- ➤ 掌握插入与编辑图形的操作。
- ➤ 掌握插入与编辑文本框的操作。

【任务描述】

　　在文档中经常需要插入图片、图形、图表等形象化的内容以增强表现力。WPS 文字提供了强大的图文混排功能，可以轻松制作出图文并茂的文档。在 WPS 文字中，可应用文本框、图片、图形、艺术字等对象来增强文档的排版效果，使排版设计更加形象、生动和美观。

【知识储备】

3.3.1 艺术字的插入与编辑

1．插入艺术字

插入艺术字是制作报头、文章标题常用的方法。用户可以在 WPS 文字中插入有特殊效果的艺术字，来制作一个醒目、富有艺术感的标题。艺术字的插入常用以下两种方法。

方法一：将已有的文字设置为艺术字。

步骤 1：在文档中选中需要设置为艺术字的文字。

步骤 2：单击【插入】选项卡的【艺术字】按钮，弹出【预设样式】列表，如图 3-44 所示。单击选择合适的样式应用于选定的文字。

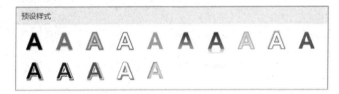

图 3-44　艺术字样式

方法二：插入新艺术字。

步骤 1：单击【插入】选项卡的【艺术字】按钮，弹出【预设样式】列表，如图 3-44 所示。

步骤 2：单击选择需要的样式，在文档编辑区会出现艺术字的文本输入框，提示用户"请在此放置您的文字"，如图 3-45 所示。在文本框中输入需要的文字内容即可。

请在此放置您的文字

图 3-45　艺术字输入框

2．设置艺术字格式

新建艺术字后选定该艺术字会激活【文本工具】选项卡，在【文本工具】选项卡中可以设置艺术字的字体、字号、文本填充、文本轮廓、文本效果、文字方向等效果，如图 3-46 所示。

图 3-46　【文本工具】选项卡

（1）单击【文本效果】下拉按钮，弹出【文本效果】列表，如图 3-47 所示，可以设置艺术字的阴影、倒影、发光、三维旋转及转换等效果。

（2）在【文本效果】下拉列表中选择【转换】选项，在打开的转换效果列表中列出了多种形状可供选择，WPS 文档中的艺术字将实时显示实际效果。如图 3-48 所示。

（3）单击【文本工具】选项卡的【设置文本效果格式】对话框启动器，在屏幕右侧弹出艺术字【属性】面板，在其中也可以进行艺术字效果设置。如图 3-49 所示。

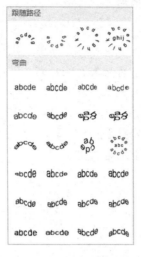

图 3-47　艺术字【文本效果】列表　　　图 3-48　艺术字的转换效果　　　图 3-49　艺术字【属性】面板

3.3.2　图片的插入与编辑

插入图片可以使文档更加生动活泼、美观且富有表现力。WPS 文字中可以插入的图片类型包括 JPG、PNG、GIF、BMP 等文件格式。

1. 插入图片

步骤 1：单击要插入图片的位置。

步骤 2：单击【插入】选项卡的【图片】按钮，弹出【插入图片】对话框。

步骤 3：在弹出的对话框中选择图片存放的位置，选定图片后单击【打开】按钮，将图片插入到当前光标处，如图 3-50 所示。

图 3-50　【插入图片】对话框

注意：如果图片没有出现在窗口中，请检查路径是否正确，或者确认图片类型是否相符。如果目标图片格式与图片类型不符，图片在浏览窗口不会出现。

2．设置图片格式

插入图片后，可以对图片进行移动、缩放、旋转、环绕方式等操作，以及对图片进行裁剪，设置阴影效果、三维效果等。

图片格式可以通过属性按钮、属性窗口、快捷菜单，或者在选定图片后被激活的新选项卡【图片工具】中进行设置，如图 3-51 所示。

图 3-51 【图片工具】选项卡

（1）调整图片的环绕方式

WPS 文字中对插入图片设置了环绕方式。所谓环绕方式，指的是插入的图片和文档中其他内容一同出现时的排版方式。环绕方式不同，图片和文字等其他内容混排时的呈现方式明显不同，位置移动等操作也不同。

WPS 文字插入图片默认为嵌入式，即将图片等同于字符加入文档中，具备段落缩进、行高等属性，可以采用拖曳的方式实现对图片位置的移动。

当图片被选中后，【图片工具】选项卡即被激活，在该选项卡中单击【环绕】按钮，选择一种环绕方式，即可实现图片环绕方式的改变，如图 3-52 所示。

（2）调整图片尺寸

对图片尺寸的调整主要有两种方法。

方法一：手动调整尺寸。

当图片被选中后，通过拖动图片四周和顶点出现的 8 个小圆圈可以手动调整图片尺寸，此时图片尺寸人为设定，不能实现精确控制。将光标移至左上、左下、右上、右下 4 个位置的圆形标志时，光标形状变为双箭头，此时按住鼠标左键拖曳，可以实现图片尺寸的等比例放大或者缩小。

图 3-52 环绕方式列表

在除 4 个顶点外的其他 4 个位置，光标同样会变为双箭头的形状，但此时通过拖曳的方式只能单独调整图片的长和宽，图片会出现比例失真。

方法二：精确调整尺寸。

通过【其他布局选项】对话框，可以精确调整图片尺寸。操作步骤如下。

步骤 1：右键单击图片，在快捷菜单中选择【其他布局选项】，弹出【布局】对话框。

步骤 2：切换到【大小】选项卡，可以单击上下箭头或者直接输入数字来实现对图片尺寸的精确设定，也可以调整缩放的百分比数值来实现，如图 3-53 所示。

注意：尺寸和缩放都可以实现对图片尺寸的调整，它们是相互关联的两组数值，一组被调整，另一组会相应调整。如果选中【锁定纵横比】，对高度、宽度任何一个量调整时，另一个量也会同时发生变化。

图 3-53 【大小】选项卡

通过此途径也可以实现对其他图形对象尺寸的调整。如果对调整效果不满意，可以单击【重新设置】按钮将图片恢复到原始状态以便重新设置。

（3）图片的剪裁

如果需要去除图片中不需要的部分，就需要对图片进行剪裁。WPS 文字不能实现对图片任意部分的裁剪，只能从外到内对图片的宽和高进行剪裁。

对图片进行裁剪的步骤如下。

步骤 1：选中需要裁剪的图片，激活【图片工具】选项卡。

步骤 2：在【大小和位置】功能组中单击【裁剪】按钮，此时图片四周出现不连续的黑色边框，如图 3-54 所示。光标移至黑线处会变为 T 字形，使用拖曳的方式对图片进行裁剪，剩下需保留的区域。

图 3-54　图片裁剪

步骤 3：裁剪操作完成后，再次单击【裁剪】按钮，则图片仅保留需要留存的区域，完成图片的裁剪操作。

如果在裁剪状态下向外拉伸图片，则图片以外的部分将会以白色填充，图片尺寸相应增大。裁剪过的图片并不能减少文档的大小，只是图片被裁剪部分不被显示而已，故对文档的文件大小影响不大。如想要实现文档的文件容量的减小，可以在图片压缩对话框中勾选【删除图片的剪裁区域】功能。

3.3.3　图形的插入与编辑

在 WPS 文字中，除了能插入图片，还可以使用【形状】工具来绘制图形。

1. 插入图形

步骤 1：单击【插入】选项卡的【形状】按钮，打开【预设形状】下拉列表，如图 3-55 所示。

步骤 2：在下拉列表中选择要绘制的图形。

步骤 3：在文档区域内按住已变为"+"字形的光标进行拖动，直到大小合适。

步骤 4：释放鼠标，图形的周围出现尺寸控点，拖动控点还可以改变图形的大小。

如果要绘制正方形或圆，或者水平直线与垂直直线，可在拖动鼠标的同时按住 Shift 键。

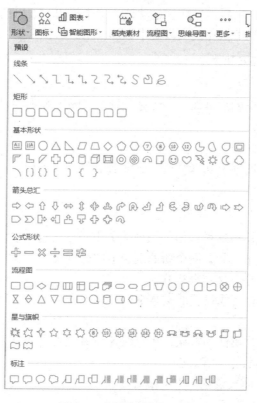

图 3-55　【预设形状】列表

2．在图形中添加文字

在图形上单击右键，在弹出的快捷菜单中单击【添加文字】或【编辑文字】命令，形状中出现光标，输入文字即可。

3．设置图形格式

选定已绘制的图形，会同时激活【绘图工具】和【文本工具】两个新的选项卡，可以在其中进行形状填充、形状轮廓、文字环绕、叠放次序、对齐、组合、阴影效果、三维效果等的设置，也可以利用选定图形后图形右侧出现的属性按钮进行格式设置。具体操作与图片类似，此处不再赘述。

3.3.4　文本框的插入与编辑

文本框是一种可以移动、大小可调的存放文本的容器。在 WPS 文字中，文本框有横排和竖排两种。每个页面可以放置多个文本框，每个文本框中的文字内容都可以单独排版而不受其他文本框和框外文本排版的影响。利用文本框可以把文档编排得更加丰富多彩。

1. 插入文本框及文本的输入

步骤 1：单击【插入】选项卡的【文本框】按钮 A̲，弹出预设文本框下拉列表，选择所需的文本框样式。

步骤 2：在文档中需要插入文本框的位置拖动鼠标即可插入一个横向或竖向的文本框。

步骤 3：插入文本框之后，光标会自动位于文本框内，可以向文本框输入文本，也可以采用移动、复制、粘贴等操作向文本框中添加文本。

2. 改变文本框的位置和大小

（1）移动文本框

光标指针指向文本框的边框线，当光标指针变成 ✛ 形状时，用鼠标拖动文本框，可以实现文本框的移动。

（2）改变文本框的大小

单击文本框，在其四周出现 8 个控制文本框大小的小方块，向内或外拖动小方块，可改变文本框的大小。

3. 设置文本框格式

文本框格式可以在单击右键弹出的快捷菜单中进行设置，也可以在选定文本框后激活的【绘图工具】和【文本工具】两个新的选项卡中进行设置。

（1）通过属性按钮设置文本框格式

步骤 1：选定要进行格式设置的文本框，在文本框右侧会自动弹出设置文本框属性的按钮，如图 3-56 所示。

步骤 2：单击文本框属性的按钮，可以快速设置文本框的常用属性，如环绕方式、形状样式、形状填充、形状轮廓等。

（2）通过【属性】面板设置文本框格式

步骤 1：选定要进行格式设置的文本框。

步骤 2：在选定的文本框上单击右键，在弹出的快捷菜单中选择【设置对象格式】命令，在窗口右侧打开【属性】面板，如图 3-57 所示。

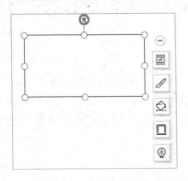

图 3-56　设置文本框属性

图 3-57　文本框【属性】面板

步骤 3：在【属性】面板中，可以进行文本框的填充和线型选择，以及文本填充和文本轮廓设置。

【案例实践】

小芳是校学生会宣传部的成员,部长交给她一项任务,让她负责为即将举办的校园文化艺术节暨迎新晚会制作一份宣传海报。她决定利用 WPS 文字的图文混排功能来制作,主要涉及首字下沉,插入文本框、艺术字、图片及图形等操作,她希望能灵活运用所学知识及技能,做出精美的海报,圆满完成此项任务。

海报最终排版效果如图 3-58 所示。

图 3-58　海报最终排版效果

案例实施

1. 打开并另存文档

步骤 1:打开任务三的素材文档。

步骤 2:单击【文件】→【另存文件】命令,在弹出的【另存文件】对话框中以自己所在班级+姓名为文件名,将文档保存在桌面上。

2. 将标题设为艺术字

步骤 1：选中标题行。

步骤 2：单击【插入】选项卡的【艺术字】按钮，在弹出的【预设样式】列表中选择一个样式应用于选定的文字。

步骤 3：在【开始】选项卡的【字体】组中设置标题为：华文琥珀、小初号。

步骤 4：选中标题，在【文本工具】选项卡中单击【文本填充】下拉按钮，在颜色列表里选择红色填充；单击【文本轮廓】下拉按钮，选择轮廓颜色为白色，线型为 1.5 磅；单击【文本效果】下拉按钮，在下拉列表里选择【转换】选项，并在旁边子列表里选择转换的样式为"波形 1"。

3. 设置正文格式

步骤 1：拖动鼠标选定全部正文。

步骤 2：在【开始】选项卡的【字体】组中设置正文字体为：仿宋、四号。

步骤 3：打开【段落】对话框，在对话框中设置段落格式为首行缩进 2 个字符、行间距暂时为固定值 25 磅。制作完全部内容后，根据页面情况可再次调整行距，使全部内容正好占满一页。

步骤 4：将"一、活动安排"和"二、活动时间"设置为加粗、倾斜。

4. 设置首字下沉

步骤 1：将光标置于正文第一个字前。

步骤 2：单击【插入】选项卡的【首字下沉】按钮，弹出【首字下沉】对话框。

步骤 3：在对话框的【位置】区内，选择【下沉】选项，在【选项】区内，选择字体为楷体、下沉行数为 2 行。

步骤 4：单击【确定】按钮，即可完成首字下沉设置。

5. 插入图片

步骤 1：单击要插入图片的位置。

步骤 2：单击【插入】选项卡的【图片】下拉按钮，弹出图片列表。

步骤 3：在图片列表中选择本地图片，在打开的【插入图片】对话框中选择素材图片，单击【确定】按钮。

步骤 4：选中图片，单击图片右侧的【布局选项】按钮，设置环绕方式为"四周型环绕"。

步骤 5：选中图片，单击图片右侧的【裁剪图片】按钮，在打开的列表中选择【按形状裁剪】选项，将图片裁剪为椭圆，并适当调整图片大小，放在恰当位置。

步骤 6：将光标移到文档最后一行下面的空行处，重复步骤 2、3，插入素材中的气球图片。

步骤 7：选中气球图片，单击右侧的【布局选项】按钮，设置该图片环绕方式为"浮于文字上方"，适当调整图片大小并移动到恰当位置。

步骤 8：选中气球图片，单击【图片工具】选项卡的【抠除背景】下拉按钮，选择【设置透明色】，然后在气球图片的背景中单击，将背景设为透明色效果，如图 3-59 所示。

6．插入文本框

步骤 1：选定【活动安排】下面的三个段落。

步骤 2：单击【插入】选项卡中的【文本框】下拉按钮，弹出文本框下拉列表，选择【横向文本框】选项，如图 3-60 所示。

图 3-59　抠除背景工具　　　　　　　　　　图 3-60　文本框下拉列表

步骤 3：此时被选中文字即放在了文本框内。光标指针指向文本框的边框线，当光标指针变成 ✥ 形状时，单击框线选中文本框，单击文本框右侧的【形状轮廓】按钮，在下拉列表中选择颜色为红色、线型为 1.5 磅、虚线线型为"划线-点"。如图 3-61 和图 3-62 所示。

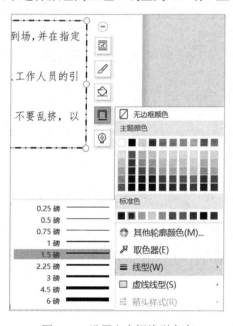

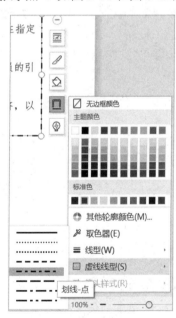

图 3-61　设置文本框线型宽度　　　　　　　图 3-62　设置虚线线型

7．插入图形

步骤 1：单击要插入图形的位置。

步骤 2：单击【插入】选项卡的【形状】下拉按钮，弹出图形列表。

步骤 3：在图形列表中选择【星与旗帜】组中的"上凸带形"，在文档右下角空白位置画出形状，调整好其大小并移动到恰当位置。

步骤 4：选中该形状，单击形状右侧的【布局选项】按钮，设置环绕方式为"浮于文字上方"。

步骤 5：选中该形状，单击形状右侧的【形状填充】按钮，选择橙色填充；单击【形状轮廓】按钮，设置轮廓颜色为"白色，背景 1，深色 35%"。

步骤 6：右击该形状，在快捷菜单里选择【添加文字】命令，在光标所在处输入"校学生会及年月日"字样，调整文字格式。

8. 给页面添加边框

步骤 1：单击【页面布局】选项卡的【页面边框】按钮，弹出【边框和底纹】对话框，切换到【页面边框】选项卡。

步骤 2：单击【艺术型】下拉按钮，选择一种艺术型边框，设置宽度为 8 磅，【应用于】设置为整篇文档。

步骤 3：单击【页面边框】对话框的【选项】按钮，在弹出的对话框中设置【度量依据】为【页边】，距正文各边距离均为 30 磅。

步骤 4：单击【确定】按钮。

9. 给页面添加背景

步骤 1：单击【页面布局】选项卡的【背景】下拉按钮，弹出页面背景设置的选项列表。

步骤 2：在主题颜色中选择"巧克力黄，着色 2，浅色 80%"作为页面的背景，如图 3-63 所示。

图 3-63　选择背景颜色

步骤 3：单击【快速访问工具栏】中的【保存】按钮，再次保存文档。

【扩展任务】

制作一份如图 3-64 所示的宣传小报，具体要求如下：

（1）页面设置上、下、左、右页边距均为 1 厘米，纸张方向为横向。

（2）标题设置为艺术字，添加一定的文本效果。

（3）在恰当的位置插入图片，调整大小，设置恰当的环绕方式。

（4）以图形或者文本框的形式嵌入文字，边框线均为红色虚线或点点线。

（5）字体、字号适中，段落首行缩进 2 个字符，行间距适中。

（6）添加红色页面边框。

图 3-64　"国庆宣传小报"最终效果

任务四　WPS 文字的表格制作

【任务目标】

➢ 了解在 WPS 文字中创建表格的几种方法。
➢ 掌握编辑表格的操作。
➢ 掌握修饰表格的操作。
➢ 掌握表格中数值的简单计算。

【任务描述】

表格是文档中经常使用的一种信息表现形式，用于组织和显示信息。一个简洁美观的表格不仅增强了信息传达的效果，也让文档本身更加美观，更具实用性。表格还能够将数据清晰而直观地组织起来，并可以进行比较、运算和分析。

WPS 文字同时提供了强大的制表功能，熟练掌握表格的属性和操作，有助于快速准确地创建需要的表格。

【知识储备】

在 WPS 文字表格中，横向称为行，纵向称为列，行列交错形成的方格称为单元格。单元格是存储数据的基本单位，包围单元格的线条称为框线，其中的填充称为底纹。

3.4.1 表格的创建

WPS 文字提供了多种创建表格的方法。

1. 利用模板快速创建表格

步骤 1：在文档中单击要创建表格的位置。

步骤 2：单击【插入】选项卡的【表格】按钮 ⊞，弹出创建表格的下拉列表，在【插入表格】模板中移动鼠标以指定表格的行数和列数（如 4 行 6 列），单击左键快速创建表格，如图 3-65 所示。

2. 利用插入表格命令创建表格

在【表格】下拉列表中单击【插入表格】命令，弹出如图 3-66 所示的【插入表格】对话框，在对话框中输入需要创建表格的列数和行数，单击【确定】按钮即可创建表格。

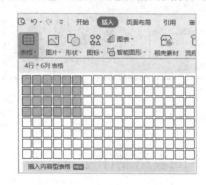

图 3-65 【表格】下拉列表

图 3-66 【插入表格】对话框

3. 绘制表格

在【表格】下拉列表中单击【绘制表格】命令，光标指针变为笔形，在需要绘制表格的地方拖动鼠标到指定的行和列，松开左键，即可绘制表格。

绘制好表格后，将插入点放在要输入文本的单元格内，就可以输入文本了。当输入的文本到达单元格右边线时自动换行，并且会加大行高以容纳更多的内容。

3.4.2 表格的编辑

1. 选定单元格、行、列及表格

表格的编辑具有"先选定，后操作"的特点，即首先选定要操作的表格对象，然后才能对选定的对象进行编辑。

（1）选定一个单元格：单击需要编辑的单元格。

（2）选定多个相邻的单元格：单击起始单元格，按住鼠标左键拖动鼠标至需连续选定的单元格的终点。

（3）选定整行：光标指针放在待选定行的左侧，指针变为 形状时，单击左键。

（4）选定整列：光标指针放在待选定列的顶端，指针变为 ↓ 形状时，单击左键。

（5）选定整个表格：光标指针移动到表格左上角的 ⊞ 符号位置时，指针呈 ✥ 形状时，

单击左键。

2．快速编辑表格

当鼠标指针移动到表格内部时，表格周围会出现一些控制符号，如图 3-67 所示。利用这些控制符号可以对表格进行一些基本操作。

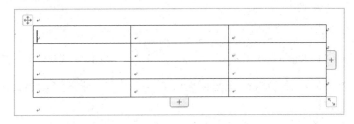

图 3-67　表格中的控制符号

（1）移动表格：光标指针移动到表格左上角的⊞符号（移动控制符）位置时，指针呈⊕形状，按住鼠标左键可以移动表格到合适的位置。

（2）调整整个表格尺寸：光标指针移动到表格右下角的◥符号位置时，指针呈◥形状，按住左键移动可以改变整个表格的大小。

（3）增加列：光标指针移动到表格右侧的⊕符号时，单击该符号，表格最右侧增加一列。

（4）增加行：光标指针移动到表格底部的⊕符号时，单击该符号，表格最下方增加一行。

（5）调整行高：将光标指针停留在要更改其高度的行的表线上，指针变为⬍形状时，拖动该表线即可改变该行的行高。

（6）调整列宽：将光标指针停留在要更改其宽度的列的表线上，指针变为◀▶形状时，拖动该表线即可改变该列的列宽。

3．利用功能区按钮编辑表格

选定绘制的表格，会同时激活两个新的选项卡——【表格工具】和【表格样式】。图 3-68 所示是【表格工具】选项卡。

图 3-68　【表格工具】选项卡

（1）插入行、列或单元格

步骤 1：将光标定位于某个单元格。

步骤 2：单击【表格工具】选项卡的【在上方插入行】【在下方插入行】按钮，或【在左侧插入列】【在右侧插入列】按钮，可在所选单元格的相应位置插入一行或一列；单击【表格工具】选项卡中的第一个对话框启动器按钮，弹出【插入单元格】对话框，如图 3-69 所示，选择需要插入的选项后，单击【确定】按钮，即可插入相应的行、列或单元格。

（2）删除行、列或单元格

步骤 1：将光标置于要删除的行、列或单元格。

步骤 2：单击【表格工具】选项卡的【删除】下拉箭头，选择相应的删除选项如【单元格】、【行】、【列】或【表格】，即可删除所选对象。如图 3-70 所示。

图 3-69 【插入单元格】对话框   图 3-70 【删除】下拉列表

注意：选定表格后，按 Delete 键只能删除表格的内容，只有 Backspace 键或者用【删除】命令才能删除表格。

（3）合并、拆分单元格

用户可以将相邻的两个或多个单元格合并为一个单元格，也可以将一个单元格拆分成两个或多个单元格。

◆ 合并单元格

步骤 1：选定需要合并的两个或多个相邻的单元格。

步骤 2：单击【表格工具】选项卡中的【合并单元格】按钮，合并单元格。

◆ 拆分单元格

步骤 1：选定要拆分的单元格。

步骤 2：单击【表格工具】选项卡的【拆分单元格】按钮，弹出【拆分单元格】对话框，如图 3-71 所示，在对话框的【列数】和【行数】中设定值，单击【确定】按钮。

（4）单元格对齐方式和文字方向

步骤 1：选择需要设置对齐方式的一个或多个单元格。

步骤 2：在【表格工具】选项卡或快捷菜单中设置【对齐方式】和【文字方向】。WPS 文字提供了 9 种对齐方式，如图 3-72 所示，以及 6 种文字方向，如图 3-73 所示。

图 3-71 【拆分单元格】对话框   图 3-72 【对齐方式】列表   图 3-73 【文字方向】列表

（5）设置标题行重复

对一个比较大的表格，可能在一页内无法完全显示或打印出来。当一个表格被分到多页时，用户会希望在每一页的第一行都显示或打印标题行。

步骤1：选定要作为表格标题的一行或多行（注意：选定内容必须包括表格的第一行，否则 WPS 文字将无法执行操作）。

步骤2：单击【表格工具】选项卡的【标题行重复】按钮 。

WPS 文字能够依据自动分页符（软分页符）在新的一页上重复表格的标题。如果在表格中插入人工分页符，则 WPS 文字无法自动重复表格标题。只能在页面视图或打印出的文档中看到重复的表格标题。

（6）表格与文本的相互转换

◆ 表格转换成文本

步骤1：选定要转换成文本的表格。

步骤2：单击【表格工具】选项卡的【转换为文本】按钮 ，在弹出的【表格转换成文本】对话框中设置文字分隔符为"制表符"，单击【确定】按钮转换为文本，如图 3-74 所示。

◆ 文本转换成表格

将文本转换成表格时，使用分隔符（根据需要选用的段落标记、制表符或逗号、空格等字符）标记新的列开始的位置。WPS 文字用段落标记标明新的一行表格的开始。

步骤1：选中要转换成表格的文本，确保已经设置好了所需要的分隔符。

步骤2：单击【插入】选项卡的【表格】下拉按钮，在弹出的下拉列表单击【文本转换成表格】命令，在弹出的【将文字转换成表格】对话框中选择所需选项，单击【确定】按钮，如图 3-75 所示。

图 3-74 【表格转换成文本】对话框　　　　图 3-75 【将文字转换成表格】对话框

3.4.3 表格的修饰

选定表格也会同时激活两个新的选项卡——【表格工具】和【表格样式】。图 3-76 所示是【表格样式】选项卡。

图 3-76 【表格样式】选项卡

1. 表格样式

表格样式用于对表格外观进行快速修饰。WPS 文字提供了多达数十种不同色彩风格的样式供用户选择。巧妙利用表格样式美化表格可以达到事半功倍的效果。

应用表格样式的操作步骤如下。

步骤 1：单击选中任一单元格。

步骤 2：单击【表格样式】选项卡中的一种样式，将其应用到当前表格。

步骤 3：在【表格样式】选项卡中，用户可以根据需要设置【首行填充】、【首列填充】、【末行填充】、【末列填充】、【隔行填充】或【隔列填充】项等。

如果对设置的样式不满意，可以重新选择样式，也可以单击【表格样式】选项卡中的【清除表格样式】按钮，清除已应用的表格样式。

2. 设置表格的边框和底纹

（1）设置表格边框

步骤 1：选中需要设置边框的表格或单元格。

步骤 2：单击【表格样式】选项卡，设置边框线的线型、线宽及边框颜色。

步骤 3：单击【表格样式】选项卡的【边框】下拉按钮，从弹出的列表（如图 3-77 所示）中选择所需的边框类型，选定区域的外框线即改变为所选边框类型。

（2）设置底纹颜色

步骤 1：选择需要设置底纹颜色的表格或单元格。

步骤 2：单击【表格样式】选项卡的【底纹】下拉按钮，从【底纹】颜色列表（如图 3-78 所示）中选择一种颜色，即可对选定区域设置底纹。

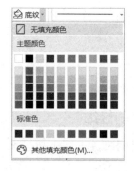

图 3-77 【边框】下拉列表　　　　图 3-78 【底纹】颜色列表

3. 绘制斜线表头

（1）选中需要绘制斜线表头的单元格。

（2）单击【表格样式】选项卡的【绘制斜线表头】按钮，弹出【斜线单元格类型】对话框，如图 3-79 所示。

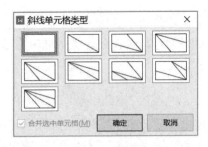

图 3-79 【斜线单元格类型】对话框

（3）选择所需的斜线类型，单击【确定】按钮。

3.4.4 表格中数值的计算

WPS 文字可以对表格中的数据进行加、减、乘、除、最大值、最小值等简单的常用计算。

在 WPS 文字的计算中，系统对表格中的单元格是以下面的方式进行标记的：在行的方向以字母 A~Z 进行标记，在列的方向从"1"开始，以自然数进行标记。如第一行、第一列的单元格标记为 A1，A1 就是该单元格的名称。

在表格中进行计算时，可以用诸如 A1、A2、B1、B2 这样的形式引用表格中的单元格。

在 WPS 文字中，对数值进行计算有两种方法：快速计算和公式计算。

1. 快速计算

对于求和，求平均值、最大值、最小值这些常用计算，可直接使用【快速计算】命令来完成。

步骤 1：选定要参与计算的单元格区域（最后一个单元格为空白单元格）。

步骤 2：单击【表格工具】选项卡的【快速计算】下拉按钮，从列表中选择计算方法，即可在右侧或下方显示计算结果。

2. 利用公式进行计算

步骤 1：单击要放置计算结果的单元格，单击【表格工具】选项卡的【公式】按钮，打开【公式】对话框，如图 3-80 所示。

步骤 2：如果选定的单元格位于一行数值的右端，WPS 文字将建议采用公式"=SUM(LEFT)"进行计算，单击【确定】按钮对左边的数求和。

如果选定的单元格位于一列数值的底端，WPS 文字将建议采用公式"=SUM(ABOVE)"进行计算，单击【确定】按钮对上边的数求和。

如果需要改变公式的计算范围，则可删除表达式中原有的范围，在表格中重新选择计算范围。

图 3-80 【公式】对话框

如果要计算的结果不是求和，首先删除【公式】框中原有的函数（不要删除等号=），然后在【粘贴函数】框中选择所需函数，再选择表格范围和数字格式，单击【确定】按钮即可得出计算结果。

也可以在公式的文本框中输入公式，引用单元格的内容进行计算。例如，如果需要计算单元格 B2 和 C2 的和减去 D2 的数值，可在公式文本框中输入这样的公式："=B2+C2-D2"，单击【确定】按钮即可。

【案例实践】

要毕业了，同学们要制作求职简历来"推销"自己。一份好的求职简历是求职者打开面试大门的一把重要钥匙。招聘经理人在面试之前所获取的所有关于求职者的信息都来自简历。一份外观漂亮、内容简洁的简历会给招聘者留下良好的印象，成为求职时真正的敲门砖。本案例是在 WPS 文字中制作如图 3-81 所示的经典求职简历。

图 3-81 "求职简历"最终效果

案例实施

1. 新建并保存文档

步骤 1：双击桌面的 WPS 图标，打开 WPS。

步骤 2：新建一份空白文字文档。

步骤 3：单击【快速访问工具栏】中的【保存】按钮，在【另存文件】对话框中以自己所在班级+姓名为文件名，将文档保存在桌面上。

2．输入表格标题

步骤 1：输入标题"求职简历"。

步骤 2：按 Enter 键换行。

步骤 3：选定标题，设置标题格式为"隶书、小初号、加粗、字符间距加宽 10 磅"。

3．创建表格

单击【插入】选项卡的【表格】下拉按钮，在下拉列表中选择【插入表格】命令，在弹出的【插入表格】对话框中设置行数为 18，列数为 6，单击【确定】按钮，在当前位置插入一个 18 行、6 列的表格。

4．设置行高

步骤 1：选中整个表格，选择【表格工具】中的【高度】命令，在右侧数字框里设置高度为 0.8 厘米。

步骤 2：按住 Ctrl 键，同时选中第 10 行、第 14 行和第 18 行，单击右键，在弹出的快捷菜单中选择【表格属性】命令，打开【表格属性】对话框，单击【行】按钮，设置行的指定高度为 3 厘米，如图 3-82 所示。

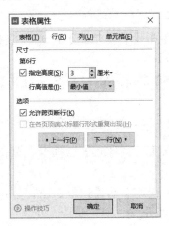

图 3-82　设置行高

5．合并单元格

步骤 1：选择第 1 行至第 5 行的最后两列，单击【表格工具】选项卡的【合并单元格】按钮。调整第 5 个单元格的左边线。

步骤 2：同样操作，分别选择第 6 行、第 11 行、第 15 行、第 17 行、第 18 行进行单元格合并。

步骤 3：将第 7 行 2～6 列单元格合并，将第 10 行 2～6 列单元格合并，将第 14 行 2～6 列单元格合并。

步骤 4：将第 12 行 2～4 列单元格合并。

完成所有合并后的效果如图 3-83 所示。

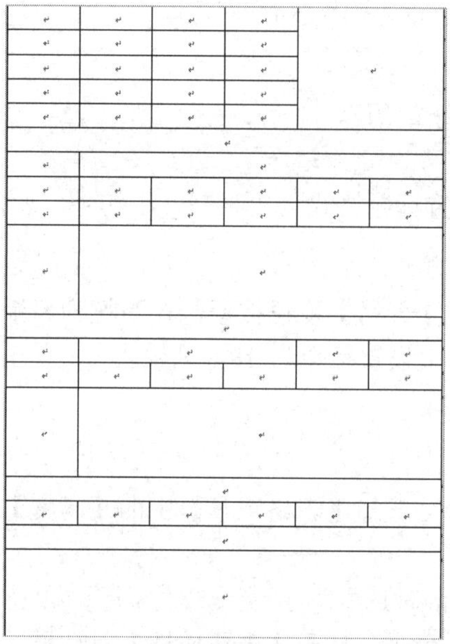

图 3-83　合并单元格的效果

6. 设置单元格的对齐方式

步骤 1：选中整个表格，单击【表格工具】选项卡的【对齐方式】下拉按钮，在下拉列表中选择【水平居中】按钮。

步骤 2：分别选择第 10 行第 2 列、第 14 行第 2 列和最后一行的单元格，设置对齐方式为"中部两端对齐"。

7. 设置表格的边框线

步骤 1：选中整个表格，在【表格样式】选项卡中单击【线型】下拉按钮，在弹出的列表里选择"双实线"。

步骤 2：单击【表格样式】选项卡的【边框】下拉按钮，在弹出的列表中选择"外侧框线"，将所选线型应用到表格外框线。

步骤 3：重新在【线型】下拉列表中选择"点点线"，在【边框】下拉列表中选择"内部框线"，将所选线型应用到表格内部。

8. 添加底纹

步骤 1：选中第 6 行，按下 Ctrl 键，同时选中第 11 行、15 行、17 行。

步骤 2：单击【表格样式】选项卡的【底纹】下拉按钮，在弹出的【颜色】列表中选择主题颜色为"白色，背景 1，深色 15%"，即为选定行添加了底纹。

9. 设置单元格字符格式并输入文本

步骤 1：选中整个表格，将表格内容的字符格式设为：宋体、五号。

步骤 2：同时选中第 6 行、11 行、15 行、17 行，设置字符格式为：宋体、小四号、加粗。

步骤 3：输入表格内容。

单击【快速访问工具栏】中的【保存】按钮，再次保存文档。

【扩展任务】

制作一份如图 3-84 所示的送货单，具体要求如下：

（1）标题设为宋体、二号，居中，字符间距加宽 5 磅，加双下画线。

（2）其余文字均为宋体、五号。

（3）除最后两行是中部两端对齐，其余文字均是水平居中对齐。

（4）手动调整行高、列宽以符合需要。

（5）设置表格外框线为双实线，内边框为细实线。

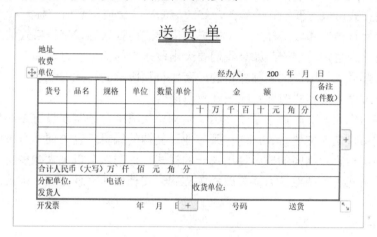

图 3-84 "送货单" 效果

任务五 长文档制作

【任务目标】

➢ 掌握样式的新建、修改与应用。

➢ 了解什么是分节，掌握分节的方法。

➢ 掌握创建目录的方法。

【任务描述】

张飞是一名即将毕业的大学生，正在撰写毕业论文，但是总是设计不好论文的格式，特别是目录的创建，他决定好好学习一下长文档的排版制作，以使毕业论文的格式能满足学院的标准要求。

【知识储备】

对一篇较长文档进行排版时，往往需要对正文和各级标题设置不同的字体、字号、行距、缩进、对齐等格式，用纯手工设置将产生大量的重复劳动。使用 WPS 文字提供的样式功能可以很方便地解决这个问题。利用样式编辑长文档，还可以方便地进行后续的格式修改和从文档中提取目录。使用导航窗格则可以清晰地显示整个文档的层次结构，对整个文档进行快速浏览和定位。

3.5.1　文档的样式

样式是指一组已经命名的字符格式或段落格式的组合。通过使用样式，可以批处理方式给文本设定格式。使用样式有如下几个优点：

（1）使用样式可以显著提高编辑效率。

（2）使用样式可以保证格式的一致性。

（3）使用样式可以方便格式的修改，修改后的样式会应用到所有标题或正文。

样式分为字符样式和段落样式。字符样式用样式名称来标识字符格式的组合，字符样式只作用于段落中选定的字符，如果我们要突出段落中的部分字符，那么可以定义和使用字符样式。段落样式是用样式名称保存的一套字符和段落的格式的组合，一旦创建了某个段落样式，就可以为文档中的标题或正文应用该样式。

例如，编写毕业论文时，为了使文档的结构层次清晰，通常要设置多级标题。每级标题和正文均采用特定的文档格式，这样既方便了文档的编辑，也方便了目录的制作。论文的编排通常使用样式，相同的排版使用统一的样式，这样做可以大大减少编辑的工作量。如果要对排版格式进行调整，只需修改相关样式，文档中所有使用这一样式的文本就会全部被修改。

1．应用样式

WPS 文字本身自带了许多样式，称为内置样式。用户可以直接利用 WPS 文字内置的样式对文稿进行设置，具体步骤如下。

步骤 1：选中要定义样式的标题或正文。

步骤 2：在【开始】选项卡中单击【样式】按钮，从列表中选择需要的样式。选择一个样式后，所选样式便应用于所选对象。

2．创建样式

如果 WPS 文字的内置样式不能满足编辑文档的需要，用户也可以自定义（创建）样式。新建样式的步骤如下。

步骤 1：单击【开始】选项卡的【新样式】按钮 AA，在下拉列表中选择【新样式】命令，如图 3-85 所示，打开【新建样式】对话框，如图 3-86 所示。

步骤 2：在对话框的【名称】后的文本框中输入新样式的名称，在【样式类型】中选择段落样式或字符样式，在【样式基于】中选择与新建样式相近的样式以便于新样式的设置，在【后续段落样式】中选择使用新建样式之后的后续段落默认的样式。在【格式】选项区中，可以进行字体和段落格式的简单设置。若要详细地设置字体、段落、边框、编号等，可以单击对话框左下角的【格式】按钮进行设置。

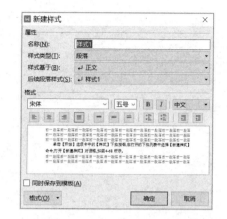

图 3-85 【新样式】下拉列表　　　　　　图 3-86 【新建样式】对话框

步骤 3：设置好格式之后，单击【确定】按钮完成新样式的创建。创建好的样式自动加入样式库中供用户使用。

3．修改样式

若用户对自定义样式或内置样式不满意，均可对其进行修改。修改样式的步骤如下。

步骤 1：打开样式列表。

步骤 2：在要修改的样式上单击右键，在弹出的快捷菜单中选择【修改样式】命令，弹出【修改样式】对话框。

步骤 3：在对话框中修改样式的属性及格式。

步骤 4：修改完成，单击【确定】按钮。样式被修改之后，原来应用该样式的所有文字或段落会自动更新为修改后的样式。

4．删除样式

若自定义的样式已不再需要，可以删除该样式。删除样式的步骤如下。

步骤 1：打开样式列表。

步骤 2：在要删除的样式上单击右键，在弹出的快捷菜单中选择【删除样式】命令，弹出【删除样式】确认对话框。

步骤 3：单击【确定】按钮，选中的样式即被删除。

样式被删除之后，原来应用该样式的所有文字或段落自动更新为正文样式。

注意：用户可以删除自定义样式，但不能删除内置样式。

3.5.2　查看文档结构

文档的结构由文档各个不同等级的标题组成，WPS 文字 2019 的导航窗格可以显示整个文档的大纲结构。通过它可以对整个长文档进行快速浏览、定位和编辑，非常方便。

单击【视图】选项卡的【导航窗格】 的下拉按钮，选择【靠左】选项，则在窗口的左侧显示文档的大纲结构，如图 3-87 所示。再次单击该按钮，则可隐藏导航窗格。

从生成的文档结构图中可以检查各级标题应用的样式是否正确，并可对其进行修改。单击【导航窗格】中要跳转的标题，该标题及其内容就会显示在右侧页面顶部。

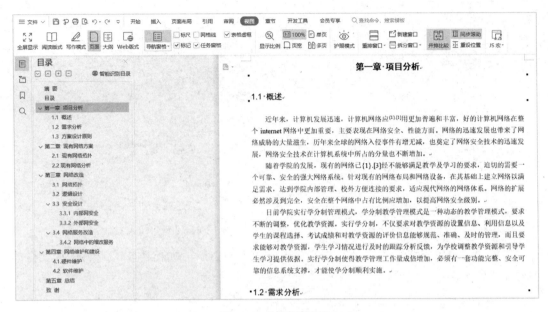

图 3-87 【导航窗格】

3.5.3 分隔符

分隔符包括分页符、分栏符、分节符等，它可以将页面分成一个或多个节、页、栏，便于对文档在一页之内或多页之间采用不同的版面布局。

1. 分页符

默认情况下，当文本内容超过一页时，WPS 自动按照设定的页面大小进行分页。但是，如果用户想在某个页面的内容不满一页时强制分页，可以使用插入分页符的方法来实现。操作步骤如下。

图 3-88 【分隔符】下拉列表

步骤 1：将光标定位在需要插入分页符的文字位置。

步骤 2：单击【页面布局】选项卡的【分隔符】按钮，弹出【分隔符】下拉列表，如图 3-88 所示。

步骤 3：在下拉列表中选择【分页符】命令。

2. 分栏符

对文档（或部分段落）设置分栏后，WPS 文字会在文档的适当位置自动分栏。但是，若需要让某些内容出现在下一栏的顶部，可以使用插入分栏符的方法来实现。操作步骤如下。

步骤 1：将光标定位在需要插入分栏符的文字位置。

步骤 2：单击【插入】选项卡的【分隔符】按钮，在弹出的下拉列表中选择【分栏符】命令。

3. 换行符

换行符的功能等同于从键盘下直接按下 Shift+Enter 组合键，可在插入点位置强制换行（显示为 ↓ 符号）。与直接按 Enter 键不同，这种方法产生的新行仍是当前段落的一部分。

4．分节符

插入分节符之前，WPS 文字将整篇文档视为一节。当需要分别改变不同部分内容的页眉、页脚、页码、页边距、分栏数等时，需要把文档分节。操作步骤如下。

步骤 1：将光标定位在需要插入分节符的位置。

步骤 2：单击【插入】选项卡的【分隔符】按钮，在弹出的下拉列表中选择需要的分节符命令。

分节符有下面几种类型，它们的功能如下：

◆ 下一页分节符：选择此项，光标当前位置后的全部内容将移到下一个页面上。

◆ 连续分节符：选择此项，将在插入点位置添加一个分节符，新节从当前页开始。

◆ 偶数页分节符：选择此项，光标当前位置后的内容将转到下一个偶数页上。

◆ 奇数页分节符：选择此项，光标当前位置后的内容将转到下一个奇数页上。

3.5.4 创建目录

目录，既是长文档的提纲，也是长文档组成部分的小标题，一般应标注相应页码。在创建文档的目录时，要求文档中必须有使用了大纲级别的标题。

1．生成目录

在一篇文档中，如果各级标题都应用了恰当的标题样式（内置样式或自定义样式），WPS 文字会识别相应的标题样式，自动完成目录的创建。具体操作步骤如下。

步骤 1：将光标定位到需要生成目录的位置。

步骤 2：单击【引用】选项卡的【目录】按钮，弹出【目录】下拉列表，如图 3-89 所示。可以在列表中选择一种目录样式或者选择【自定义目录】，打开【目录】对话框，如图 3-90 所示。

图 3-89 【目录】下拉列表

图 3-90 【目录】对话框

步骤 3：在【制表符前导符】下拉列表框中可以指定标题与页码之间的分隔符。

步骤 4：在【显示级别】微调框中指定目录中显示的标题层次（当指定为"1"时，只有 1 级标题显示在目录中；当指定为"2"时，1 级标题和 2 级标题显示在目录中，依此类推）。

步骤 5：选中【显示页码】复选框，以便在目录中显示各级标题的页码；选中【页码右对齐】复选框，可以使页码右对齐页边距；如果要将目录复制成单独文件保存或打印，则必须将其与原来的文本断开链接，否则会出现提示【页码错误】对话框。

步骤 6：单击【确定】按钮，就可以从文档中提取目录。

2. 更新目录

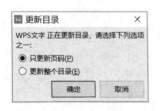

图 3-91 【更新目录】对话框

生成目录之后，如果用户对文档内容进行了修改，可以使用【更新目录】命令，快速地重新生成调整后的新目录。操作步骤如下。

步骤 1：将光标定位于目录页。

步骤 2：单击【引用】选项卡的【更新目录】按钮，弹出【更新目录】对话框，如图 3-91 所示。

步骤 3：选择【只更新页码】或【更新整个目录】选项。

步骤 4：单击【确定】按钮。

【案例实践】

小蔡是 2018 级计算机应用专业的学生，在撰写毕业论文时，为了使论文格式符合学院对论文编写格式的统一规范要求，使文档的结构层次清晰，需要使用样式设置多级标题，使每级标题和正文均采用特定的文档格式，还要自动提取目录，通过分节为每一章节添加不同的页眉及页码，设置封面效果等。下面我们通过本案例来完成这一任务。

案例的排版效果如图 3-92 所示。

图 3-92 "毕业论文"排版效果

案例实施

1．打开文档并另存

步骤1：打开毕业论文素材文档。

步骤2：单击【文件】→【另存文件】按钮，在【另存文件】对话框中以自己所在班级+姓名为文件名，将文档保存在桌面上。

2．设置页面

步骤1：单击【页面布局】选项卡中的第一个对话框启动器按钮，打开【页面设置】对话框。如图3-93所示。

步骤2：在【纸张】选项卡中设置纸张大小为A4。

步骤3：在【页边距】选项卡中设置上、下页边距为2.5厘米，左、右页边距为2厘米，纸张方向为纵向。

步骤4：在【版式】选项卡中设置页眉页脚距边界为1.5厘米。

步骤5：单击【确定】按钮。

3．插入分节符

需要分节的内容：封面，摘要，目录，正文（每一章单独为一节），致谢，参考文献。

步骤1：单击【开始】选项卡的【显示/隐藏段落标记】按钮，显示段落标记。

步骤2：将光标置于封面最后一行，单击【页面布局】选项卡的【分隔符】按钮，在下拉列表中选择【下一页分节符】命令。

图3-93 【页面设置】对话框

此时在封面内容的最后一行即插入了一个分节符。如图3-94所示。

图3-94 插入的分节符

步骤3：用同样的方法在摘要、目录、正文的每一章、致谢及参考文献页面内容的最后分别插入分节符。

4．定制毕业论文样式

本例需要定义4个样式，分别是正文、标题1、标题2、标题3，每个样式的要求见毕业设计论文撰写格式要求。为操作方便，这里直接对原有的样式进行修改。

步骤1：单击【开始】选项卡的【样式】下拉按钮，在下拉列表中右键单击【正文】样式，再单击【修改样式】命令，打开【修改样式】对话框，如图3-95所示。

图 3-95 【修改样式】对话框

步骤 2：在对话框中修改正文格式，字体为宋体、小四，数字和英文为 Times New Roman；行距为固定值 20 磅；首行缩进 2 个字符。

步骤 3：修改完成后单击【确定】按钮。

步骤 4：用同样的方法按照"毕业设计论文撰写格式要求"，对标题 1、标题 2、标题 3 的样式进行修改，完成后单击【确定】按钮。

5. 应用样式设置毕业论文格式

步骤 1：按住 Ctrl+A 组合键选中全文。

步骤 2：在【开始】选项卡中单击【样式】列表中的【正文】样式，则全文变为【正文】定义的样式。

步骤 3：选中摘要页的标题"摘要"二字。

步骤 4：在【开始】选项卡中单击【样式】列表中的【标题 1】样式，标题"摘要"即变为【标题 1】定义的样式。

使用上述方法，为全文中所有的各级标题应用样式。一级标题应用【标题 1】样式，二级标题应用【标题 2】样式，三级标题应用【标题 3】样式。

样式被修改之后，原来应用该样式的所有文字或段落自动更新为修改后的样式。

6. 创建目录

应用样式定义好文档的各级标题后，便可以制作毕业论文的目录了。

具体操作步骤如下。

步骤 1：将光标定位在标题"目录"下的空行。

步骤 2：单击【引用】选项卡的【目录】下拉按钮，选择【自定义目录】选项，弹出【目录】对话框。

步骤 3：在【显示级别】中指定目录中显示的标题层次为 3，选中【显示页码】、【页码右对齐】和【使用超链接】三个复选框。

步骤 4：设置好后单击【确定】按钮，则在目录页生成目录。

步骤 5：选中全部目录内容，设置字体、字号及行距等格式。

生成目录之后，如果用户对文档内容进行了修改，可以利用目录的更新功能，快速地重新生成调整后的新目录。

7．插入页眉

为各节插入页眉，页眉内容为各节的一级标题，封面没有页眉。

步骤 1：将光标定位在"摘要"页，单击【插入】选项卡的【页眉和页脚】按钮，进入页眉编辑区。

步骤 2：在【页眉和页脚】选项卡中关掉【同前节】的链接按钮，在光标所在位置输入页眉内容"摘要"，居中对齐。

步骤 3：在【页眉和页脚】选项卡中单击【页眉横线】下拉按钮，在下拉列表中选择细实线。如图 3-96 所示。

图 3-96　编辑页眉

步骤 4：使用上述方法，为每一节插入页眉。（注意，输入页眉文字之前一定要先关掉【同前节】按钮）

8．插入页码

设置页码：封面没有页码，摘要和目录页码用罗马数字连续编写，正文页码用阿拉伯数字，从 1 开始连续编写，页码置于页脚中部。

步骤 1：将光标定位在"摘要"页，单击【插入】选项卡的【页码】按钮，打开页码的【预设样式】列表，如图 3-97 所示。

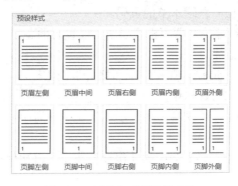

图 3-97　页码的【预设样式】

步骤 2：选择列表里的页脚中间样式，则在页脚中间处插入页码，如图 3-98 所示。

图 3-98　【页脚】编辑区

步骤 3：在页脚编辑区，单击上面的【重新编号】下拉按钮，将页码编号设为"1"，单击右侧的"√"。如图 3-99 所示。

步骤 4：在页码编辑区，单击【页码设置】下拉按钮，在【样式】下拉列表框中选择罗马数字样式，在【应用范围】中选择"本节"，如图 3-100 所示。

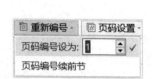

图 3-99　修改页码编号　　　　　　　图 3-100　修改页码样式

步骤 5：使用上述方法修改"目录"页的页码为罗马数字"Ⅱ"。

步骤 6：将光标定位于正文第一页页码编辑区，单击【重新编号】下拉按钮，将页码编号设为"1"，单击右侧的"√"。再单击上面的【页码设置】下拉按钮，在【样式】下拉列表框里选择阿拉伯数字样式，在【应用范围】中选择"本节及之后"。

9. 设置封面的格式

步骤 1：将光标定位在封面页，双击页眉进入页眉编辑区，将封面的页眉删除。

步骤 2：双击页脚进入页脚编辑区，单击页码上面的【删除页码】下拉按钮，在弹出的列表中选择【本节】选项，删除本节的页码。

步骤 3：按照"毕业设计论文撰写格式要求"设置封面各部分文字格式。

标题：黑体、三号、居中。

毕业设计报告：隶书、50 磅、居中，下面插入学校徽标。

论文名称：宋体、小二号、居中。

作者信息：表格居中，表中文字宋体、小四号、中部居中对齐。

日期：居中。

最后单击【快速访问工具栏】项中的【保存】按钮，再次保存文档。

【扩展任务】

制作一份如图 3-101 所示的长文档，具体要求如下：

（1）打开"长文档扩展任务素材.wps"文档，设置如下格式。

（2）全文采用自定义 32cm×23cm 纸张，横向用纸。

（3）设置文档的章标题——标题 1 的样式：宋体，二号，加粗，段前 1.5 行，段后 1.5 行，单倍行距，居中对齐。

（4）设置节标题（如 1.1）——标题 2 的样式：黑体，小二号，加粗，段前 0.5 行，段后 0.5 行，2 倍行距，左对齐。

（5）小节标题（如 1.1.1）——标题 3 的样式：黑体，小三号，加粗，段前 20 磅，段后 20 磅，15 磅行距，左对齐。

（6）设置正文：宋体，小四号，首行缩进 2 个字符，1.3 倍行距。

（7）将全文分为两栏，栏间距为 3 个字符。

（8）在素材第 2 页中"指定图 4.1 位置"插入提供的素材"图 1.jpg"，高、宽都为 4.5 厘米，居中。

（9）在文档最前面插入一页封面页，内容及格式如"样例.pdf"所示。其中"作者："后面填写上本人姓名，日期是插入的日期域。

（10）生成目录：

① 如"样例.pdf"所示，在相应位置自动生成文档目录，其中目录格式要求：一级黑体、四号字；二级宋体、小四号，加粗；三级宋体、小四号；行间距为 1.5 倍。

② 如"样例.pdf"所示，在相应位置自动生成图表目录，要求：宋体、小四，行间距为 1.5 倍。

（11）为文档插入页眉和页脚，其中奇数页页眉为"WPS 高级应用"，偶数页页眉为"第 4 章 Excel 电子表格软件"，页眉格式如"样例.pdf"所示；在页脚插入页码，设置奇数页页码左对齐，偶数页页码右对齐。

图 3-101　长文档的效果

任务六　页面设置与打印输出

【任务目标】

➢ 掌握页面设置的方法。

➢ 掌握打印设置的方法。

➢ 能正确进行打印输出。

【任务描述】

制作一个文档，不仅要对其中的内容进行编辑和排版，还要对整个页面的版式进行设计，使版面美观、布局合理。文档处理完之后，往往还要打印出来，以纸质的形式保存或传递。这就要求打印之前进行页面设置，预览打印效果，满意之后再进行打印。

【知识储备】

3.6.1　页面设置

在打印文档之前，首先要进行页面的设置。通过页面设置，对页边距、纸张类型、版式、文档网络等进行设定，以达到预期的效果。

单击【页面布局】选项卡中的第一个对话框启动器按钮，打开【页面设置】对话框。

1．设置页边距

页边距是指页面四周的空白区域。页面上除去四周的空白区域，剩下的以文字和图片为主要组成部分的中心区域就是版心。通常情况下，主要在版心区域内输入文字和插入图形。然而，也可以将某些项目放置在页边距区域中，如页眉、页脚和页码等。

页边距是通过【页面设置】对话框中的【页边距】选项卡来设置的，如图 3-102 所示。具体操作步骤如下：

步骤 1：在【页面设置】对话框中单击【页边距】选项卡。

步骤 2：若要自定义页边距，则在"上""下""左""右"的数值框中分别输入页边距的数值，单击【确定】按钮即可。

步骤 3：若需要装订，还可以设置装订线的位置和装订线宽。

步骤 4：在此选项卡中，还可以设置打印的方向。默认情况下，打印文档采用的是纵向，也可以设置为横向打印。

2．设置纸张大小

切换到【纸张】选项卡，可以在【纸张大小】的下拉列表中选取纸张的规格。

WPS 文字内置了多种纸张规格，用户可根据需要进行选择。通常使用的纸张有 A3、A4、B4、B5、16 开等多种规格，也可以自定义纸张大小，如图 3-103 所示。

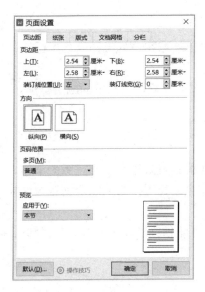

图 3-102 【页边距】选项卡　　　　　　　图 3-103 【纸张】选项卡

3. 设置页眉和页脚

如果文档的页眉或页脚需要在奇数页和偶数页有不同的显示，则在【页面设置】对话框中切换到【版式】选项卡，在【页眉和页脚】组中设置【奇偶页不同】和【首页不同】项。在【距边界】数值框中可以设置页眉、页脚距边界的距离。如图 3-104 所示。

设置好后单击【确定】按钮即可。

4. 设置文字排列方向和网格

WPS 文字中的文字排列方向并不是只能设置为横向，用户可在【页面设置】对话框中控制文字的排列方向及每一行的字符数和每一页的行数。具体设置方法如下。

步骤 1：在【页面设置】对话框中选择【文档网格】选项卡，如图 3-105 所示。

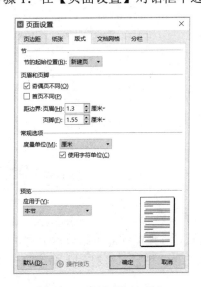

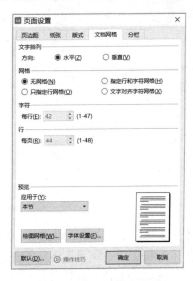

图 3-104 【版式】选项卡　　　　　　　图 3-105 【文档网络】选项卡

步骤 2：在【文字排列】选项区设置文字的排列方向。

步骤 3：在选项区选择【指定行和字符网格】单选按钮，为文档设置每行的字符数和跨度，以及每页的行数和跨度。

步骤 4：在【应用于】下拉列表框中选择当前页面设置在文档中的应用范围。

步骤 5：单击【确定】按钮。

3.6.2 打印输出

一般来说，一篇文档输入完毕以后，要对页面的设置效果和文档排版的整体效果进行预览，如果有不满意的地方，可以返回到编辑状态重新设置，直到完全满意。这样不但可以节约纸张，还可以节约时间。

在将已经编辑好的文档打印输出时，可以使用打印预览功能事先看到文档的打印效果，确认无误后再正式打印。

1. 打印预览

查看打印预览的方法如下。

方法一：单击【快速访问工具栏】中的【打印预览】按钮，进入【打印预览】视图，同时激活新的选项卡【打印预览】，如图 3-106 所示。

方法二：单击【文件】菜单，在下拉菜单中选择【打印】→【打印预览】选项，也可进入【打印预览】视图。

在【打印预览】中可以设置显示的比例，以便从整体上观察文档打印效果。

图 3-106 【打印预览】视图

在【打印预览】视图中可以进行相应的打印设置，对预览的显示结果满意后，单击【直接打印】下拉按钮，选择【直接打印】命令打印出文档，或选择【打印】命令打开【打印】对话框，设置打印参数后再进行打印。

若用户对打印预览的显示结果不满意，可单击【关闭】按钮，返回页面视图重新进行编辑和设置。

2. 打印设置

预览结果满意后，单击【快速访问工具栏】中的【打印】按钮，打开【打印】对话框，如图 3-107 所示。

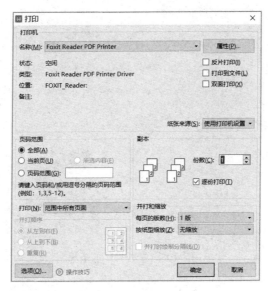

图 3-107 【打印】对话框

在【打印机】下拉列表中可选择打印机型号。在【页码范围】区，可设置打印的页码范围：全部、当前页或指定页码范围，例如，要打印文档的第 1 页、第 3 页和第 5～12 页，可输入"1，3，5-12"。

默认情况下为"单面打印"，如果需要在纸张的正反两面都打印文档，则选中【双面打印】复选框。在【份数】框中输入需要打印的份数。

还可以设置打印方向、页边距、每页打印的版数等。

如果需要缩放打印，可以在【按纸型缩放】框中单击下拉按钮，在下拉列表中选择需要缩放的纸张大小。

【案例实践】

新冠肺炎疫情期间，作为在校大学生，每个同学都要积极做好个人防护。怎样正确预防病毒感染呢？为了让同学们了解更多知识，学生会准备制作宣传单，把资料打印出来张贴在学校宣传栏里。本案例引导学生在打印文档前正确进行页面设置和打印设置。页面设置主要设置纸张大小、页边距和纸张方向，打印机设置主要是选择正确连接的打印机的名称、打印范围和打印份数。熟练进行页面设置和打印设置是办公文秘人员的基本技能。

文档打印的效果如图 3-108 所示。

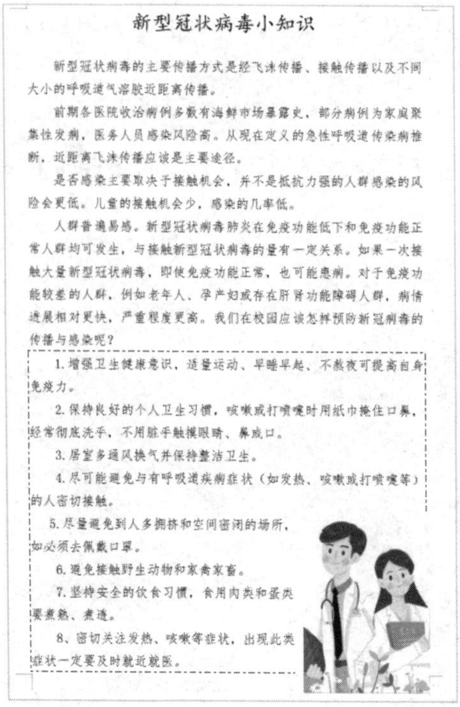

新型冠状病毒小知识

新型冠状病毒的主要传播方式是经飞沫传播、接触传播以及不同大小的呼吸道气溶胶近距离传播。

前期各医院收治病例多数有海鲜市场暴露史，部分病例为家庭聚集性发病，医务人员感染风险高。从现在定义的急性呼吸道传染病推断，近距离飞沫传播应该是主要途径。

是否感染主要取决于接触机会，并不是抵抗力强的人群感染的风险会更低。儿童的接触机会少，感染的几率低。

人群普遍易感。新型冠状病毒肺炎在免疫功能低下和免疫功能正常人群均可发生，与接触新型冠状病毒的量有一定关系。如果一次接触大量新型冠状病毒，即使免疫功能正常，也可能患病。对于免疫功能较差的人群，例如老年人、孕产妇或存在肝肾功能障碍人群，病情进展相对更快，严重程度更高。我们在校园应该怎样预防新冠病毒的传播与感染呢？

1.增强卫生健康意识，适量运动、早睡早起，不熬夜可提高自身免疫力。

2.保持良好的个人卫生习惯，咳嗽或打喷嚏时用纸巾掩住口鼻，经常彻底洗手，不用脏手触摸眼睛、鼻或口。

3.居室多通风换气并保持整洁卫生。

4.尽可能避免与有呼吸道疾病症状（如发热、咳嗽或打喷嚏等）的人密切接触。

5.尽量避免到人多拥挤和空间密闭的场所，如必须去佩戴口罩。

6.避免接触野生动物和家禽家畜。

7.坚持安全的饮食习惯，食用肉类和蛋类要煮熟、煮透。

8、密切关注发热、咳嗽等症状，出现此类症状一定要及时就诊就医。

图 3-108 文档打印的效果

案例实施

1．打开文档并另存文件

步骤 1：打开任务六素材文档。

步骤 2：单击【文件】→【另存文件】按钮，在【另存文件】对话框中以自己所在班级+姓名为文件名，将文档保存在桌面上。

2．文档格式设置

步骤 1：单击【开始】选项卡的【字体】组中的工具按钮，设置标题为：楷体、二号，正文为：仿宋、四号。

步骤 2：单击【段落】对话框启动器按钮，打开【段落】对话框，设置标题为"居中对齐"、"段后间距 1 行"；正文为"首行缩进 2 个字符"、行间距为"固定值 24 磅"。

步骤 3：选中最后 8 个段落，单击【开始】选项卡的【段落】组中的【边框】下拉按钮，选择【边框和底纹】命令，打开【边框和底纹】对话框。

步骤 4：在【设置】区选择方框，【线型】列表中选择虚线，【颜色】选择红色，【宽度】选择 1.5 磅，【应用于】选择段落，单击【确定】按钮。

步骤 5：在文中插入一张素材图片，设置环绕方式为四周型，调整图片大小到适中，并将其放到页面右下角恰当位置。

3．页面设置

步骤 1：单击【页面布局】选项卡中的第一个对话框启动器按钮，打开【页面设置】

对话框。

步骤 2：在【纸张】选项卡中设置纸张大小为 A4。

步骤 3：在【页边距】选项卡中设置上、下页边距为 2.5 厘米，左、右页边距为 3.0 厘米，纸张方向为纵向。

步骤 4：在【版式】选项卡中设置页眉页脚距边界为 1.5 厘米。

步骤 5：单击【确定】按钮。

4. 打印设置

步骤 1：单击【快速访问工具栏】项中的【打印预览】按钮 🔍，进入【打印预览】视图。

步骤 2：预览结果满意后，单击【快速访问工具栏】项中的【打印】按钮 🖨，打开【打印】对话框。

步骤 3：在【打印】对话框中单击【打印机】下面的【名称】下拉按钮，选择已连接的打印机名称。

步骤 4：在页码范围区域设置要打印的页码范围，在份数框中设置打印份数。

步骤 5：单击【确定】按钮，开始打印。

【扩展任务】

对文档"职工工资表"进行简单编辑，并进行页面设置和打印设置后打印输出。如图 3-109 所示，具体要求如下：

（1）设置标题及表格基本格式，表格标题与表格均居中对齐。

（2）在【页面设置】对话框中设置页边距为上、下为 2.2 厘米，左、右为 2 厘米，纸张方向为横向。

（3）设置纸张大小为"自定义大小"：宽度为 25 厘米，高度为 19 厘米。

（4）在【版式】选项卡中设置页眉页脚距边界 1.5 厘米。

（5）单击快速访问工具栏里的【打印】按钮，在【打印】对话框中选择已连接的打印机型号，设置页码范围为当前页，打印份数为 10 份。

（6）在【并打和缩放】组的【按纸型缩放】下拉列表中选择缩放为 A4 纸打印。

职工工资表

序号	姓名	性别	职称	基本工资	津贴	工资总额	交税	公积金	实发工资
1	张新鑫	男	副教授	2200	880	3080	4	308	2768
2	周 南	男	副教授	2200	880	3080	4	308	2768
3	王雨燕	女	副教授	2800	760	3560	28	356	3176
4	周一宇	男	副教授	2560	870	3430	21.5	343	3065.5
5	许国华	男	讲师	1580	650	2230	0	223	2007
6	吴新敏	男	讲师	1900	680	2580	0	258	2322
7	李 浩	男	教授	3200	1090	4290	64.5	429	3796.5
8	张 琴	女	副教授	2400	800	3200	10	320	2870
9	刘家强	男	讲师	1600	650	2250	0	225	2025
10	李昌兴	男	教授	3380	970	4350	67.5	435	3847.5
11	陈莉苏	女	副教授	2600	800	3400	20	340	3040
12	张小静	女	讲师	1600	630	2230	0	223	2007
13	邱 慧	女	讲师	1460	660	2120	0	212	1908
14	尹志平	男	副教授	2280	760	3040	2	304	2734
15	于小伟	男	副教授	2590	760	3350	17.5	335	2997.5
16	欧阳周	女	副教授	2580	840	3420	21	342	3057
17	黄 蓉	女	讲师	1500	600	2100	0	210	1890
18	刘金柱	男	教授	3200	980	4180	59	418	3703
19	叶 静	女	教授	4180	980	5160	108	516	4536
20	肖小羚	女	助教	1000	500	1500	0	150	1350

图 3-109　工资表打印效果

项目 4　WPS 表格 2019 的使用

WPS 表格 2019 是 WPS Office 办公软件的核心组件之一。使用 WPS 表格可以编制出各种具有专业水准的电子表格，为实现办公自动化奠定坚实的基础。WPS 表格提供了一个完整的环境，可以自定义公式并利用函数进行从简单的加减乘除到复杂的财务统计分析运算。在 WPS 表格中可以轻松建立一份具有专业外观的图表，清楚显示数据的大小和变化情况，并能快速预测数据变化趋势。WPS 表格具有强大的数据管理功能，它不但能处理简单的数据表格，还能处理复杂的数据库，对数据库中的数据进行排序、筛选、分类汇总及分析显示等操作。

【项目目标】

> **知识目标**

1. 理解 WPS 表格菜单、功能区、工作表、单元格等的概念和作用。
2. 掌握 WPS 表格公式和函数的基本概念。
3. 理解 WPS 表格数据分析的概念，掌握排序、筛选、分类汇总、数据透视表等概念，并能够利用这些功能进行数据分析。

> **技能目标**

1. 能够利用 WPS 表格创建工作簿、工作表并进行单元格操作。
2. 能够对 WPS 表格进行格式设置。
3. 能够利用 WPS 表格实现数据计算、数据分析和数据统计。
4. 能够利用 WPS 表格的图表进行数据比较和分析。
5. 能够完成 WPS 表格页面设置和打印。

任务一　WPS 表格基本操作和数据录入

【任务目标】

> 认识 WPS 表格的工作界面。
> 掌握创建工作簿的方法。
> 掌握工作表的基本操作。
> 能够进行行、列和单元格的操作。
> 能够快速录入和编辑数据。

【任务描述】

学习 WPS 表格的使用，从认识 WPS 表格工作界面开始。本任务将使学生掌握 WPS 表格的基本概念和基本操作，学会数据录入和编辑。

【知识储备】

4.1.1 认识 WPS 表格 2019

双击桌面上的 WPS Office 图标或者选择【开始】→【WPS Office】命令，打开 WPS 窗口。单击左侧的【新建】按钮，在弹出的选项卡中选择【表格】选项，在下方的推荐模板中选择【新建空白文档】，如图 4-1 所示，即可创建一个空白工作簿。

图 4-1　新建 WPS 表格文件

1. 工作界面

WPS 表格 2019 的工作界面主要由【首页】菜单、标题栏、快速访问工具栏和选项卡等组成，如图 4-2 所示。

（1）【首页】菜单

单击【首页】菜单可以新建不同类型的 WPS 文件，还可以选择【从模板新建】、【打开】、【文档】和【日历】等操作。在【文档】中汇总了最近使用过的文件和常用的访问位置，用户可以快速进行查看和定位。

（2）标题栏

标题栏位于窗口顶部，用来显示 WPS 表格菜单及当前工作簿文档名，标题栏右侧有三个按钮，从左到右依次是【最小化】【最大化/还原】【关闭】。

（3）快速访问工具栏

快速访问工具栏包含了 WPS 表格最常用的【保存】、【输出为 PDF】、【打印】、【打印预览】、【撤销】和【恢复】按钮，用户也可以单击右方的 ⊡ 按钮自定义快速访问工具栏。

（4）选项卡和功能区

选项卡和功能区是 WPS 的控制中心，每一个选项卡对应的操作平台就是功能区，它由工具组和工具按钮组成。每个工具按钮分别代表不同的操作指令，对应相应的操作。功能区可以通过按钮 ∧ 隐藏起来，以扩大工作表的编辑空间。

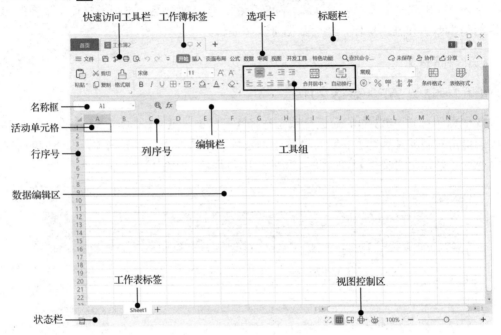

图 4-2　WPS 表格 2019 的工作界面

（5）数据编辑区

数据编辑区用来输入或编辑当前单元格的值或公式，包括名称框、按钮和编辑栏三部分。

（6）编辑区

编辑区是 WPS 表格的主要场所，包括行号、列号、单元格、工作表标签等。

（7）状态栏

状态栏显示当前工作表和单元格中的相关信息。在状态栏的任意区域单击右键，可在弹出的快捷菜单中选择要显示的公式和数值格式。

（8）视图控制区

视图控制区位于状态栏的右侧，用于显示文档的视图模式和缩放比例等内容。

◆【全屏显示】按钮：用于全屏显示当前工作簿。按 Esc 键可以退出全屏显示模式。

◆【普通视图】按钮：WPS 表格的默认视图，在其中可以输入数据、筛选数据、制作图表及设置格式等。

◆【分页预览】按钮：分页预览视图可以按照打印方式显示工作表编辑区，可通过左右或上下拖动虚线框来移动分页符。

◆【阅读模式】按钮：单击该按钮将切换到阅读模式。单击该按钮右侧的下拉按钮，在打开的下拉列表中选择一种提示颜色，活动单元格所在的行和列均用该颜色高亮显示。

◆【护眼模式】按钮：在此模式下，工作表编辑区界面底纹将显示为绿色，用于保护视力。

2．基本概念

在 WPS 表格中，单元格、工作表与工作簿是三个最基本的概念，也是最重要的操作对象，三者之间相互区别又紧密联系。

（1）工作簿

一个 WPS 表格文件就是一个工作簿，用来保存表格内容，其文件的扩展名是.et（也可保存为 Microsoft Excel 文件的类型.xlsx）。一个工作簿中可以包含一个或多个工作表。

（2）工作表

工作表是处理和存储数据的主要场所。工作表以工作表标签的形式显示在工作表编辑区底部，方便用户在不同工作表之间切换，其默认名称为 Sheet1、Sheet2、Sheet3。

（3）单元格

单元格是工作表中行列交汇处的区域，它是 WPS 表格的基本操作单元，用于存储数据和公式。一个工作表可以包含最多 1048576×16384 个单元格。单元格用列标和行号表示。例如，B5 代表 B 列第 5 行单元格。

在工作表中正在使用的单元格周围有一个绿色粗线方框，该单元格被称为当前单元格或活动单元格，用户当前进行的操作都是针对活动单元格的，活动单元格的数据同步显示在编辑栏中。

多个连续的单元格称为"单元格区域"，使用对角线的两个单元格地址来表示。例如，B2:D5 表示 B2 单元格与 D5 单元格之间的单元格区域，如图 4-3 所示。

多个不连续的单元格中间用半角逗号分隔，如 A1,B5,D6 表示 A1、B5 和 D6 三个单元格。

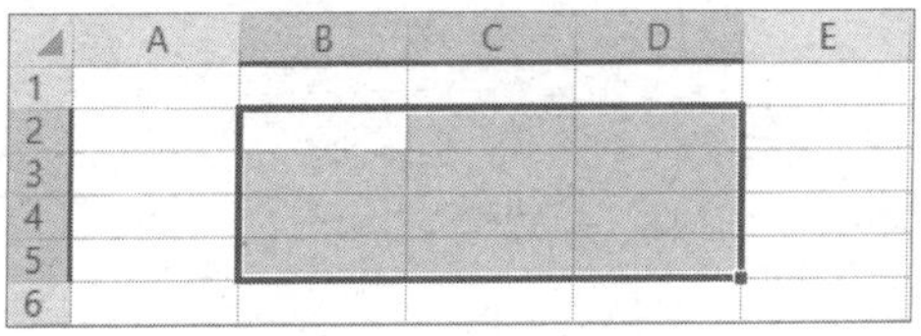

图 4-3　单元格区域

4.1.2　工作簿的基本操作

1．新建工作簿

创建新工作簿的方法主要有以下几种。

方法一：单击【工作簿标签】右侧的【新建标签】按钮 +。

方法二：单击【文件】→【新建】菜单项，选择【表格】选项，单击【新建空白文档】命令。

方法三：单击【首页】→【新建】菜单项，选择【表格】选项，单击【新建空白文档】命令。

除了创建空白工作簿，还可以使用模板创建工作簿，具体的步骤如下。

步骤 1：单击【文件】菜单。

步骤 2：选择【文件】菜单中【新建】项的子菜单。

步骤 3：选择【本机上的模板】选项，打开【模板】对话框，如图 4-4 所示，选取一种模板，单击【确定】按钮，即可根据该模板新建一个工作簿。

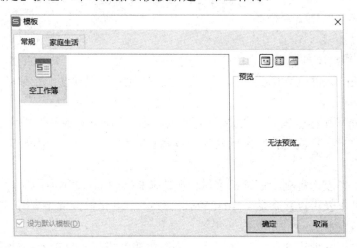

图 4-4 【模板】对话框

2. 保存工作簿

WPS 表格保存工作簿的方法与 WPS 文字类似。

（1）首次保存

创建新工作簿后，选择【文件】→【保存】按钮，或在快速工具栏中单击【保存】按钮 即可打开【另存文件】对话框，选择文件的保存位置，指定文件名，单击【保存】按钮完成操作。如图 4-5 所示。

图 4-5 【另存文件】对话框

（2）保存已有工作簿

对于已经保存过的工作簿，既可以将其保存在原来的位置，也可以将其另存在别的位置。如果希望保存在原来的位置，只需在快速工具栏中单击【保存】按钮即可。

如果要将其保存到别的位置，可以选择【文件】→【另存文件】命令，打开【另存文件】对话框，重新设置文件保存位置和文件名后，单击【保存】按钮完成另存操作。

3．打开工作簿

打开工作簿的方法主要有以下几种。

方法一：双击 WPS 表格文件图标将其打开。

方法二：单击左上角【首页】或【文件】菜单→【打开】命令，在弹出的【打开】对话框中选中要打开的文件，单击【打开】按钮将其打开。

方法三：使用 Ctrl+O 组合键调出【打开】对话框。

方法四：单击【首页】或【文件】菜单，从【最近使用】文件列表中单击近期使用过的文件。

4．关闭工作簿

在完成任务后可以按照以下方法关闭工作簿。

方法一：单击窗口右上角的【关闭】按钮，关闭所有打开的工作簿并退出软件环境。

方法二：单击工作簿标签中的【关闭】按钮，关闭当前文件。

5．分享工作簿

WPS 表格可以将保存过的文件分享给其他用户，供其查看或编辑。操作步骤如下。

步骤 1：打开要分享的文件。

步骤 2：选择【文件】→【分享】命令，弹出分享设置的界面，如图 4-6 所示。

图 4-6　文件分享设置

步骤 3：选择分享权限和范围，单击【创建并分享】按钮。

步骤 4：单击【复制链接】命令，把链接发给其他用户，完成文件分享。

4.1.3 工作表的基本操作

一个工作簿中可以包含多个工作表，在对工作表操作之前，首先需要选中操作对象。

1．选择工作表

（1）选择单个工作表

在工作表编辑区底部的工作表标签上单击任意一个标签，即可选中一个工作表。

（2）选中一组相邻的工作表。

单击第一个工作表标签，然后按住 Shift 键单击最后一个工作表标签，可以选中两者之间的所有工作表。

（3）选择多个不相邻的工作表

选取一个工作表标签，按住 Ctrl 键的同时单击其他工作表标签，可以选中这些不相邻的工作表。

（4）选中工作簿中的全部工作表

在任意一个工作表标签上单击鼠标右键，在弹出的快捷菜单中选择【选定全部工作表】命令。

2．添加与删除工作表

（1）添加工作表

单击工作表标签右侧的【插入工作表】按钮，或右击工作表标签，在快捷菜单中选取【插入】命令，弹出【插入工作表】对话框，设置插入工作表的数量及插入位置，如图 4-7 所示。

（2）删除工作表

在工作表标签位置右击，在弹出的快捷菜单中选择【删除工作表】命令，即可删除选定的工作表。

添加和删除工作表除了上面的方法，还可以在【开始】选项卡的【编辑】工具组中单击【工作表】下拉按钮，从弹出的下拉列表中选取相应命令，如图 4-8 所示。

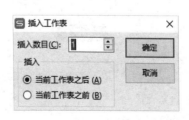

图 4-7 【插入工作表】对话框

图 4-8 【工作表】按钮下拉列表

3．移动和复制工作表

可以在当前工作簿中移动和复制工作表，还可以将工作表移动或复制到其他工作簿中。

（1）在当前工作簿中移动和复制工作表

选中要移动的工作表的标签，按住左键向左或向右拖动，即可移动工作表。移动操作时按下 Ctrl 键即代表进行复制操作。

（2）将工作表移动和复制到其他工作簿

具体操作步骤如下。

步骤 1：打开目标工作簿。

步骤 2：在需操作的工作表的标签上单击右键，选择【移动或复制工作表】命令，如图 4-9 所示。

步骤 3：在弹出的【移动或复制工作表】对话框中，在【工作簿】列表框中选择目标工作簿，在【下列选定工作表之前】列表框中选择工作表的放置位置，如图 4-10 所示。

图 4-9　工作表标签右键快捷菜单　　　图 4-10　【移动或复制工作表】对话框

步骤 4：如果需复制工作表，则选中【建立副本】复选框。

步骤 5：单击【确定】按钮完成设置。

4．工作表的重命名

重命名工作表可以方便直观地了解工作表的内容。有下面三种方法可以重命名工作表。

（1）使用右键快捷菜单

在工作表标签上单击鼠标右键，在弹出的快捷菜单中选择【重命名】命令，输入新的工作表名称。

（2）双击工作表标签

双击工作表标签，在标签中输入新的工作表名称并确认完成重命名。

（3）使用工具按钮

选择【开始】选项卡的【编辑】组中的【工作表】按钮，在弹出的下拉列表中选择【重命名】按钮，如图 4-11 所示。

插入和删除工作表、移动或复制工作表操作也可以通过在此下拉列表中选择命令进行。

5．设置工作表标签的颜色

为了突出显示特定的工作表，可以为其标签设置特殊的颜色。方法是在需要更改颜色的工作表标签上单击右键，在弹出的快捷菜单中选择【工作表标签颜色】命令，在弹出的【主题颜色】面板中选择一种颜色即可，如图 4-12 所示。

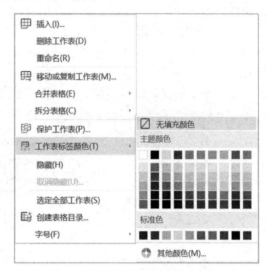

图 4-11 【重命名】工作表选项　　　　图 4-12 设置工作表标签颜色

6．拆分工作表窗口和冻结窗格

在对大型表格进行编辑时，由于屏幕所能查看的范围有限而无法做到数据的上下、左右对照，此时可利用 WPS 表格的拆分窗口和冻结窗格功能对表格进行分割，以便同时观察或编辑表格的不同部分。

（1）冻结窗格

冻结窗格是使表格的一部分在滚动条滚动时始终可见，WPS 表格允许冻结工作表的首行、首列或其他任意位置。其操作步骤如下。

步骤 1：选定工作表的某一单元格。

步骤 2：单击【视图】选项卡的【窗口】组中的【冻结窗格】命令，则选定单元格的上方和左方的区域被锁定。

（2）拆分窗口

拆分窗口可以帮助用户查看工作表中分隔较远的部分，有以下两种方法可以拆分窗口。

方法一：单击【视图】选项卡【窗口】组中的【拆分窗口】命令，当前工作表的窗口从活动单元格左上角位置起被拆分为 4 个大小可调的窗格。

方法二：将鼠标指针移到窗口垂直滚动条上方的水平拆分按钮 ▤ 上，向下拖动鼠标至适当的位置松开，即可在该位置生成一水平拆分条，将窗格拆分为上下两部分。同样，拖动窗口水平滚动条两侧的水平拆分按钮 ▯，可生成一垂直拆分条，将窗格分为左右两部分。

双击拆分条或单击【视图】选项卡中【窗口】组的【取消拆分】命令，可取消拆分。

4.1.4　行与列的操作

在工作表中处理数据时，有些场合需要对整行或整列数据进行操作，这时就要先选择行或列。

1．选择行与列

（1）选择单行或单列

将光标指针放到该行（列）的行（列）号上，待指针变为箭头时，单击左键即可选中整行（列）。

（2）选择连续行或列

按下鼠标并移动经过要选择的行（列）的行（列）号就可实现连续选择。如果需要选择的行（列）比较多，可以按下面的步骤操作。

步骤 1：单击需选择的行（列）区域第一行（列）的行（列）号。

步骤 2：按住 Shift 键，单击连续行（列）区域最后一行（列）的行（列）号。

（3）选择不连续的行或列

如果要选择不连续的多行（列），可以按住 Ctrl 键，依次选取需要选定的行（列）。

2．插入行与列

插入行（列）的操作步骤如下。

步骤 1：选定要插入的一行（列）或多行（列）。

步骤 2：选择【开始】选项卡的【编辑】组中的【行和列】命令，在弹出的菜单中选择【插入单元格】→【插入行】或【插入列】命令，如图 4-13 所示。

图 4-13　插入行（列）

3．删除行与列

删除行（列）只需选择要删除的行（列），单击【开始】选项卡的【编辑】组中的【行和列】命令，在弹出的菜单中选择【删除单元格】→【删除行】或【删除列】命令即可。

行与列的插入与删除，除了使用【开始】选项卡操作，还可以在选定后通过右键快捷菜单来完成。

4．调整行高与列宽

在工作中如果需要大致调整行高与列宽，可以将鼠标指针放到行号（列号）按钮之间，指针形状变成 ⊞（⊞）后拖动即可。

如果对于行高和列宽有精确尺寸要求，则按下列操作步骤进行。

图 4-14 【行高】对话框

步骤 1：选定行（列）。

步骤 2：选择【开始】选项卡的【编辑】组中的【行和列】命令，在弹出的菜单中选择【行高】（或【列宽】）命令。

步骤 3：在弹出的对话框中输入合适的数值，单击【确定】按钮，如图 4-14 所示。

4.1.5 单元格的操作

若要对单元格进行操作，必须先选定单元格。选定单元格的方法与 Windows 中选定文件或文件夹的方法类似。

1．选定单元格

（1）单击一个单元格，可以选定这个单元格。

（2）在要选定区域的左上角单元格按下左键拖动至该区域右下角的单元格，松开鼠标即可选定一组连续的单元格。

（3）单击要选定的第一个单元格，按住 Ctrl 键继续单击其他单元格，可以一次性选择多个不连续的单元格。

（4）单击要选定的第一个单元格，按住 Shift 键单击最后一个单元格，两个单元格之间的区域被选定。

（5）单击工作表编辑区左上角的全选按钮 ◢，可以选定该工作表中所有单元格。

2．移动与复制单元格

在工作表中，移动与复制单元格通常有两种方法。

（1）使用功能区按钮与快捷键

使用功能区按钮与快捷键移动与复制单元格的操作和 Windows 中移动和复制文件的操作相同。

（2）使用光标指针移动单元格

具体操作步骤如下。

步骤 1：选定需要移动的单元格或单元格区域。

步骤 2：将光标指针移动到选定区域的绿色边框上，其形状变为移动图标后，将其拖动到目标位置即可，如图 4-15 所示。

在步骤 2 拖动鼠标的同时按下 Ctrl 键即可实现复制操作。

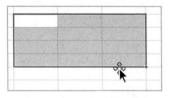

图 4-15 拖动单元格区域

3．清除单元格

选定单元格区域，按 Delete 键可以清除单元格中的内容，但单元格的格式不会改变。WPS 表格提供了 4 种清除单元格数据的选择：全部、格式、内容和批注。

选定单元格，单击【开始】选项卡的【格式】命令，在弹出的下拉菜单中选择【清除】→【内容】（【全部】/【格式】/【批注】）命令，如图4-16所示。

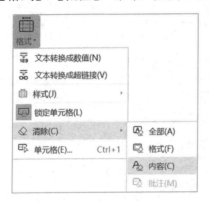

图4-16　清除单元格

4．插入与删除单元格

（1）插入单元格

插入单元格的步骤如下。

步骤1：选择要插入单元格的位置。

步骤2：单击右键，在快捷菜单中选择【插入】命令，在弹出的子菜单中选择相应的选项，如图4-17所示。

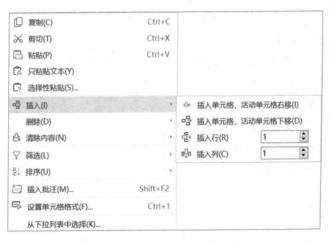

图4-17　插入单元格

步骤3：选择插入后活动单元格的位置。

此方法也适用于插入行和列。

（2）删除单元格

删除单元格的方法类似，仍然是先选定需删除的单元格并单击右键，在快捷菜单中选择【删除】命令，在弹出的子菜单中选择相应的选项，如图4-18所示。

此方法也适用于删除行和列。

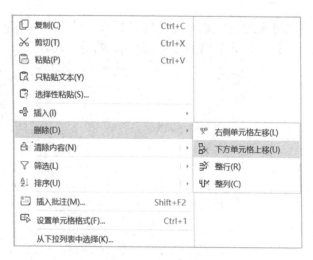

图 4-18　删除单元格

5. 合并与拆分单元格

（1）合并单元格

合并单元格可以使多个单元格合并为一个，WPS 表格支持多种合并方式。选定要合并的单元格区域，单击【开始】→【合并居中】下拉按钮，选择需要的合并方式即可完成合并，如图 4-19 所示。

（2）取消合并单元格

选定某个已经合并的单元格，再次单击【合并居中】按钮即可。

6. 为单元格添加批注

批注是附加在单元格中的辅助说明信息，可以帮助用户清楚地了解单元格内容的含义。

（1）添加批注

添加批注的步骤如下。

步骤 1：选中需要添加批注的单元格。

步骤 2：在【审阅】选项卡的【批注】工具组中单击【新建批注】按钮，在弹出的文本框中输入批注内容，如图 4-20 所示。

图 4-19　【合并居中】下拉列表

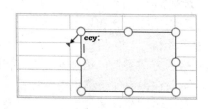

图 4-20　添加批注

步骤3：在工作表中单击批注文本框以外的区域，完成批注的添加。

添加批注的单元格右上角会出现一个红色小三角形标记。将鼠标指针移动到添加了批注的单元格上，即可看到批注信息。

（2）编辑批注

用户可以根据需要修改批注内容。选中需要编辑批注的单元格，在【审阅】选项卡的【批注】工具组中单击【编辑批注】按钮即可编辑批注。也可以在添加了批注的单元格上单击鼠标右键，在弹出的快捷菜单中选择【编辑批注】命令来编辑批注。

（3）删除批注

选中需要删除批注的单元格，在【审阅】选项卡的【批注】工具组中单击【删除批注】按钮或在添加了批注的单元格上单击鼠标右键，在弹出的快捷菜单中选取【清除内容】→【批注】命令即可删除批注。

4.1.6　数据录入

1．WPS表格常用数据

WPS表格中经常使用的数据有文本、数值、日期和时间等。

◆　文本

文本是指字母、汉字，或由任何字母、汉字、数字和其他符号组成的字符串，如"3号评委""计算机应用1班"等。文本不能进行数学运算。

◆　数值

数值具有运算功能，一般由数字0～9、加号、减号、小数点、分号"/"、百分号"%"、指数符号"E"或"e"（科学计数法）、货币符号"$"或"￥"和千位分隔符","等组成。

◆　日期和时间

日期和时间是一类特殊的数据，可以参与运算。日期的常用格式为"mm/dd/yy"或"mm-dd-yy"，时间的常用格式为"hh:mm(am/pm)"。

2．输入单元格数据

（1）输入文本

文本是最简单的数据类型，默认左对齐显示。在单元格中输入文本的方法如下。

步骤1：选中需要输入文本的单元格。

步骤2：在其中输入文本信息。

步骤3：按Enter键完成文本输入。

用户还可以在选中需要输入文本的单元格后单击编辑栏，在其中输入相应的内容。

（2）输入数值

在WPS表格中的数值默认形式为常规、右对齐显示。数值可以参与计算，输入数值时，+、−、( )、E、e、%、$等符号均应在英文状态下输入。

① 输入负数时，可以直接输入或将数值用括号括起来，例如，-123和(123)都表示-123。

② 输入分数时，应在分数前面加0和空格。例如，要输入$\frac{1}{5}$，应输入0 1/5，否则将

显示为 1 月 5 日。

③ 输入的数字作为文本处理时，在输入时应先输入一个英文单引号，如'646005。单引号表示其后的数字按文字处理，并使数字在单元格中左对齐。也可以将单元格格式设置为文本，再进行输入。

◆ 文本转换为数值

用户如果在单元格中输入身份证号码、电话号码等较长的数字时，WPS 表格 2019 会自动帮助用户识别为数字字符串，即文本格式，并且在单元格中默认为左对齐方式显示，如图 4-21 所示。

如果用户确实要使用数值进行计算，可以选择【开始】选项卡的【编辑】组中的【格式】命令，在下拉列表中选择【文本转换成数值】命令，如图 4-22 所示，较长的数值就会被转换成科学记数法显示。此时，图 4-21 中的数据显示为 5.10524E+17。

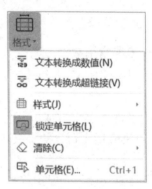

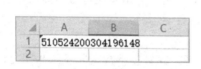

图 4-21　数字字符串　　　　图 4-22　【文本转换成数值】命令

◆ 文本转换成超链接

输入超链接格式文本或取消超链接后，可以使用该功能将其再转换成超链接。操作步骤如下。

步骤 1：选定要转换的单元格区域。

步骤 2：选择【开始】选项卡的【编辑】组中的【格式】命令，在下拉列表中选择【文本转换成超链接】命令，即可完成格式转换。

（3）输入日期和时间

WPS 表格提供了多种时间和日期格式。如果在单元格中输入的数据符合日期或时间的格式，软件会自动以日期或时间方式存储数据。

以 2021 年 2 月 10 日为例，下面几种日期输入方式都是正确的：2021-02-10、2021/02/10、21/02/10、10-Feb-21、10/Feb/21。

输入时间有以下几种方式：13:15、8:45AM、18 时 33 分、下午 3 时 20 分（AM 表示上午，PM 表示下午）。

如果同时输入日期和时间，中间要用空格分隔；如果要使用其他日期和时间格式，则要通过改变单元格格式的方法实现，将在后面介绍。

3．单元格填充

将光标移至活动单元格的右下角，会出现一个小黑十字 ✚ ，称为填充柄，通过拖动填充柄可以在其他单元格填充与活动单元格内容相关的数据，如序列数据或相同数据。其中，序列数据是指有规律地变化的数据，如日期、时间、月份、等差或等比数列。

（1）单元格内容是文本时，填充代表复制操作。

（2）单元格中的较小数值向下填充时默认以 1 为步长递增。如果希望使用其他步长，则输入两个数值后，选定两个单元格再填充，步长为两个数值之差。

（3）数值较大、超过 11 位时，自动改为文本型数值，填充代表复制操作。

（4）输入一些常用序列数据时，如图 4-23 所示，默认按序列填充。

```
Sun, Mon, Tue, Wed, Thu, Fri, Sat
Sunday, Monday, Tuesday, Wednesday, Thursday, Frid...
Jan, Feb, Mar, Apr, May, Jun, Jul, Aug, Sep, Oct, Nov, ...
January, February, March, April, May, June, July, Augus...
日, 一, 二, 三, 四, 五, 六
星期日, 星期一, 星期二, 星期三, 星期四, 星期五, 星期六
一月, 二月, 三月, 四月, 五月, 六月, 七月, 八月, 九月, 十月, ...
第一季, 第二季, 第三季, 第四季
正月, 二月, 三月, 四月, 五月, 六月, 七月, 八月, 九月, 十月, ...
子, 丑, 寅, 卯, 辰, 巳, 午, 未, 申, 酉, 戌, 亥
甲, 乙, 丙, 丁, 戊, 己, 庚, 辛, 壬, 癸
```

图 4-23　WPS 表格常用序列

除上面的外，还可以通过单击【开始】选项卡的【编辑】组中的【填充】按钮进行其他填充操作。

4．自定义填充序列

除了 WPS 表格中已经定义好的序列，用户还可以自己定义一些经常使用的序列数据，操作步骤如下。

步骤 1：单击 WPS 表格的【文件】菜单，选择【选项】命令。

步骤 2：在弹出的【选项】对话框中选择【自定义序列】选项卡，如图 4-24 所示。

步骤 3：在右侧【输入序列】框中分别输入自定义序列的每一项内容，中间用英文逗号分隔。如果序列较长，可以单击【导入】按钮从单元格中导入。

步骤 4：单击【添加】按钮，将自定义序列添加到左侧【自定义序列】列表中。

步骤 5：单击【确定】按钮。

完成设置后，自己定义的序列就会出现在默认填充序列中。

5．数据有效性

数据有效性可以设置单元格中的数据按用户的需要进行输入或选择。数据有效性常用的有两种，一种是设置数据的有效范围；另一种是提供下拉列表，从一组可供选择的信息中选择数据输入。

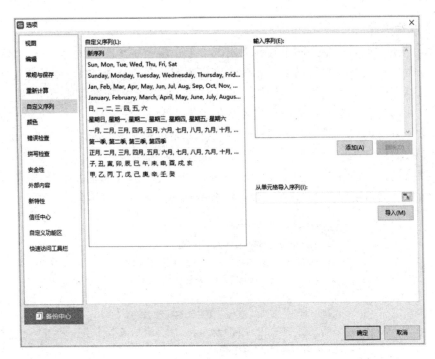

图 4-24　设置自定义序列

（1）设置数据有效范围

数据的有效范围可以根据实际需要，对输入的数据设置一个范围，如果超过设定的范围，就会显示出错信息。

以设置单元格区域只能输入 0～100 之间的数为例，操作步骤如下。

步骤 1：选择需设置数据有效范围的区域。

步骤 2：在【数据】选项卡的【数据工具】工具组中单击【有效性】下拉按钮，选取【有效性】选项，打开【数据有效性】对话框。

步骤 3：在【允许】下拉框中选择"小数"，在【数据】下拉框中选择"介于"，在【最小值】和【最大值】处分别输入 0 和 100，如图 4-25 所示。

步骤 4：单击【确定】按钮完成设置。

（2）使用下拉列表

使用下拉列表进行输入，不但能提高效率，还能提高数据输入的准确性。下面以从学历列表的"高中""本科""研究生"中选择一种为例，说明操作方法。

步骤 1：选中需要输入信息的单元格。

步骤 2：在【数据】选项卡的【数据工具】工具组中单击【有效性】下拉按钮，选取【有效性】选项，打开【数据有效性】对话框。

步骤 3：在【允许】下拉列表中选择【序列】选项。

步骤 4：在【来源】文本框中输入各个选项，选项之间用英文逗号隔开，如图 4-26 所示。

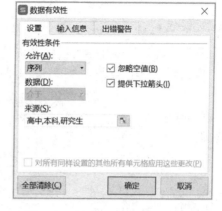

图 4-25 【数据有效性】对话框（1）　　图 4-26 【数据有效性】对话框（2）

步骤 5：如有需要，可以进入【输入信息】和【出错警告】选项卡中设置输入信息提示、出错警告内容及样式。

步骤 6：设置完成后单击【确定】按钮。

设置了数据有效性的单元格右侧会出现一个下拉按钮，可单击它在下拉列表中选取单元格的值，如图 4-27 所示。

6. 检查数据重复项

WPS 表格的【重复项】功能，可以帮助用户在数据录入或者检查数据时查找或删除重复的数据。具体操作步骤如下。

步骤 1：选定要删除重复项的一列（或一行）数据。

步骤 2：在【数据】选项卡的【重复项】工具组中单击【删除重复项】命令，打开【删除重复项】对话框。如图 4-28 所示。

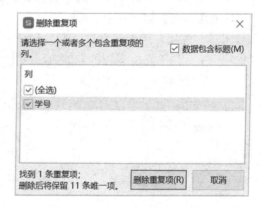

图 4-27　下拉列表效果　　　　　图 4-28 【删除重复项】对话框

步骤 3：在对话框中选择需要删除重复项的列。

步骤 4：单击【确定】按钮，将逐行进行内容比较，完全相同的重复项将被删除，只保留一行。

【案例实践】

九月开学，辅导员委托学习委员李文登记在暑期参加了社会实践的同学的相关信息，李文决定自己制作一个 WPS 表格文件，供同学填写。李文设计的表格内容如图 4-29 所示。

计应2班暑期社会实践登记表								
姓名	性别	出生日期	身份证号	实习单位	单位地点	单位联系人	联系人电话	单位性质
	选择男或女				填写XX省XX市XX县，具体到县（区）			选择国企、私企、事业单位，合资、其它

图 4-29　表格参考样式

案例实施

1．新建文件

双击桌面 WPS Office 图标，打开 WPS，单击左侧【新建】命令，选择【表格】选项，在【推荐模板】区域选择【新建空白文档】选项，完成工作簿的创建并保存。

2．制作下拉列表项

在第 1 行单元格中输入对应的文本。

（1）制作"性别"列单元格下拉列表

步骤 1：选择"性别"列的单元格区域 C2:C20，在【数据】选项卡的【数据工具】工具组中单击【有效性】下拉按钮，选取【有效性】选项，打开【数据有效性】对话框。

步骤 2：在【允许】下拉框中选择【序列】选项，在【来源】文本框中输入"男,女"（中间用英文逗号分隔）。

步骤 3：选中【忽略空值】和【提供下拉箭头】复选框，如图 4-30 所示。

步骤 4：单击【确定】按钮完成设置。

（2）制作"单位性质"单元格下拉列表

制作"单位性质"列单元格下拉列表的方法同上，最后在【数据有效性】对话框的【来源】文本框中输入如图 4-31 所示的内容。

图 4-30　数据有效性设置（1）　　　　图 4-31　数据有效性设置（2）

数据有效性设置完成之后的效果如图 4-32 所示。

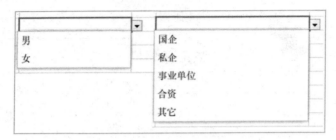

图 4-32　数据有效性最终效果

3．添加批注

选中需要添加批注的单元格 C1，在【审阅】选项卡的【批注】工具组中单击【新建批注】按钮，在弹出的文本框中输入批注内容。同样，为 G1 和 J1 单元格添加批注，为填表的同学提供说明。

4．制作表头

步骤 1：选中第 1 行，在右键快捷菜单中选择【插入】命令，在第 1 行之前插入一新行。

步骤 2：选定 A1:J1，选择【开始】→【合并居中】按钮，合并单元格。

步骤 3：输入表头文字，设置字体为"黑体"、字号为"14 磅"。

步骤 4：将光标放置在第 1 行和第 2 行行号之间，变成上下箭头形状后按下左键，拖动调整行高。

5．设置行高

选定表格相应的行，选择【开始】选项卡的【编辑】组中的【行和列】命令，在弹出的菜单中选择【行高】选项，设置行高为 20。

6．填写表格

填写表格，完成后的最终效果如图 4-33 所示。

序号	姓名	性别	出生日期	身份证号	实习单位	单位地点	单位联系人	联系人电话	单位性质
计应2班暑期社会实践登记表									
1	赵一	男	2003/4/26	510***20030426****	北京****成都分公司	四川省成都市武侯区	黄**	150********	私企
2	张二	女	2002/1/24	511***20020124****	大理市****有限公司	云南省大理市大理白族自治州	谢**	181********	私企
3	文三	男	2003/9/1	510***20030901****	四川****有限公司	四川省成都市高新区	黄**	182********	私企
4	张四	女	2002/1/3	510***20020103****	凉山****银行宁南支行	四川省凉山州宁南县	张**	181********	国企
5	陈五	女	2003/7/8	510***2003070****	成都****科技有限公司	四川省成都市高新区	邹**	189********	私企
6	张六	男	2002/1/12	510***20020112****	泸州市****局	四川省泸州市江阳区	张**	180********	事业单位
7	黎七	女	2001/6/14	510***20010614****	广东深圳****酒店	广东省深圳市宝安区	张**	181********	其他
8	梁八	男	2001/9/16	510***20010916****	四川省****人民政府	四川省会东县	陈**	178********	事业单位
9	申九	男	2002/1/24	510***20020124****	四川****有限公司	四川省泸州市龙马潭区	杨**	181********	私企
10	沈十	男	2002/8/11	510***20020811****	泸州****有限公司	四川省泸州市江阳区	邱**	187********	私企

图 4-33　登记表的最终效果

【扩展任务】

制作一份员工信息表，样式如图4-34所示。

员工信息表						
姓名		性别		填表日期		
民族		籍贯		出生年月		照片
部门		职务		政治面貌		
最高学历		所学专业		参加工作时间		
毕业院校				身份证号码		
现住地址				联系电话		
学习或培训经历	时间	学校/培训单位		专业/培训内容		证书
工作经历	时间	单位名称		所在岗位		业绩
技能/特长						
在职期间受到的奖励和处分	时间	奖惩事项				级别

图4-34 员工信息表样式

任务二 WPS表格的格式设置

【任务目标】

➢ 认识设置单元格格式的意义。

➢ 掌握单元格常用的格式。

➢ 掌握条件格式设置的方法。

➢ 能够应用表格样式美化表格。

【任务描述】

WPS 表格的格式设置可以使工作表的数据符合日常使用要求，让表格看起来更美观、排列更整齐、重点更突出。本任务将学习设置工作表和单元格格式的各种方法，如调整文字和数字的格式、设置条件格式以及调整表格外观效果等。

【知识储备】

4.2.1 单元格格式

单元格格式包括数字格式、对齐方式、字体格式、边框格式、图案设置和保护设置。可选择【开始】选项卡中除【剪贴板】外任一工具组的对话框启动按钮 ，启动【单元格格式】对话框进行相应的设置。

1. 数字格式

选中需要设置数字格式的单元格或单元格区域并右击，在弹出的快捷菜单中选择【设置单元格格式】命令，打开【单元格格式】对话框，进入【数字】选项卡，进行数字格式的设置。如图 4-35 所示。

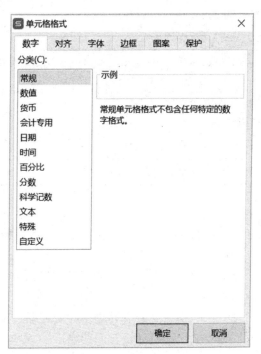

图 4-35 设置数字格式

在 WPS 表格中，数字有不同的类型，如货币型、日期型、时间型、百分比型等，用户可以根据设计需要采用不同的数字类型。WPS 表格中提供了 12 种数字类型，其含义和用途如表 4-1 所示。

表 4-1 数字类型的含义和用途

数 字 分 类	含义和用途
常规	（1）WPS 表格默认的数据格式 （2）按照输入数据本身的格式进行显示 （3）单元格宽度不够时，对数字进行四舍五入显示；对于 9～11 位数字采用科学记数法显示，将 12 位及以上的数字自动转为文本类型
数值	（1）数字的一般表示方法 （2）可以指定小数位数、是否使用千位分隔符等
货币	（1）一般用于表示货币值 （2）可在数字前显示指定的货币符号 （3）可指定小数位数、是否使用千位分隔符等
会计专用	（1）一般用于表示货币值 （2）在一列中对齐货币符号及数字中的小数点
日期	根据用户指定的格式及国家/地区设置，将时间和日期数据显示为日期值
时间	根据用户指定的格式及国家/地区设置，将时间和日期数据显示为时间值
百分比	（1）以百分数的形式显示单元格中的数值 （2）用户可以指定使用的小数位数
分数	以分数形式显示单元格中的数值
科学记数	（1）以指数形式显示单元格中的数值，如 123456789 显示为 1.23E+8 （2）用户可以指定使用的小数位数
文本	（1）将单元格中的内容视为文本 （2）即使键入数字，也准确显示用户键入的内容
特殊	将数字显示为电话号码、邮政编码等特殊数据
自定义	允许用户修改现有数字格式代码的副本，创建一个自定义数字格式

2．对齐方式

单元格的对齐方式有水平和垂直两种，用户可以使用以下两种方法设置。

（1）使用功能区按钮

图 4-36 对齐方式按钮

在【开始】选项卡中，对齐方式按钮分为两组，一组可以设置垂直对齐方式，另一组可以设置水平对齐方式，如图 4-36 所示。

图 4-36 中还有减少缩进量和增加缩进量两个按钮。单击增加缩进量按钮，会增加单元格左侧的缩进量，每单击一次增加一个单位值；单击减少缩进量按钮可以减少单元格左侧缩进量，每单击一次减少一个单位值。

（2）使用【单元格格式】对话框

具体操作步骤如下。

步骤 1：选中需要设置对齐方式的单元格或单元格区域。

步骤 2：单击【开始】选项卡的【对齐方式】工具组右下角的按钮 ，打开【单元格格式】对话框，进入【对齐】选项卡，如图 4-37 所示。

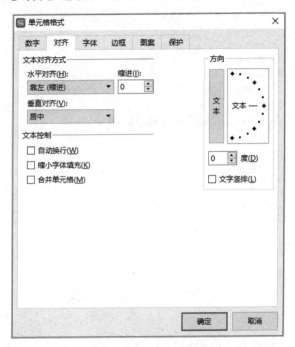

图 4-37　【对齐】选项卡

步骤 3：在【水平对齐】下拉列表中选取水平对齐方式，并调整缩进量。

步骤 4：在【垂直对齐】下拉列表中选取垂直对齐方式。

步骤 5：在【文本控制】区设置文本控制方式。

步骤 6：若有需要，可以在对话框右侧区域调整文字方向。

步骤 7：设置完成后单击【确定】按钮。

3．字符格式

字符格式包括字符的字体、字号、颜色及一些特殊格式，下面的方法都可以设置字符格式。

（1）使用功能区按钮

选择需要设置字符格式的单元格或单元格区域，单击【开始】选项卡【字体】工具组中的对应按钮进行设置，如图 4-38 所示。

图 4-38　设置字符格式按钮

（2）使用【单元格格式】对话框

在【单元格格式】对话框的【字体】选项卡，可以进行字体、字形、字号、下画线、颜色和一些特殊效果设置，如图 4-39 所示。

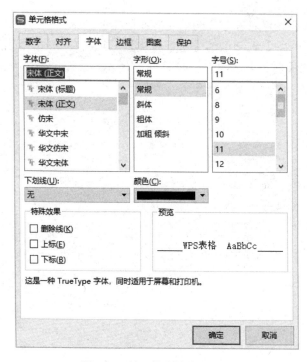

图 4-39　单元格字符格式设置

4．边框格式

默认情况下，单元格没有边框线只有网格线。网格线可以通过【视图】选项卡的【显示网格线】按钮控制是否显示。用户可以使用功能区的按钮和对话框两种方法为单元格设置边框。

（1）使用功能区按钮设置

具体步骤如下。

步骤 1：选中需要设置边框的单元格或单元格区域。

步骤 2：在【开始】选项卡的【字体】工具组中单击按钮田·右侧的下拉按钮，根据设计需要在下拉列表中选择需要的边框样式，如图 4-40 所示。

（2）使用【单元格格式】对话框

具体操作步骤如下。

步骤 1：选中需要设置边框的单元格或单元格区域。

步骤 2：在选定区单击鼠标右键，在弹出的快捷菜单中选择【设置单元格格式】命令，打开【单元格格式】对话框，选中【边框】选项卡。

步骤 3：在【线条】分组框的【样式】列表中选取线型，在【颜色】下拉列表中选取颜色。

步骤 4：选择【预置】栏设置的预置格式，应用刚才设置的线条。

步骤 5：如果要详细设置边框格式，可以在【边框】栏中单击各按钮或直接单击预览图中的边框线进行设置。

步骤 6：设置完成后单击【确定】按钮。

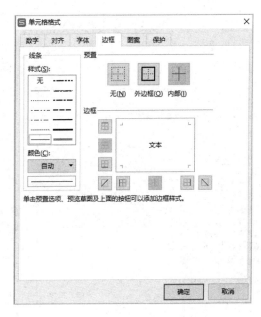

图 4-40　选择边框样式　　　　　　　　图 4-41　设置边框样式

5．图案格式

默认情况下，单元格无填充颜色和背景，用户可以根据需要为单元格填充颜色或背景图案来美化工作表，还可以突出显示数据，体现重要数据。

（1）使用功能区按钮设置

选定单元格或单元格区域，在【开始】选项卡的【字体】工具组中单击【填充颜色】按钮 右侧的下拉按钮，选择需填充的颜色即可，如图 4-42 所示。

（2）使用【单元格格式】对话框

具体操作步骤如下。

步骤 1：选中需要设置颜色或图案的单元格或单元格区域。

步骤 2：打开【单元格格式】对话框的【图案】选项卡，如图 4-43 所示。

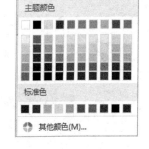

图 4-42　为单元格填充颜色

步骤 3：在【颜色】区域内选取颜色或填充效果。

步骤 4：若需要图案填充，可在【图案样式】下拉列表中选取一种样式，在【图案颜色】下拉列表中选取一种颜色。

步骤 5：单击【确定】按钮完成设置。

4.2.2　条件格式

在 WPS 表格中应用条件格式，可以让满足特定条件的单元格以醒目方式突出显示，便于对工作表数据进行更好的比较和分析。

以把 10～20 之间的单元格用红色底纹黄色字体突出显示为例，说明条件格式的设置方式。

步骤1：选中需要设置条件格式的单元格或单元格区域。

步骤2：在【开始】选项卡的【样式】组中单击【条件格式】按钮，打开下拉列表，选择【突出显示单元格规则】→【介于】选项，如图4-44所示。

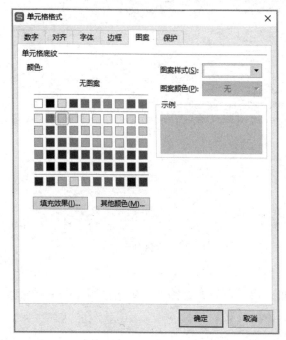

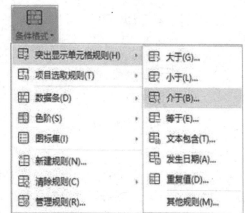

图4-43　设置单元格图案　　　　　　　　　　图4-44　条件格式设置

步骤3：在打开的【介于】对话框中输入起始值和终止值，如图4-45所示。

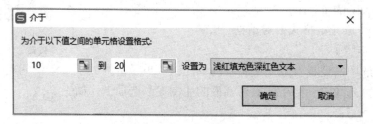

图4-45　【介于】对话框

步骤4：单击【设置为】下拉列表，选择【自定义格式】，在弹出的【单元格格式】对话框中进行需要的格式设置。

步骤5：单击【确定】按钮完成设置。

如果要删除条件格式显示效果，可以在【开始】选项卡的【样式】工具组中单击【条件格式】→【清除规则】→【清除所选单元格的规则】或【清除整个工作表的规则】选项。

4.2.3　表格样式

表格样式能快捷美化工作表，它是单元格字体、字号和边框底纹等格式的组合。用户可以直接使用 WPS 表格内置样式，也可以自己定义样式。

1．应用样式

WPS 表格 2019 提供了种类丰富的样式，可供用户直接使用。应用样式的步骤如下。

步骤 1：选中需要使用内置样式的单元格或单元格区域。

步骤 2：在【开始】选项卡【样式】工具组中单击【表格样式】按钮，打开预设样式的列表，如图 4-46 所示。

图 4-46 【预设样式】下拉列表

步骤 3：任意选择一种内置样式，弹出【套用表格样式】对话框，如图 4-47 所示。

步骤 4：再次确定数据来源、标题行的行数。

步骤 5：单击【确定】按钮完成设置，刚才选择的样式被应用到表格中。

2．自定义表格样式

自定义样式是用户自己根据需要定义的格式的组合。自定义样式的操作步骤如下。

步骤 1：选定单元格区域，在【开始】选项卡中单击【表格样式】下拉按钮，在下拉列表中选择【新建表格样式】命令，弹出【新建表样式】对话框，如图 4-48 所示。

步骤 2：在【名称】编辑框中输入自定义样式的名称，在【表元素】列表框中选择要设置格式的区域，单击【格式】按钮，打开【单元格格式】对话框，设置字体、边框和底纹。

步骤 3：表元素的格式设置完成后，单击【确定】按钮完成样式的自定义。

新建的表格样式被保存至表格样式库中，方便用户随时调用。

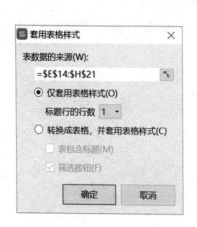

图 4-47 【套用表格样式】对话框

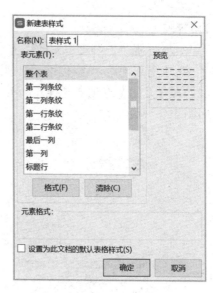

图 4-48 【新建表样式】对话框

【案例实践】

李文同学已经完成了暑期参加社会实践的同学的情况统计，现在他准备将表格制作得更美观，并把在外省参加实践的同学特别标注出来。图 4-49 是他完成美化之后的表格。

						计应2班暑期社会实践登记表				
序号	姓名	性别	出生日期	身份证号	实习单位	单位地点	单位联系人	联系人电话	单位性质
1	赵一	男	2003年4月26日	510***20030426****	北京****成都分公司	四川省成都市武侯区	黄**	150*********	私企
2	张二	女	2002年1月24日	511***20020124****	大理市****有限公司	云南省大理市大理白族自治州	谢**	181*********	私企
3	文三	男	2003年9月1日	510***20030901****	四川****有限公司	四川省成都市高新区	黄**	182*********	私企
4	张四	女	2002年1月3日	510***20020103****	凉山****银行宁南支行	四川省凉山州宁南县	张**	181*********	国企
5	陈五	女	2003年7月8日	510***20030707****	成都****科技有限公司	四川省成都市高新区	邹**	189*********	私企
6	张六	男	2002年1月12日	510***20020112****	泸州市****局	四川省泸州市江阳区	张**	180*********	事业单位
7	黎七	女	2001年6月14日	510***20010614****	广东深圳****酒店	广东省深圳市宝安区	张**	181*********	其他
8	梁八	男	2001年9月16日	510***20010916****	四川省****人民政府	四川省会东县	陈**	178*********	事业单位
9	申九	男	2002年1月24日	510***20020124****	四川****有限公司	四川省泸州市龙马潭区	杨**	181*********	私企
10	沈十	男	2002年8月11日	510***20020811****	泸州****有限公司	四川省泸州市江阳区	邱**	187*********	私企

图 4-49　美化后的表格

案例实施

1. 应用表格样式

步骤 1：在表格中选中 A2:J12 区域。

步骤 2：在【开始】选项卡的【样式】工具组中单击【表格样式】按钮，在样式列表中选择【表样式浅色 13】样式，如图 4-50 所示。

步骤 3：在弹出的如图 4-51 所示的【套用表格样式】对话框中直接单击【确定】按钮。

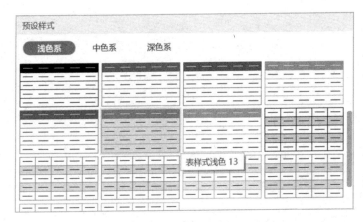

图 4-50　表格预设样式

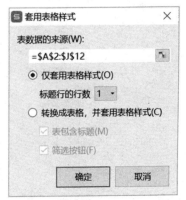

图 4-51　【套用表格样式】对话框

刚才选择的【表样式浅色 13】样式被应用到表格中，效果如图 4-52 所示。

计应2班暑期社会实践登记表									
序号	姓名	性别	出生日期	身份证号	实习单位	单位地点	单位联系人	联系人电话	单位性质
1	赵一	男	2003/4/26	510***20030426****	北京****成都分公司	四川省成都市武侯区	黄**	150********	私企
2	张二	女	2002/1/24	511***20020124****	大理市****有限公司	云南省大理市大理白族自治州	谢**	181********	私企
3	文三	男	2003/9/1	510***20030901****	四川****有限公司	四川省成都市高新区	黄**	182********	私企
4	张四	女	2002/1/3	510***20020103****	凉山****银行宁南支行	四川省凉山州宁南县	张**	181********	国企
5	陈五	女	2003/7/8	510***2003070****	成都****科技有限公司	四川省成都市高新区	邹**	181********	私企
6	张六	男	2002/1/12	510***20020112****	泸州市****局	四川省泸州市江阳区	张**	180********	事业单位
7	黎七	女	2001/6/14	510***20010614****	广东深圳****酒店	广东省深圳市宝安区	张**	181********	其他
8	梁八	男	2001/9/16	510***20010916****	四川省****人民政府	四川省会东县	陈**	178********	事业单位
9	申九	男	2002/1/24	510***20020124****	四川****有限公司	四川省泸州市龙马潭区	杨**	181********	私企
10	沈十	男	2002/8/11	510***20020811****	泸州****有限公司	四川省泸州市江阳区	邱**	187********	私企

图 4-52　应用表格样式效果

2．设置日期格式

选中 D3:D12 单元格区域并右击，在弹出的快捷菜单中选择【设置单元格格式】命令，打开【单元格格式】对话框。进入【数字】选项卡，选择【日期】分类，类型为"2001 年 3 月 7 日"，如图 4-53 所示。

设置完成后，学生的出生日期被设置为"2001 年 3 月 7 日"的样式。如果列宽不够，内容会显示为"######"，用拖动的方法调整列宽，使内容能正常显示。

3．设置外框线

具体操作步骤如下。

步骤 1：选中 A2:J12 区域。

步骤 2：在【单元格格式】对话框中选中【边框】选项卡，如图 4-54 所示。

步骤 3：在【线条】分组框的【样式】列表中选取粗线型，在【预置】区单击【外边框】按钮。

步骤 4：单击【确定】按钮，表格的外侧框线变为粗线。

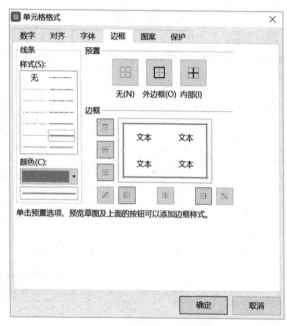

图 4-53　设置日期的格式　　　　　　　　　　图 4-54　设置边框的样式

4. 条件格式

将表格中在外省参加社会实践的同学的实习地址特别标示出来，可按下面步骤操作。

步骤 1：选中 G3:G12 区域。

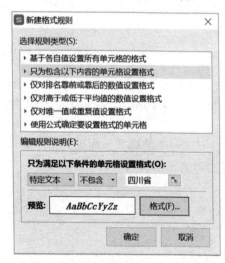

图 4-55　【新建格式规则】对话框

步骤 2：在【开始】选项卡的【格式】组中单击【条件格式】按钮，打开下拉列表，选择【项目选取规则】→【其他规则】选项，弹出【新建格式规则】对话框，如图 4-55 所示。

步骤 3：在【选择规则类型】列表中选择"只为包含以下内容的单元格设置格式"。

步骤 4：在【编辑规则说明】区为不包含"四川省"的单元格设置加粗和倾斜格式。

步骤 5：单击【确定】按钮应用设置，完成表格的美化。

【扩展任务】

制作并填写一份城乡居民养老保险登记表，样式如图 4-56 所示。

附表2:

城乡居民社会养老保险信息登记表（按户参保）

所属市（区）：　　　　　所属镇（街）：　　　　村(居)委会：　　　　村民小组编号：

户籍性质：　□农业人口　　　　　□非农业人口

户口编号		户籍地址			
参保时间	年　月　日	固定电话		移动电话	

缴费标准（人/年）：一档：120元；二档：240元；三档：360元；四档：480元；五档：600元；
六档：960元；七档：1200元；八档：1800元；九档：2400元；十档：3600元；　一次性缴费：　　元

姓名	性别	公民身份号码	同意参保				不同意参保				参保缴费存折户主（只选1人）
			与户主关系	年缴费额（元）	特殊参保群体类别	已年满60周岁	已参加职工养老保险	全日制在校学生	其他原因		
合　计		——		——		——	——				

参保人申明： 以上填写内容正确无误。 □此项业务委托村（居）代办员办理。 　　　　家庭代表： 　　　　　年　月　日	本人同意以上家庭成员每年度的城乡居民社会养老个人缴费由银行代扣代缴，扣缴银行选定为： □在邮政储蓄银行开户 账　号： □与城乡居民医保缴费同一账户 账　号： 开户银行： 　　　　　　　　存折户主签名： 　　　　　　　　　　年　月　日
村（居）委会申报意见： 　　　　经办人： 　　　　　年　月　日 　　　　　　（盖章）	经办网点审核意见： 　　　　审核人： 　　　　　年　月　日 　　　　　　（盖章）

填表说明：
1. 本表以家庭户为单位填写；
2. 特殊群体指：①低保对象，②五保户，③重度残疾人，④被征地农民，⑤退伍军人，⑥其他；
3. 同意参保且未满60周岁的参保人，请根据缴费标准选择本人年缴费标准；不同意参保的，请在"不同意参保"栏中相对应的栏目中打"√"；
4. "参保缴费存折户主"栏须为本表中的成员之一，请本户选定后在对应的人员栏目中打"√"，以后本户全部家庭成员每年参保缴费将从"参保缴费存折户主"的存折中代扣代缴城乡居民个人养老费。
5. 本表一式两份，参保人、经办网点留存各保存一份。

图 4-56　保险信息登记表样式

任务三 公式与函数的应用

【任务目标】

➢ 理解单元格引用的概念。
➢ 学会自定义公式。
➢ 掌握常用函数的使用。
➢ 学会用公式和函数进行计算。
➢ 学会进行合并计算。

【任务描述】

WPS 表格强大的计算功能主要依赖于其公式和函数，利用它们可以对表格中的数据进行各种计算和处理。本任务将学习公式和函数的使用和对不同工作表的数据进行合并。

【知识储备】

4.3.1 认识和使用公式

公式由运算符和参与运算的操作数组成。运算符可以是算术运算符、比较运算符、文本运算符和引用运算符，操作数可以是常量、单元格引用和函数等。要输入公式，必须先输入"="，然后在其后输入运算符和操作数，否则 WPS 表格不会进行计算。

1．常见运算符

运算符是为了对公式中的元素进行运算而规定的特殊符号。WPS 包含 4 种类型的运算符。

（1）算术运算符

算术运算符用于对公式中的各个元素进行加、减、乘、除等运算，如表 4-2 所示。

表 4-2 算术运算符及其含义

算术运算符	含　　义	实　　例
＋	加法	A1+A2
－	减法或负数	A1−A2
＊	乘法	A1*2
/	除法	A1/3
％	百分比	50%
＾	乘方	2^3

（2）比较运算符

比较运算符用于对公式中的各个元素进行大小比较，并得出一个逻辑值，即"TRUE"（真）或"FALSE"（假），如表 4-3 所示。

表 4-3　比较运算符及其含义

比较运算符	含　义	比较运算符	含　义
>	大于	>=	大于等于
<	小于	<=	小于等于
=	等于	<>	不等于

（3）文本运算符

文本运算符"&"用于将两个字符串连接起来形式一个字符串。例如，输入"张"&"先生"会生成"张先生"。

（4）引用运算符

引用运算符的作用是对单元格区域中的数据进行引用合并计算（见表 4-4）。

表 4-4　引用运算符及其含义

引用运算符	含　义	实　例
:	区域运算符，用于引用单元格区域	B5:D15
,	联合运算符，用于引用多个单元格区域	B5:D15,F5:I15
空格	交叉运算符，用于引用两个单元格区域的交叉部分	B7:D7 C6:C8

（5）运算符的优先级

在 WPS 表格 2019 中，如果一个公式中带有多个运算符，则在计算公式值时按照优先级从高到低的顺序进行。运算符的优先级如表 4-5 所示，可以使用括号改变运算符的运算顺序。

表 4-5　运算符的优先级

运算符（优先级从高到低）	含　义	运算符（优先级从高到低）	含　义
:	区域运算符	^	乘方
,	联合运算符	*, /	乘除
空格	交叉运算符	+, -	加减
-	负号	&	文本运算符
%	百分比	=, >, <, <=, >=, <>	比较运算符

2．输入公式

输入公式时，先选中需要输入公式的单元格，按"="键后，可以用下面两种方法之一输入公式。

方法一：直接在单元格中依次输入公式表达式中的各元素，输入完毕按 Enter 键确认。

方法二：在编辑栏中依次输入公式表达式中的各元素，输入完毕按 Enter 键确认。

3．修改公式

当公式有错误时，需要对公式进行相应的修改。通常单元格中显示的是公式中的运算结果，因此需要在编辑栏中修改公式的错误，具体操作步骤如下。

步骤 1：单击需要编辑公式的单元格。

步骤 2：在编辑栏中对公式进行修改，完成后按 Enter 键确认。

也可以直接双击单元格进入公式编辑状态修改公式。

4．复制公式

公式与单元格中的数据一样，可以被复制到其他单元格，从而提高计算效率。其操作步骤如下。

步骤 1：选中需复制的公式所在的单元格，单击右键，在弹出的快捷菜单中选择【复制】命令。

步骤 2：在需要粘贴公式的目标单元格上单击右键，在弹出的快捷菜单中选择【粘贴】命令，即可将被复制公式应用到该单元格。

注意：在快捷菜单中，除了【粘贴】命令，还可以选择【粘贴为数值】命令只粘贴数值，不粘贴公式。也可以使用【选择性粘贴】命令，在子菜单中选择一项内容进行粘贴。如图 4-57 所示。

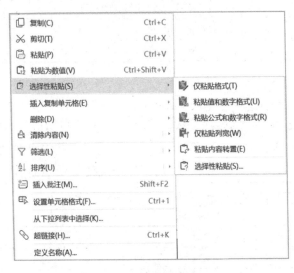

图 4-57　粘贴公式

4.3.2　单元格引用

单元格引用用来指明公式中所用数据的位置，它可以是一个单元格地址，也可以是单元格区域。单元格引用可以在同一个工作表中，也可以跨表引用，还可以进行三维引用，即引用连续的工作表中同一单元格或单元格区域。

当公式中引用的单元格数值发生变化时，公式的计算结果也会自动更新。

1．在公式中引用单元格计算数据

对于同一工作表中的单元格引用，直接输入单元格或单元格区域地址即可。

2．相对引用单元格

相对引用是 WPS 表格默认的单元格引用方式，它直接用单元格的列号和行号表示单元格，如 B5；或用引用运算符表示单元格区域，如 B5:D15。在移动或复制公式时，系统根据移动的位置自动调整公式中引用的单元格地址。

3．绝对引用单元格

绝对引用是指在单元格的列号和行号前面都加上"$"符号，如$B$5。不论将公式复制或移动到什么位置，绝对引用的单元格地址都不会改变。

4．混合引用单元格

引用中既包含绝对引用又包含相对引用称为混合引用，如 A$1 或$A1 等，用于表示列变行不变或列不变行变的引用。

5．引用不同工作表中的单元格

在当前工作表中引用同一工作簿、不同工作表中的单元格的表示方法为：

工作表名称!单元格或单元格区域地址

例如，"Sheet2!F8:F16"表示引用 Sheet2 工作表，F8:F16 单元格区域中的数据。

6．引用不同工作簿中的单元格

在当前工作表中引用不同工作簿中的单元格的表示方法为：

[工作簿文件名]工作表名称!单元格（或单元格区域）地址

例如，打开工作簿 1 和工作簿 2 两个文件，在工作簿 2 中引用工作簿 1 的 Sheet1 工作表的 F16 的写法为"[工作簿 1]Sheet1!F16"。

4.3.3　函数基础

函数就是软件预定义的内置公式，使用参数作为初始值，按照特定的指令对参数进行计算，并把计算结果返回给用户。

1．组成函数的要素

函数由 4 要素组成。

◆ 等号=：这是函数（或公式）的标志。

◆ 函数名：每个函数都有一个唯一的名称。

◆ 括号()：包含函数的参数部分。

◆ 参数：函数运算所需的数据，一般是数值、单元格引用，也可以是另外一个函数。

2．函数的种类

WPS 表格提供了大量内置函数，涉及财务、数据库、数学及统计等各个领域，使用这些内置函数可以降低工作量，提高数据计算和分析效率。

WPS 表格的常用函数如下。

◆ 数学和三角函数：用于对数据区域的数据进行统计分析。

◆ 数据库函数：用于对数据库中的数据执行指定的操作。

◆ 日期和时间函数：用于处理时间和日期数据。

◆ 工程函数：用于各种工程分析。

◆ 财务函数：用于各种财务计算。

◆ 信息函数：用于确定存储在单元格中数据的数据类型。

◆ 逻辑函数：用于逻辑判断和复核检验。

◆ 查找和引用函数：用于查找特定数据或对单元格的引用。

◆ 统计函数：用于进行各类数学统计计算。

◆ 文本函数：用于处理公式中的字符串。

◆ 多维数据集函数：用于处理多维数据集。

3. 使用函数

使用函数时，函数的输入方法有两种：一种是手工输入，另一种是选择【公式】选项卡中【函数库】组中的相应按钮插入函数。

（1）手工输入

手工输入函数的方法与在单元格中输入公式的方法相同。

步骤 1：选择放置结果的单元格。

步骤 2：按照顺序输入 "="，输入函数名称，然后输入参数，参数一定在括号内。

步骤 3：按 Enter 键确定输入。

（2）用命令按钮输入

下面以求和函数 SUM 为例，说明用命令按钮输入函数的使用方法。

步骤 1：选择放置结果的单元格。

步骤 2：单击【编辑栏】前的【插入函数】按钮 fx，或者在【公式】选项卡的【函数库】组中的【插入函数】命令，弹出如图 4-58 所示的【插入函数】对话框。

步骤 3：选择函数类别，找到需要的 SUM 函数并选择。

步骤 4：单击【确定】按钮，转入【函数参数】对话框，如图 4-59 所示。

图 4-58 【插入函数】对话框

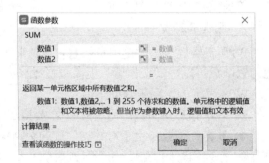

图 4-59 SUM【函数参数】对话框

步骤 5：将插入点定位至参数框【数值 1】，输入参数或选定参数所在的单元格区域。如果有多个区域，可在下方的【数值 2】、【数值 3】……中继续输入。

步骤 6：参数输入完成后，单击【确定】按钮进行计算。

4.3.4　常用函数

1．求和函数 SUM

用途：返回某一单元格区域中所有数字之和。

语法：SUM(数值 1,数值 2,...)。

参数：数值 1,数值 2,...为 1～255 个待求和的数值。单元格中的逻辑值和文本在计算时会被忽略。

实例：如果 A1=2、A2=张、A3=3，则公式"=SUM(A1:A3)"返回 5。

除了调用函数求和，还可以使用【开始】选项卡的【求和】按钮 Σ 求和。【求和】按钮的下拉列表中还集成了常用的平均值、计数、最大值、最小值函数，如图 4-60 所示。

图 4-60　【求和】
下拉列表

2．平均值函数 AVERAGE

用途：计算所有参数的算术平均值。

语法：AVERAGE(数值 1,数值 2,...)。函数参数对话框如图 4-61 所示。

参数：数值 1,数值 2,...是用于计算平均值的 1～255 个数值参数。

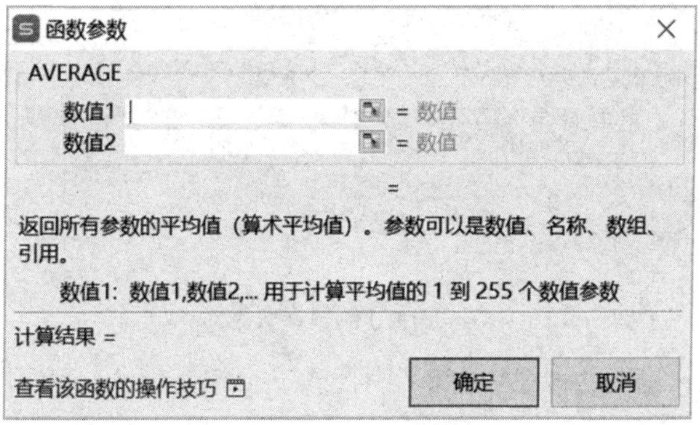

图 4-61　AVERAGE【函数参数】对话框

实例：如果 A1:A5 区域中的单元格的值分别为 23、12、4、30 和 15，则公式"=AVERAGE(A1:A5)"返回 16.8。

3．最大值函数 MAX

用途：计算参数列表中的最大值。

语法：MAX(数值 1,数值 2,...)。函数参数对话框如图 4-62 所示。

参数：数值 1,数值 2,...是准备从中求出最大数值的 1～255 个数值、空单元格、逻辑值或文本数值。

实例：如果 A1=1、A2=23、A3=7、A10=9，则公式"=MAX(A1:A3,A10)"返回 23。

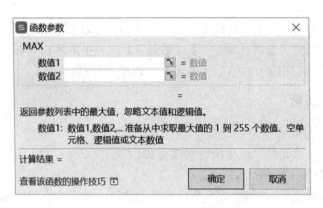

图 4-62　MAX【函数参数】对话框

4．最小值函数 MIN

用途：返回参数列表中的最小值，忽略文本数值和逻辑值。

语法：MIN(数值 1,数值 2,...)。函数参数对话框如图 4-63 所示。

参数：数值 1,数值 2,...是准备从中求最小值的 1～255 个数值、空单元格、逻辑值或文本数值。

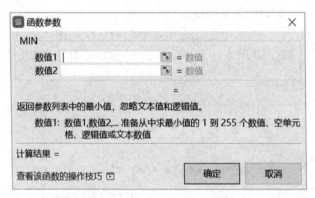

图 4-63　MIN【函数参数】对话框

实例：如果 A1=12、A2=8、A3=20，则公式"=MIN(A1:A3)"返回 8。

5．条件函数 IF

用途：执行逻辑判断，它可以根据逻辑表达式的真假，返回不同的结果，从而执行数值或公式的条件检测任务。

语法：IF(测试条件,真值,假值)。函数参数对话框如图 4-64 所示。

参数：【测试条件】是可判断为 TRUE 或 FALSE 的数值或表达式；【真值】是测试条件为 TRUE 时函数的返回值，【假值】是测试条件为 FALSE 时函数的返回值。

实例：如果 A1=76，公式"=IF(A1>=60，"及格"，"不及格")"的返回值为"及格"。

6．排名函数 RANK

用途：返回某个数值在一列数中的大小排名。

语法：RANK(数值,引用,排位方式)。函数参数对话框如图 4-65 所示。

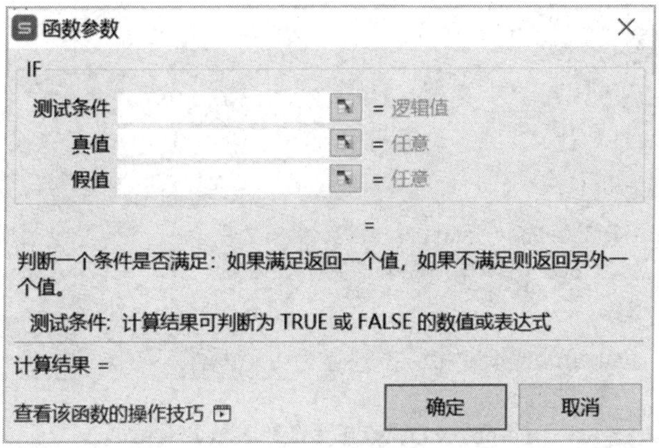

图 4-64　IF【函数参数】对话框

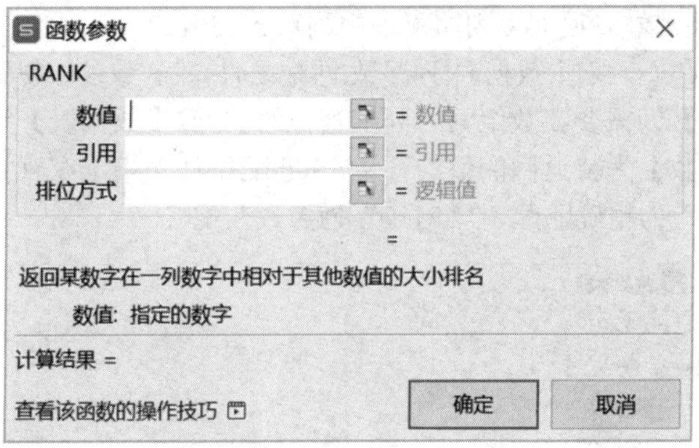

图 4-65　RANK【函数参数】对话框

参数:【数值】是需要计算其排位的一个数字;【引用】是包含一组数字的数组或引用(其中的非数值型参数将被忽略);【排位方式】为一个数字,如果为 0 或省略,则按降序排列,如果不为 0,则按升序排列。

实例:如果 A1=78、A2=45、A3=90、A4=12、A5=8,则公式"=RANK(A1,$A$1:$A$5)"表示 A1 在这 5 个数中的降序排名,其返回值为 2。

7. 统计函数 COUNTIF

用途:计算区域中满足给定条件的单元格个数。

语法:COUNTIF(区域,条件)。函数参数对话框如图 4-66 所示。

参数:【区域】为需要计算其中非空单元格数目的区域。【条件】为确定哪些单元格将被计算在内的条件,其形式可以为数字、表达式或文本。

实例:如果 A1=78、A2=45、A3=90、A4=12、A5=8,则公式"=COUNTIF(A1:A5,">20")"表示在 A1 到 A5 区域内满足大于 20 这个条件的单元格个数,其返回值为 3。

注意:如果在一个区域要进行多条件统计,可以使用 COUNTIFS 函数。

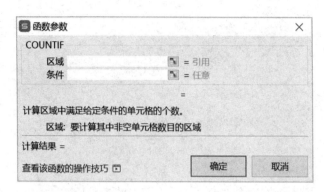

图 4-66　COUNTIF【函数参数】对话框

8．查询函数 VLOOKUP

用途：按列查找，最终返回该列所查询序列对应的值。

语法：VLOOKUP(查找值,数据表,列序数,匹配条件)。函数参数对话框如图 4-67 所示。

参数：【查找值】为需要在数组第一列中查找的数据。【数据表】为需要在其中查找数据的数据表。【列序数】为待返回的值的列号。【匹配条件】指定在查找时是精确匹配还是大致匹配，"FALSE"为精确匹配，"TRUE"为大致匹配。

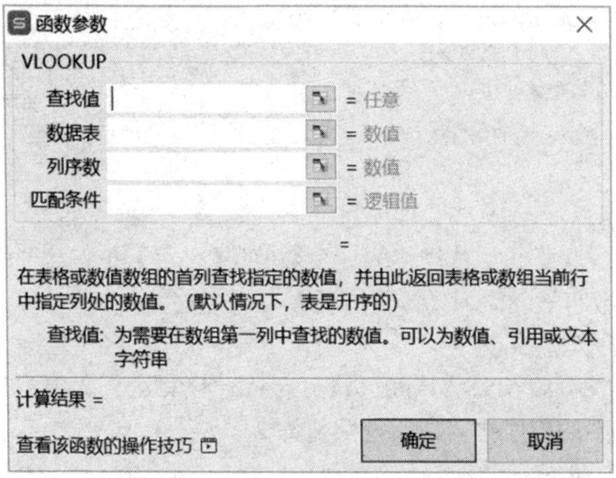

图 4-67　VLOOKUP【函数参数】对话框

实例：在图 4-68 中，若需要根据姓名在左边的数据表中查找考试成绩，在 G4 单元格中输入函数"=VLOOKUP(F4,B2:D21,3,FALSE)"即可查询出正确的值。

9．函数嵌套

函数嵌套是指一个函数作为另一个函数的参数使用。例如，公式 SUM(AVERAGE(A1: A3),2)，其中 SUM 作为一级函数，AVERAGE 作为二级函数，二级函数先被使用。执行顺序是先对 A1:A3 求平均值，再将结果与 2 一起求和。

	A	B	C	D	E	F	G
1	学号	姓名	性别	综合测评成绩			
2	20203101	杨家玉	女	90			
3	20203102	周小江	女	93		姓名	综合测评成绩
4	20203103	白庆	男	75		刘艳	
5	20203104	张安	女	78			
6	20203105	郑彩霞	女	70			
7	20203106	文丽芬	女	85			
8	20203107	赵静	女	90			
9	20203108	周良	男	96			
10	20203109	廖宇	男	89			
11	20203110	曾芬芬	女	93			
12	20203111	刘艳	女	99			
13	20203112	王森林	男	78			
14	20203113	黄小惠	女	70			
15	20203114	黄斯华	女	65			
16	20203115	李俊辉	男	60			
17	20203116	彭勤伟	男	62			
18	20203117	林巧	女	95			
19	20203118	吴静	女	90			
20	20203119	何阳	男	65			
21	20203120	赵连军	男	60			

图 4-68 VLOOKUP 函数的使用

4.3.5 数据合并

数据合并对多个数据区域中的数据进行合并计算、统计等。多个数据区域包括同一工作表中、同一工作簿的不同工作表中或不同工作簿中的数据区域。数据合并是通过建立合并表格的方式进行的，合并后的表格可以放在数据区域所在的工作表中，也可以放在其他工作表中。

例如，图 4-69 是同一工作簿中的两张工作表，下面要将这两张表的数据进行合并，计算出南京和昆山两地各种产品的总数量、总金额和总成本。

	A	B	C	D	E
1	所属区域	产品类别	数量	金额	成本
2	南京	宠物用品	200	40,014.12	43,537.56
3	南京	宠物用品	100	21,423.95	22,917.34
4	南京	宠物用品	92	21,136.42	22,115.23
5	南京	宠物用品	100	27,499.51	30,712.18
6	南京	宠物用品	30	3,872.33	3,317.89
7	南京	宠物用品	60	5,470.23	5,275.95
8	南京	彩盒	640	5,364.89	626.80
9	南京	暖靴	160	2,172.07	1,961.18
10	南京	睡袋	120	1,967.32	1,771.36

	A	B	C	D	E
1	所属区域	产品类别	数量	金额	成本
2	昆山	宠物用品	20	21,015.94	22,294.09
3	昆山	宠物用品	140	29,993.53	32,726.66
4	昆山	宠物用品	120	14,260.87	12,651.79
5	昆山	服装	150	12,373.67	11,757.98
6	昆山	彩盒	260	2,719.54	2,444.01
7	昆山	彩盒	80	1,578.61	883.66

图 4-69 合并计算数据源

具体操作步骤如下：

步骤 1：在新工作表中选定 A1 单元格。

步骤 2：选择【数据】选项卡【数据工具】组中的【合并计算】命令，弹出【合并计算】对话框，如图 4-70 所示。

步骤 3：在【函数】下拉列表框中选择【求和】运算。

步骤 4：将光标定位至【引用位置】框，选择“南京”工作表中的单元格区域 B1:E10，单击【添加】按钮；再选取“昆山”工作表中的单元格区域 B1:E7，并单击【添加】按钮。

步骤 5：在【标签位置】区选中【首行】和【最左列】复选框，使 WPS 表格按标签位置进行合并。

步骤6：单击【确定】按钮，合并计算操作完成，结果如图4-71所示。

图4-70 【合并计算】对话框

	A	B	C	D
1		数量	金额	成本
2	宠物用品	862	184686.91	195548.67
3	服装	150	12373.67	11757.98
4	彩盒	980	9663.03	3954.47
5	暖靴	160	2172.07	1961.18
6	睡袋	120	1967.32	1771.36

图4-71 合并计算结果

【案例实践】

期末考试已经结束，李文到办公室协助辅导员完成期末考试成绩的计算和统计。辅导员已经提前创建了一个WPS表格文件，文件名为"成绩.et"。文件中含"各科成绩汇总"工作表，工作表中已输入了内容，如图4-72所示。其中"信息技术应用"成绩在"成绩.et"文件的另一张表中，还没有填入汇总表，如图4-73所示。

	A	B	C	D	E	F	G	H	I	J	K
1	各科成绩汇总表										
2	学号	姓名	性别	信息技术应用	程序设计	大学英语	高等数学	总分	平均分	名次	成绩等级
3	20203101	杨家玉	女		97	70	71				
4	20203102	周小江	女		96	78	69				
5	20203103	白庆	男		80	92	81				
6	20203104	张安	女		91	82	74				
7	20203105	郑彩霞	女		82	70	77				
8	20203106	文丽芬	女		93	71	47				
9	20203107	赵静	女		97	75	53				
10	20203108	周良	男		68	83	65				
11	20203109	廖宇	男		95	74	67				
12	20203110	曾芬芬	女		96	96	99				
13	20203111	刘艳	女		70	83	42				
14	20203112	王森林	男		90	81	65				
15	20203113	黄小惠	女		75	72	86				
16	20203114	黄斯华	女		70	93	41				
17	20203115	李俊辉	男		70	96	96				
18	20203116	彭勤伟	男		80	91	87				
19	20203117	林巧	女		75	91	88				
20	20203118	赵静	女		93	76	98				
21	20203119	何阳	男		80	94	75				
22	20203120	赵连军	男		68	96	77				

图4-72 "各科成绩汇总"初始样表

李文的任务是将"信息技术应用"成绩计算出来（平时、实践成绩、考试成绩分别占最终成绩的 20%、30%和 50%），然后完成"各科成绩汇总表"工作表中空白单元格的计算。最后还要统计各科各分数段的人数。

	A	B	C	D	E	F	G
1	《信息技术应用》课程学生成绩表						
2	学号	姓名	性别	平时	实践成绩	考试成绩	最终成绩
3	20203108	周良	男	96	97	99	
4	20203111	刘艳	女	99	98	99	
5	20203101	杨家玉	女	90	88	95	
6	20203110	曾芬芬	女	93	91	90	
7	20203117	林巧	女	95	93	90	
8	20203102	周小江	女	93	78	88	
9	20203112	王森林	男	78	75	87	
10	20203107	赵静	女	90	80	85	
11	20203104	张安	女	78	65	80	
12	20203109	廖宇	男	89	82	80	
13	20203118	赵静	女	90	80	79	
14	20203113	黄小惠	女	70	83	79	
15	20203103	白庆	男	75	62	78	
16	20203106	文丽芬	女	85	84	78	
17	20203105	郑彩霞	女	70	85	78	
18	20203116	彭勤伟	男	62	65	69	
19	20203114	黄斯华	女	65	60	60	
20	20203119	何阳	男	65	59	58	
21	20203120	赵连军	男	60	48	53	
22	20203115	李俊辉	男	60	53	51	

图 4-73 "信息技术应用"成绩表

案例实施

1. 自定义公式计算"信息技术应用"成绩

选择"信息成绩"工作表中的 G3 单元格，输入"=D3*20%+E3*30%+F3*50%"并按 Enter 键确认，完成第一位同学的"信息技术应用"课程成绩的计算。选定 G3 单元格，双击填充柄，完成整列数据的填充。

2. 使用 VLOOKUP 函数查询成绩

由于两个工作表中同学的排序不同且有重名（两位"赵静"），在不变动工作表的前提下，可以使用 VLOOKUP 函数，通过唯一值"学号"为查询条件，在"各科成绩汇总"工作表中填入"信息技术应用"课程的成绩。操作步骤如下。

步骤 1：选择"各科成绩汇总表"的 D3 单元格。

步骤 2：单击【编辑栏】前的【插入函数】命令按钮 fx，弹出【插入函数】对话框。

步骤 3：在【查找函数】文本框中输入"VLOOKUP"，下方列表框中显示查找出的函数。

步骤 4：选择【VLOOKUP】选项单击【确定】按钮，弹出【函数参数】对话框。

步骤 5：在对话框中输入如图 4-74 所示的参数。

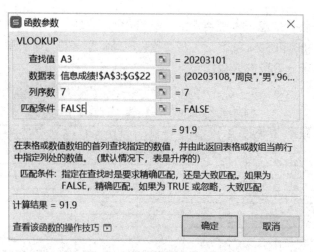

图 4-74　VLOOKUP【函数参数】设置

步骤 6：单击【确定】按钮，将第 1 位同学的"信息技术应用"课程成绩查询出来填入单元格。

步骤 7：填充完成所有同学的"信息技术应用"课程成绩。

3. 使用 SUM 函数求总分

步骤 1：选定 D3:G3 单元格区域。

步骤 2：单击【开始】选项卡中的【求和】按钮 ∑，计算出第 1 位同学的总分。

步骤 3：填充完成全班总分的计算。

4. 使用 AVERAGE 函数求平均分

步骤 1：选定 D3:G3 单元格区域。

步骤 2：单击【开始】选项卡的【求和】按钮 ∑，在下拉列表中选择【平均值】命令，计算出第 1 位同学的平均分。

步骤 3：填充完成全班平均分的计算。

平均分计算出来小数位数有长有短，下面把它们统一设置为保留 1 位小数。操作步骤如下。

步骤 1：选定 I3:I22 单元格区域。

步骤 2：单击【开始】选项卡的【数字】工具组中的【减少小数位数】按钮 ，将小数位数只保留 1 位。

5. 使用 RANK 函数求名次

步骤 1：选择"各科成绩汇总表"的 J3 单元格。

步骤 2：单击【编辑栏】前的【插入函数】命令按钮 fx，弹出【插入函数】对话框。

步骤 3：在【查找函数】文本框中输入"RANK"，下方列表框中显示出被查找出来的函数。

步骤 4：选择【RANK】选项，单击【确定】按钮，弹出【函数参数】对话框。

步骤 5：在对话框中输入如图 4-75 所示的参数。

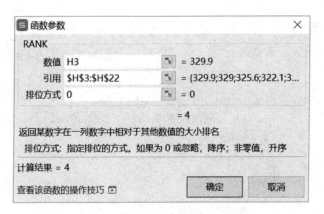

图 4-75   RANK【函数参数】设置

步骤 6：单击【确定】按钮，完成第 1 位同学的名次计算。

步骤 7：填充完成所有同学的名次。

6. 使用 IF 函数求等级

"成绩等级"由平均分确定，其判定规则为：平均分在 80 分及以上，等级为"良好"，60～80 分为"合格"，60 分以下为"不合格"。

步骤 1：选择"各科成绩汇总表"的 K3 单元格。

步骤 2：在编辑栏输入公式"=IF(I3>=80,"良好",IF(I3>=60,"合格","不合格"))"并按 Enter 键确认，完成第 1 位同学的成绩等级计算。

步骤 3：填充完成所有同学的成绩等级。

完成后的"各科成绩汇总表"如图 4-76 所示。

各科成绩汇总表

学号	姓名	性别	信息技术应用	程序设计	大学英语	高等数学	总分	平均分	名次	成绩等级
20203101	杨家玉	女	91.9	97	70	71	329.9	82.5	4	良好
20203102	周小江	女	86	96	78	69	329	82.3	5	良好
20203103	白庆	男	72.6	80	92	81	325.6	81.4	6	良好
20203104	张安	女	75.1	91	82	74	322.1	80.5	8	良好
20203105	郑彩霞	女	78.5	82	70	77	307.5	76.9	16	合格
20203106	文丽芬	女	81.2	93	71	47	292.2	73.1	19	合格
20203107	赵静	女	84.5	97	75	53	309.5	77.4	14	合格
20203108	周良	男	97.8	68	83	65	313.8	78.5	12	合格
20203109	廖宇	男	82.4	95	74	67	318.4	79.6	9	合格
20203110	曾芬芬	女	90.9	96	96	99	381.9	95.5	1	良好
20203111	刘艳	女	98.7	70	83	42	293.7	73.4	18	合格
20203112	王森林	男	81.6	90	81	65	317.6	79.4	10	合格
20203113	黄小惠	女	78.4	75	72	86	311.4	77.9	13	合格
20203114	黄斯华	女	61	70	93	41	265	66.3	20	合格
20203115	李俊辉	男	53.4	70	96	96	315.4	78.9	11	合格
20203116	彭勤伟	男	66.4	80	91	87	324.4	81.1	7	良好
20203117	林巧	女	91.9	75	91	88	345.9	86.5	3	良好
20203118	赵静	女	81.5	93	76	98	348.5	87.1	2	良好
20203119	何阳	男	59.7	80	94	75	308.7	77.2	15	合格
20203120	赵连军	男	52.9	68	96	77	293.9	73.5	17	合格

图 4-76   完成后的"各科成绩汇总表"

7. 制作成绩统计表

在统计各科各分数段人数前，张文从"各科成绩汇总表"的 C24 单元格开始，制作各分数段人数统计表，如图 4-77 所示。

各分数段人数统计				
人数 科目	信息技术应用	程序设计	大学英语	高等数学
90-100(人)				
80-89(人)				
70-79(人)				
60-69(人)				
60以下(人)				

图 4-77 各分数段人数统计表

8. 使用 COUNTIF 统计各分数段人数

以统计"信息技术应用"成绩在 90 分以上和 80～90 分数段的人数为例，说明 COUNTIF 及 COUNTIFS 函数的使用方法。

（1）"信息技术应用"成绩 90 分以上的人数

步骤 1：选择"各科成绩汇总表"的 D26 单元格。

步骤 2：输入公式"=COUNTIF(D3:D22,">=90")"并按 Enter 键确认。

（2）"信息技术应用"80～90 分数段的人数

步骤 1：选择"各科成绩汇总表"的 D27 单元格。

步骤 2：单击【编辑栏】前的【插入函数】按钮 $\boxed{fx}$，弹出【插入函数】对话框。

步骤 3：在【查找函数】文本框中输入"COUNTIFS"，下方列表框中显示出被查找出来的函数。

步骤 4：选择【COUNTIFS】选项单击【确定】按钮，弹出【函数参数】对话框。

步骤 5：在对话框中输入如图 4-78 所示的参数。

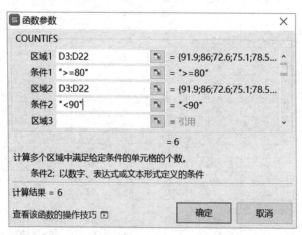

图 4-78 COUNTIFS【函数参数】对话框

步骤 6：单击【确定】按钮。

同理，统计"信息技术应用"课程成绩其他分数段的人数，完成后向右填充得到其他科目的统计数据，最后的结果如图 4-79 所示。

各分数段人数统计				
人数 科目	信息技术应用	程序设计	大学英语	高等数学
90-100(人)	5	9	8	3
80-89(人)	6	4	4	4
70-79(人)	4	5	8	5
60-69(人)	2	2	0	4
60以下(人)	3	0	0	4

图 4-79　各分数段人数统计

【扩展任务】

创建工作簿文件"职工工资表.et"，将 Sheet1 更名为"工资表"，按要求输入如图 4-80 所示的内容，并完成工资表的数据填写和计算。

	A	B	C	D	E	F	G	H	I	J	K	L	M
1					工资表								
2	序号	姓名	部门	基本工资	奖金	补贴	应得工资	养老保险	失业保险	医疗保险	公积金	个税	实领工资
3		周小丽	行政部	4585	2300	700							
4		侯雪	行政部	3690	2250	700							
5		敖国星	营销部	4396	2200	700							
6		赵祥	生产部	3970	2080	700							
7		何勇	财务部	3790	2200	600							
8		余侠	财务部	2610	1200	600							
9		郑娟秀	营销部	3130	2100	600							
10		陈月梅	营销部	4030	2180	600							
11		袁前争	财务部	3820	1800	600							
12		叶信品	行政部	2640	1350	900							
13		孟航沛	生产部	2130	1100	900							
14		秦绍焱	生产部	3130	2150	900							
15		丁文冲	营销部	4410	2200	900							
16		郭俊立	生产部	2230	2300	500							
17		吕军卓	生产部	4050	2200	500							

图 4-80　工资表

（1）"序号"列从 01,02,03…向下填写。

（2）计算"应得工资"。"应得工资"为"基本工资""奖金""补贴"之和。

（3）计算"养老保险"。"养老保险"所扣比例为"基本工资"的 8%。

（4）计算"失业保险"。"失业保险"所扣比例为"基本工资"的 1%。

（5）计算"医疗保险"。"医疗保险"所扣比例为"基本工资"的 2%。

（6）计算"公积金"。"公积金"所扣比例为"基本工资"的 10%。

（7）计算"个税"。"个税"的计算方法为：应得工资不超过 5000 元的，不扣税；超过 5000 元的，超过部分扣 3%的税。

（8）计算"实领工资"。其值为应得工资和被扣数值之差。将计算结果设置为货币格式，并保留 1 位小数。

（9）保存文件。

任务四　数据分析与管理

【任务目标】

➤ 掌握数据的排序操作。

➤ 掌握数据的筛选操作。

➤ 掌握数据的分类汇总操作。

【任务描述】

一张工作表中的数据相当于一个简单的数据库。本任务将对工作表中的数据进行分析和管理，包含对数据的排序、筛选和分类汇总。

【知识储备】

4.4.1　数据的排序

排序就是使表格数据按某种条件有规律地顺次显示。对数据进行排序是数据分析不可缺少的组成部分，有助于快速直观地显示数据，更好地理解、组织并查找所需数据。

1. 简单排序

简单排序是指以工作表中的某一个字段为关键字进行排序。操作方法如下。

步骤 1：选中要排序列中的任一单元格。

步骤 2：单击【开始】选项卡的【编辑】选项组中的【排序】下拉按钮，在弹出的菜单中选择"升序"或"降序"。或单击【数据】选项卡【排序】组中的【升序】或【降序】按钮。

WPS 表格常见数据升序规则如下。

◆ 数字：从最小的负数到最大的正数。

◆ 文本：英文按首字母顺序从 A 到 Z，中文以首个汉字的拼音字母顺序从 a 到 z。

◆ 日期时间：从先到后为升序。

2. 多重排序

多重排序是指以两个及以上字段为关键字排序。操作方法如下。

步骤 1：选定需排序的字段和相关数据区域。

步骤 2：单击【开始】选项卡【编辑】选项组中的【排序】下拉按钮，在弹出的菜单中选择【自定义排序】选项，或单击【数据】选项卡【排序】组中的【排序】按钮，打开【排序】对话框，如图 4-81 所示。

步骤 3：在【列】、【排序依据】和【次序】的下拉列表中，设置好关键字、排序依据和次序。

步骤 4：单击【添加条件】或【复制条件】按钮，再按上一步操作设置好排序条件的各个选项。

步骤 5：如有需要，可以继续添加排序条件。

步骤 6：设置好所有条件后，单击【确定】按钮。

图 4-81 【排序】对话框

每次排序都只有一个主要关键字，次要关键字由用户按自己的需要添加，无具体限制。各排序条件的顺序也可以通过单击对话框上方的【上移】或【下移】调序按钮来调整。

提示：排序条件的顺序决定本次排序执行的先后次序，仅当前一条件无法满足时，后面的条件才会生效。比如，主要关键字如果是编号，编号是没有重复的，那么再添加其他关键字条件都无效。只有上一个关键字有重复值的前提下，才会按下一个关键字排序。

3．自定义排序

简单排序和多重排序都只能按系统预先设置的常用序列排序，如果用户打算按照自己的要求设置新的序列，系统提供自定义序列排序的功能。

设置自定义序列的操作步骤如下。

步骤 1：按之前排序步骤，调出【排序】对话框。

步骤 2：单击【次序】下拉列表，选择【自定义序列】命令，如图 4-82 所示。

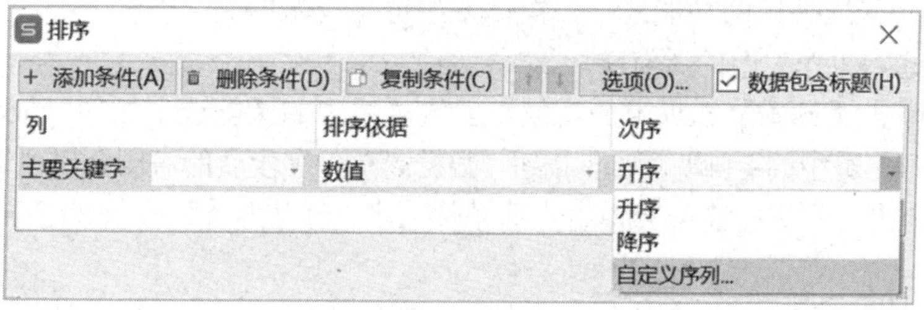

图 4-82 自定义序列排序

步骤 3：在弹出的【自定义序列】对话框中，左侧列出了系统已有的各种序列，如图 4-83 所示。

步骤 4：单击左侧【新序列】按钮，在右侧【输入序列】文本框中添加自己定义的新序列，每个序列项之间用英文逗号或回车符分隔。

步骤 5：新序列定义完成后，单击【添加】按钮。添加的新序列将位于左侧列表的底部，之后用户就可以使用此序列进行排序了。

4.4.2 数据的筛选

通过数据筛选操作可以只显示用户需要的数据而将其他数据暂时隐藏起来。可以对筛选后的数据进行编辑、格式设置、图表制作和打印等操作。筛选可分为自动筛选和高级筛选，前者适合简单条件，使用方便；后者适用于复杂条件，可满足更多需求。

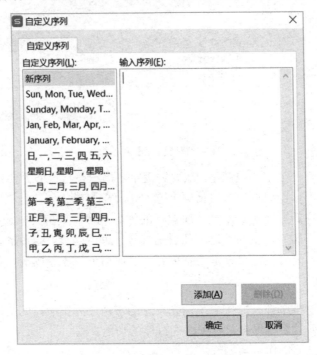

图 4-83　【自定义序列】对话框

1. 自动筛选

自动筛选是经常使用的功能之一，操作方法也比较简单。

步骤 1：选定工作表中的所有字段。

步骤 2：单击【开始】选项卡的【编辑】选项组中的【筛选】按钮，或单击【数据】选项卡的【高级】组中的【自动筛选】按钮，数据清单中字段名的右侧会出现下拉箭头标志。

步骤 3：单击某列下拉箭头会弹出筛选条件列表，可以为该列设置筛选条件，如图 4-84 所示。

步骤 4：在【内容筛选】、【颜色筛选】和【数字筛选】3 个选项中选择筛选方式，并进行相应的筛选。

步骤 5：设置完成后单击【确定】按钮。

如果要取消对某个字段的筛选，只需再次单击已筛选字段旁边的下拉按钮，勾选列表区的【全选】项或单击【清空条件】按钮，即可显示所有记录。

2. 高级筛选

自动筛选使用方便，但只适用于简单的筛选条件。当遇到复杂的筛选条件时，可以采用高级筛选来实现。

在使用高级筛选前，需要先创建一个条件区域，条件区域由字段名和条件组成。在条件区中，同一行的条件是"与"的关系，不同行的条件是"或"的关系。

例如，要在如图 4-85 所示的"商品信息表"中筛选出满足"价格"在 30～40 之间、"产地"为北京或上海的商品的记录。

图 4-84 自动筛选设置

图 4-85 商品信息表

使用高级筛选的具体操作步骤如下。

步骤 1：在 D3:F5 区域创建如图 4-86 所示的条件区。

步骤 2：将光标置于数据区域任一单元格。

步骤 3：单击【开始】选项卡的【编辑】选项组中的【筛选】下拉按钮，选择【高级筛选】选项，弹出【高级筛选】对话框，如图 4-87 所示。

价格	价格	产地
>30	<40	上海
		北京

图 4-86 筛选条件

图 4-87 【高级筛选】对话框

步骤 4：在【方式】下方选择【将筛选结果复制到其他位置】选项。

步骤 5：确认【列表区域】中的信息是否无误。

步骤 6：将鼠标定位至【条件区域】框，选定工作表中的条件区域，条件区的范围值会被自动填充。

步骤 7：在【复制到】框中选择将筛选结果放置在 A16 单元格中。

步骤 8：完成设置后单击【确定】按钮，满足条件的数据被单独筛选出来放置到指定区域。

4.4.3　数据的分类汇总

将工作表中的数据按不同的类别进行汇总计算，就是 WPS 表格的分类汇总功能。分类汇总后分类字段的同一类别下将会出现汇总值，还能进行分级显示。

1．创建分类汇总

如果想正确使用分类汇总功能，必须先将相同类别的数据连续放置到一起。因此，分类汇总之前通常要先排序。

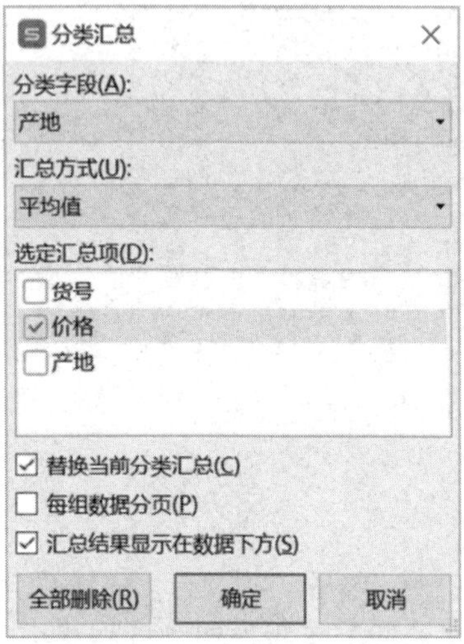

例如，在图 4-85 所示的"商品信息表"中，汇总不同产地商品的平均价格。具体操作步骤如下。

步骤 1：选中"商品信息表"中分类字段列中的任一单元格，这里选"产地"列的 C4 单元格。

步骤 2：单击【数据】选项卡【排序】组中的【升序】按钮，实现产地的分类。

步骤 3：单击【数据】选项卡【分级显示】组中的【分类汇总】按钮，弹出【分类汇总】对话框，如图 4-88 所示。

步骤 4：在【分类汇总】对话框中设置【分类字段】值为"产地"、【汇总方式】为"平均值"、【选定汇总项】为"价格"。

步骤 5：单击【确定】按钮完成分类汇总。

图 4-88　【分类汇总】对话框

2．显示与隐藏分类汇总

单击分类汇总表左侧的"+""-"或"1""2""3"能折叠或展开显示汇总内容，实现不同的分级显示效果。

3．删除分类汇总

如果要取消分类汇总并返回原先的数据显示方式，只要再次单击【分类汇总】按钮，在【分类汇总】对话框中单击左下角【全部删除】按钮即可。

【案例实践】

完成了任务三中成绩的计算后，辅导员想了解一下班上同学的成绩分布情况，要求李文对"成绩.et"文件的"各科成绩汇总表"表中的数据进行分析。具体来说就是完成下面的三个任务：

（1）按总分从高到低排序，总分相同的同学，"信息技术应用"成绩高的排在前面。

（2）筛选出每科都在 90 分以上的同学。

（3）分析班上男生的成绩好还是女生的成绩好。

案例实施

1. 复制表

为了在进行数据分析时不影响"各科成绩汇总表"中的数据,应先单独复制几张表出来。按住 Ctrl 键并拖动"各科成绩汇总表"标签,将"各科成绩汇总表"复制三份,分别重命名为"排序表""筛选表"和"分类汇总表"。

2. 排序

步骤 1:在"排序表"中,选定 A2:K22 单元格区域。

步骤 2:单击【开始】选项卡【编辑】选项组中的【排序】下拉按钮,在弹出的菜单中选择【自定义排序】选项,打开【排序】对话框。

步骤 3:在【列】下方,选择【主要关键字】为"总分"、【次序】为"降序"。

步骤 4:单击【添加条件】按钮。

步骤 5:选择【次要关键字】为"信息技术应用",【次序】为"降序",如图 4-89 所示。

图 4-89　自定义排序

步骤 6:设置好所有条件后,单击【确定】按钮完成排序操作。

3. 筛选

步骤 1:在"筛选表"中,选定字段 A2:K2。

步骤 2:单击【开始】选项卡【编辑】选项组中的【筛选】按钮,字段名右侧出现筛选按钮。

步骤 3:单击"信息技术应用"字段的筛选按钮,选择【数字筛选】→【大于或等于】选项,弹出【自定义自动筛选方式】对话框。

步骤 4:在对话框中输入筛选条件,如图 4-90 所示。

步骤 5:设置完成后单击【确定】按钮,完成对"信息技术应用"成绩的筛选。

步骤 6:同理完成对其他成绩的筛选。

4. 分类汇总

分析班上男生的成绩好还是女生的成绩好,就是要按性别对总分或平均分进行分类汇总。

步骤 1:选中"分类汇总表"中"性别"字段列中的任一单元格。

步骤 2:单击【开始】选项卡【编辑】选项组中的【排序】按钮,WPS 表格默认按升序对性别排序。

步骤 3:选定 A2:K22,单击【数据】选项卡【分级显示】组中的【分类汇总】按钮,弹出【分类汇总】对话框。

步骤 4：在【分类汇总】对话框中设置【分类字段】为"性别"，选择【汇总方式】为"平均值"、【选定汇总项】为"总分"，如图 4-91 所示。

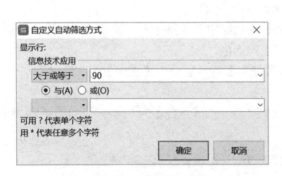

图 4-90 【自定义自动筛选方式】对话框　　　　图 4-91 按性别进行分类汇总

步骤 5：单击【确定】按钮完成分类汇总。

将分类汇总结果用两级显示，效果如图 4-92 所示，由此可以看出，女生的成绩要优于男生。

	A	B	C	D	E	F	G	H	I	J	K
1	各科成绩汇总表										
2	学号	姓名	性别	信息技术应用	程序设计	大学英语	高等数学	总分	平均分	名次	成绩等级
11			男 平均值					314.725			
24			女 平均值					319.717			
25			总平均值					317.72			

图 4-92 分类汇总两级显示

【扩展任务】

打开任务三扩展任务创建的工作簿文件"职工工资表.et"，按下列要求进行操作：

（1）把"工资表"复制 4 份，分别命名为"排序表""筛选表""高级筛选表"和"分类汇总表"。

（2）在"排序表"中，按"应得工资"从低到高排序，若两人应得工资相同，则"基本工资"高的在前。

（3）在"筛选表"中，筛选出"营销部""应得工资"高于平均值的记录。

（4）在"高级筛选表"中，通过高级筛选，筛选出"生产部""应得工资"在 6000～7000 元之间且"奖金"不超过 2100 元的记录。

（5）在"分类汇总表"中统计各部门的人数，以及查看每个部门的平均应得工资。

（6）保存文件。

任务五　使用图表和数据透视表分析数据

【任务目标】

➢ 了解图表的类型和结构。

➢ 掌握创建图表的方法。

➢ 能够编辑和美化图表。

➢ 学会用数据透视表分析数据。

【任务描述】

图表以图形化的方式描述数据，使表格中的数据更加直观形象、容易理解；使用数据透视工具可以找到数据的规律、得出相关结论，为决策提供依据。本任务将学习使用图表和数据透视表分析数据。

【知识储备】

4.5.1　图表类型和结构

1. 图表类型

WPS 表格提供了十多种标准类型和多个自定义类型的图表，常用的有柱形图、条形图、折线图及饼图等。用户可根据不同的表格数据选择合适的图表类型，使要显示的信息更加突出。

◆ 柱形图：用于显示一段时间内的数据变化，或描述各个数据的差异。

◆ 条形图：可以看作旋转后的柱形图，也是描述各个数据的差异，常用于分类标签较长的图表绘制。

◆ 折线图：用于强调数值随时间而变化的变化趋势。

◆ 饼图：用于显示数据系列中各项目数据在总体数据中所占的比例。使用饼图可以清晰地反映出各分项数据在量上的对比关系。

除此以外，还有雷达图、股价图、面积图、组合图、散点图、气泡图等。

2. 图表结构

图 4-93 是一张常见的图表。图表一般由以下几个要素构成。

◆ 标题：包括图表标题、坐标轴标题。

◆ 图表区：即图表中的白色区域，图表的所有要素都放置在图表区中。

◆ 绘图区：图表的主体部分，是展示数据的图形所在区域。

◆ 图例：显示数据系列名列及其对应的图案和颜色。

◆ 坐标轴：由两部分组成，即分类轴和数值轴，分类轴即 x 轴，数值轴即 y 轴。

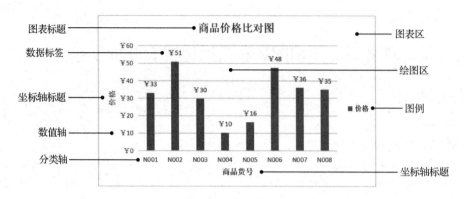

图 4-93　常见的图表

4.5.2　创建和编辑图表

1.　创建图表

下面以创建图 4-93 所示的柱形图为例，说明如何创建图表，其数据源为图 4-94 中前 8 种商品的价格信息。

具体操作步骤如下。

步骤 1：首先选定工作表中用于展示的数据区，这里选择单元格区域 A2:B10。

步骤 2：单击【插入】选项卡中的【插入柱形图】按钮 ▥▾，选择下拉列表中的【簇状柱形图】选项，生成如图 4-95 所示的图表。

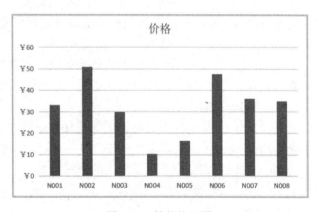

◢	A	B	C
1	商品信息表		
2	货号	价格	产地
3	N001	￥33	北京
4	N002	￥51	上海
5	N003	￥30	西安
6	N004	￥10	北京
7	N005	￥16	上海
8	N006	￥48	西安
9	N007	￥36	北京
10	N008	￥35	上海
11	N009	￥4	西安
12	N010	￥24	北京
13	N011	￥17	上海

图 4-94　商品信息表　　　　　　图 4-95　簇状柱形图

步骤 3：选定图表，在上方的【图表工具】选项卡中单击【添加元素】按钮，在下拉列表中依次为图表添加坐标轴、轴标题、数据标签、图例，如图 4-96 所示。

步骤 4：单击图表区的【图表标题】文本框，修改图表标题，完成图表的制作。

图表制作完成后，选定图表时，选项卡栏会增加一个【图表工具】选项卡，如图 4-97 所示。使用【图表工具】选项卡，或者在图表区域中单击右键，在弹出的快捷菜单中，可以对图表进行修改。

图 4-96　添加图表元素

图 4-97　【图表工具】选项卡

2．调整图表的位置和大小

在工作表中，可以像图片一样，通过图表周围的控制点和拖动图表调整图表的大小和位置，也可以通过复制、粘贴操作在不同工作表中移动图表。此外，还可以通过【图表工具】选项卡中的【移动图表】按钮进行操作，具体步骤如下。

步骤 1：选定图表，单击【图表工具】→【移动图表】命令，弹出如图 4-98 所示的【移动图表】对话框。

步骤 2：选择放置图表的位置。

步骤 3：单击【确定】按钮，完成图表的移动。

3．更改图表数据源

图表完成后，如果觉得数据源不合适，可以按如下方法进行修改。

图 4-98　【移动图表】对话框

（1）添加数据

步骤 1：选择图表绘图区。

步骤 2：单击【图表工具】选项中的【选择数据】按钮，弹出【编辑数据源】对话框，如图 4-99 所示。

步骤 3：在左侧的【图例项（系列）】区域中，单击【添加】按钮 ＋ ，打开【编辑数据系列】对话框，如图 4-100 所示。

步骤 4：在【系列名称】编辑框中输入系列名称或引用的单元格，在【系列值】编辑框中输入系列值所在的单元格区域。

步骤 5：单击【确定】按钮即可增加新系列，添加数据。

图 4-99 【编辑数据源】对话框　　　　图 4-100 【编辑数据系列】对话框

（2）删除数据

如果要从图表中删除数据，则在图表中单击要删除的系列，按 Delete 键即可。

如果要同时删除工作表和图表中的数据，则只需删除工作表中的数据，图表将会随之自动更新。

4．更改图表类型

更改图表类型，可以按下列步骤操作。

步骤 1：单击图表，单击【图表工具】选项中的【更改类型】按钮，弹出【更改图表类型】对话框，如图 4-101 所示。

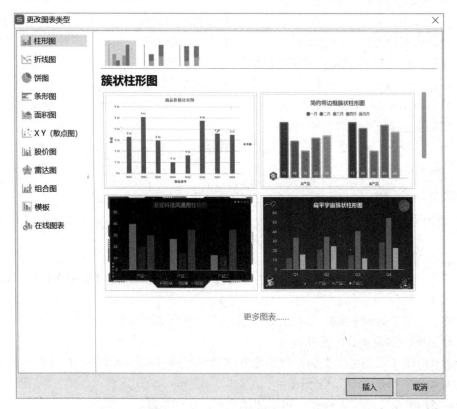

图 4-101 【更改图表类型】对话框

步骤2：在【更改图表类型】对话框中选择需要的图表类型。

步骤3：单击【插入】按钮，完成图表类型的修改。

5．切换图表的行和列

选定图表后，单击【图表工具】中的【切换行列】按钮![切换行列]，可以将图表的行和列进行切换。

4.5.3　美化图表

优秀的图表不仅可以展现出数据的含义，还给人赏心悦目的感觉。所以在图表创建、编辑完成之后，用户可以对图表进行美化，对它的布局、样式和格式等进行重新设置。

1．设置图表元素的格式

图表中的元素都可以设置格式，以图表区为例，设置格式的步骤如下。

步骤1：选中图表区。

步骤2：在【图表工具】选项卡的【图表元素】下拉列表中选取【图表区】选项（如图 4-102 所示），在其下方单击【设置格式】按钮，打开右侧的【属性】面板，如图 4-103 所示。

步骤3：在【图表选项】界面分别设置图表区的"填充与线条"，"阴影、发光、柔化边缘"效果和"大小、属性、对齐方式"等格式。

除了图表区，还可以对其他图表元素设置格式，方法与设置图表区的格式类似。

图 4-102　图表元素

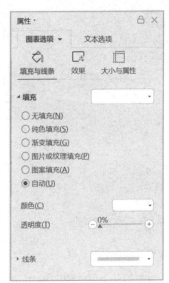

图 4-103　【属性】面板

2．设置文本格式

图表中文本格式的设置与图表区格式的设置类似。都是选中创建的图表，单击【设置格式】按钮打开右侧的【属性】面板，文本格式是在【文本选项】选项卡中进行设置的。同样可以对文字设置"填充与轮廓"，"阴影、倒影、发光、三维格式、三维旋转、转换"

效果和"文本框对齐方式"等格式。

4.5.4 创建数据透视表

数据透视表是对数据排序和分类汇总的综合运用，它可以对多个字段的数据进行汇总和分析，这对汇总、分析、浏览和呈现汇总数据非常有用。

1. 创建数据透视表

以图 4-94 中的商品信息表为例，创建数据透视表的步骤如下。

步骤 1：单击包含数据的单元格区域内的一个单元格。

步骤 2：在【数据】选项卡的【表格】选项组中单击【数据透视表】按钮，弹出如图 4-104 所示的【创建数据透视表】对话框。

步骤 3：在【创建数据透视表】对话框中，确认要分析的数据区域正确无误。

步骤 4：选择放置数据透视表的位置。

步骤 5：单击【确定】按钮完成数据透视表的创建。

WPS 表格会将空的数据透视表添加至指定位置并显示数据透视表字段列表，以便用户添加字段、创建布局以及自定义数据透视表，如图 4-105 所示。

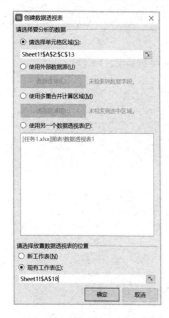

图 4-104 【创建数据透视表】对话框

图 4-105 空白数据透视表

将活动单元格定位于数据透视表中，WPS 表格选项卡区会自动出现【分析】和【设计】选项卡，用于对数据透视表进行相关编辑与操作，如图 4-106 所示。

图 4-106 【分析】选项卡

2．添加和更改字段

在数据透视表的【字段列表】（见图 4-105）中单击选中相应字段名前的复选框，数据将被自动添加到空白数据透视表中。默认情况下，非数值字段将自动添加到行区域，数值字段将自动添加到值区域。添加字段后的数据透视表如图 4-107 所示。

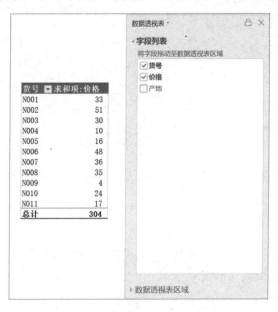

图 4-107　数据透视表

注意：如果在添加字段时【字段列表】窗格消失，可以单击【分析】选项卡的【字段列表】按钮 重新调出【字段列表】窗格。

3．更改字段及位置

若要从数据透视表中更改或删除字段，可在【字段列表】窗格中单击取消选中该字段名前的复选框，或者直接将字段名从数据透视表区域中拖出。

单击【数据透视表】空格下方的【数据透视表区域】命令，在如图 4-108 所示区域中，按需要拖动字段以便更好地查看数据。

4．设置值字段汇总方式

默认情况下，数据透视表的汇总方式为"求和"。如果要选择其他的汇总方式，可以单击【分析】选项卡的【字段设置】按钮，在调出的【值字段设置】对话框中选择，如图 4-109 所示。

【案例实践】

在任务四已完成工作的基础上，为了对班上个别同学的成绩有更直观的了解，本案例用图表和数据透视表进行数据分析。主要有两个任务：

（1）将黄斯华同学的各科成绩制作一份条形图。

（2）用数据透视表将男女生的总评成绩再进行一次比较。

图 4-108 数据透视表区域

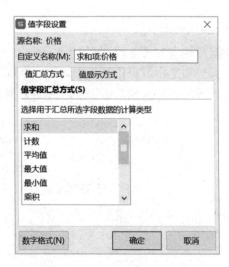

图 4-109 【值字段设置】对话框

案例实施

1. 制作图表

步骤 1：选定工作表中用于制作图表的数据，这里选择单元格区域"B2,D2:G2,B16, D16:G16"，如图 4-110 中粗线框所示。

	A	B	C	D	E	F	G	H
1				各科成绩汇总表				
2	学号	姓名	性别	信息技术应用	程序设计	大学英语	高等数学	总分
3	20203101	杨家玉	女	91.9	97	70	71	329.9
4	20203102	周小江	女	86	96	78	69	329
5	20203103	白庆	男	72.6	80	92	81	325.6
6	20203104	张安	女	75.1	91	82	74	322.1
7	20203105	郑彩霞	女	78.5	82	70	77	307.5
8	20203106	文丽芬	女	81.2	93	71	47	292.2
9	20203107	赵静	女	84.5	97	75	53	309.5
10	20203108	周良	男	97.8	68	83	65	313.8
11	20203109	廖宇	男	82.4	95	74	67	318.4
12	20203110	曾芬芬	女	90.9	96	96	99	381.9
13	20203111	刘艳	女	98.7	70	83	42	293.7
14	20203112	王森林	男	81.6	90	81	65	317.6
15	20203113	黄小惠	女	78.4	75	72	86	311.4
16	20203114	黄斯华	女	61	70	93	41	265
17	20203115	李俊辉	男	53.4	70	96	96	315.4

图 4-110 选定的数据区

步骤 2：选择【插入】选项卡的【插入条形图】按钮，选择【簇状条形图】选项，生成如图 4-111 所示的图表。

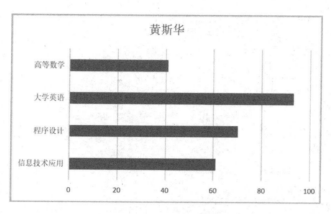

图 4-111　簇状条形图

2. 添加图表元素

步骤 1：选择图表，单击上方的【图表工具】选项卡，单击【添加元素】按钮，在下拉列表中依次为图表添加【坐标轴】【轴标题】【数据标签】【图例】，如图 4-112 所示。

步骤 2：单击图表区的【图表标题】文本框，修改图表标题完成图表的制作。

图表的最终效果如图 4-113 所示。

图 4-112　添加图表元素

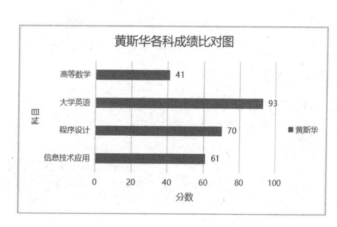

图 4-113　图表的最终效果

3. 创建数据透视表

步骤 1：选定"各科成绩汇总"工作表中 A2:K22 单元格区域。

步骤 2：在【数据】选项卡的【表格】选项组中单击【数据透视表】按钮，弹出【创建数据透视表】对话框。

步骤 3：单击【确定】按钮，在新工作表中创建一份空白数据透视表，如图 4-114 所示。

步骤 4：在数据透视表【字段列表】中勾选"性别"和"总分"。

步骤 5：双击 B3 单元格，在弹出的【值字段设置】对话框中，选择汇总方式为"平均值"。

图 4-114　空白数据透视表

完成后的数据透视表如图 4-115 所示。

性别	平均值项:总分
男	314.725
女	319.7166667
总计	317.72

图 4-115　完成后的数据透视表

【扩展任务】

打开任务四扩展任务完成之后的工作簿文件"职工工资表.et",按下列要求进行操作:
(1) 在新工作表中制作如图 4-116 所示的图表。

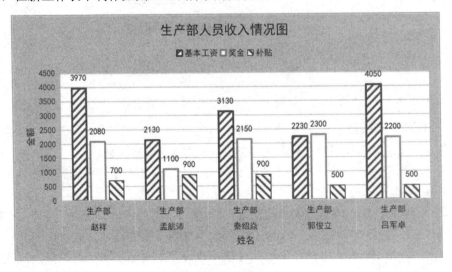

图 4-116　图表效果

（2）在"工资表"中创建数据透视表，用于查看财务部和营销部人员的基本工资总额和最大实领工资。

（3）保存文件。

任务六　工作表的安全和打印输出

【任务目标】

➢ 理解工作表安全的概念。

➢ 掌握保护工作簿的方法。

➢ 掌握保护工作表的方法。

➢ 能够进行页面设置和打印输出。

【任务描述】

工作表的安全和打印都是在日常工作中经常要使用的。本任务将学习如何进行工作簿和工作表的保护；以及设置纸张大小和方向、页眉和页脚、打印区域，预览和打印工作表等操作。

【知识储备】

4.6.1　工作簿和工作表保护

工作表制作完成后，为了文件的安全，防止被其他用户修改，可以对工作簿和工作表设置保护。

1．保护工作簿

保护工作簿主要是保护工作簿的打开权限和修改权限，以及保护工作簿结构和窗口。

（1）打开权限和编辑权限

为工作簿设置打开权限密码的步骤如下。

步骤 1：打开要设置保护的工作簿。

步骤 2：选择【文件】→【文档加密】→【密码加密】命令，打开【密码加密】对话框，如图 4-117 所示。

步骤 3：在【打开文件密码】框中输入打开权限密码，在【再次输入密码】框中再次输入同样的密码，以确认输入无误。

步骤 4：在【修改文件密码】框中输入编辑权限密码，在【再次输入密码】框中再次输入同样的密码，以确认输入无误。

步骤 5：单击【应用】按钮并保存文件。

以后再想使用该工作簿，就必须通过打开权限密码才能打开，如果没有编辑权限密码，则只能通过只读的方式打开文件。

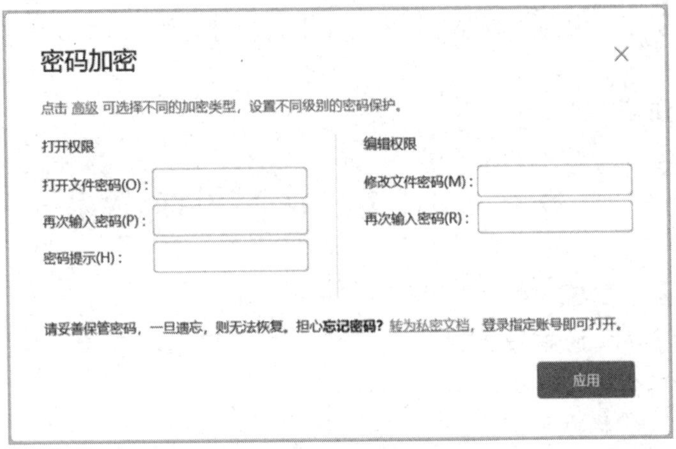

密码加密   ×

点击 高级 可选择不同的加密类型，设置不同级别的密码保护。

打开权限   编辑权限

打开文件密码(O)：[   ]   修改文件密码(M)：[   ]

再次输入密码(P)：[   ]   再次输入密码(R)：[   ]

密码提示(H)：[   ]

请妥善保管密码，一旦遗忘，则无法恢复。担心**忘记密码?** 转为私密文档，登录指定账号即可打开。

应用

图 4-117 【密码加密】对话框

（2）保护工作簿的结构和窗口

通过保护工作簿的结构和窗口，可以防止工作表被删除、移动、隐藏、取消隐藏或重新命名，保护后也不能添加新的工作表，还可以防止窗口被移动或被调整大小。

设置工作簿保护的步骤如下。

步骤 1：打开要保护结构和窗口的工作簿。

步骤 2：选择【审阅】选项卡的【保护工作簿】命令。

图 4-118 【保护工作簿】对话框

步骤 3：在弹出的如图 4-118 所示的【保护工作簿】对话框中输入密码并确认。

步骤 4：再次输入密码。

步骤 5：单击【确定】按钮。此时工作簿被保护，同时【保护工作簿】按钮变成【撤销工作保护】按钮。

撤销工作簿保护的步骤如下。

步骤 1：打开已设置了保护结构和窗口的工作簿。

步骤 2：选择【审阅】选项卡的【撤销工作簿保护】命令。

步骤 3：在弹出的【撤销工作簿保护】对话框中输入密码。

步骤 4：单击【确定】按钮。

2．保护工作表

保护工作表是为了防止其被修改。保护工作表的步骤如下。

步骤 1：打开工作表，右键单击表格区域弹出菜单选择【设置单元格格式】选项，弹出【设置单元格格式】对话框。

步骤 2：在对话框中切换到【保护】模块，勾选【锁定】前面的复选框，单击【确定】按钮关闭对话框。

步骤 3：单击【审阅】功能区的【保护工作表】按钮，弹出【保护工作表】对话框，如图 4-119 所示。

步骤 4：在密码框中输入密码，密码下面的列表是允许用户进行的操作权限，可以进行勾选。如果不想给用户太多权限，可以全部不选。

步骤 5：单击【确定】按钮，关闭对话框。

设置了保护的工作表，进行非权限操作时会要求输入密码撤销保护。

图 4-119 【保护工作表】对话框

3．保护单元格

WPS 表格默认所有的单元格都是锁定状态，锁定单元格可以在保护工作表的状态下防止单元格内容被修改。若只需保护部分重要的单元格，其步骤如下。

步骤 1：在工作表非保护状态下选定工作表单元格，单击【审阅】选项卡的【锁定单元格】按钮，取消所有单元格的【锁定】格式。

步骤 2：选定工作表的需要保护的单元格区域，单击【审阅】选项卡的【锁定单元格】按钮，需保护的单元格区域被锁定。

步骤 3：打开【保护工作表】对话框，在【允许此工作表的所有用户进行】列表框中取消【选定锁定单元格】前的复选框，可同时设置保护密码，单击【确定】按钮。

这时工作表中未锁定的单元格根据保护工作表时的选择可以进行相应的操作，而锁定的单元格为保护单元格，单击时会弹出如图 4-120 所示的【WPS 表格】对话框，提示单元格正在受保护。

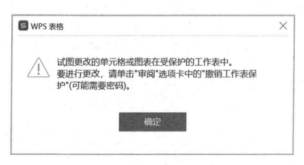

图 4-120 【WPS 表格】对话框

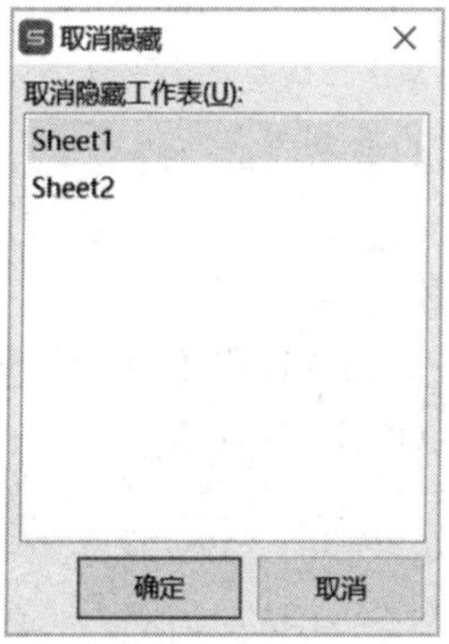

4.6.2 工作表的隐藏

1．隐藏工作表

隐藏工作表操作可以使重要的工作表默认不可见。

右键单击工作表标签，在弹出的快捷菜单中选择【隐藏】命令，即可隐藏选定的工作表。

选择任意一个工作表标签右击，在弹出的快捷菜单中选择【取消隐藏】命令，打开如图 4-121 所示的【取消隐藏】对话框，选取需要重新显示的工作表，单击【确定】按钮取消工作表的隐藏。

图 4-121 【取消隐藏】对话框

2. 隐藏单元格内容

如果单元格中包含了重要的公式而不想被其他用户看到，可以隐藏单元格内容使之不在数据编辑区显示。

隐藏单元格内容的步骤如下。

步骤 1：选定要隐藏的单元格区域。

步骤 2：打开【单元格格式】对话框，单击【保护】选项卡，如图 4-122 所示。

步骤 3：选中【隐藏】复选框，单击【确定】按钮。

步骤 4：选择【审阅】选项卡的【保护工作表】命令，使隐藏特性起作用。

单元格区域被隐藏后，数据编辑区为空白，不再显示单元格的内容。如果要取消隐藏，需先取消工作表的保护，然后在【单元格格式】对话框中清除【隐藏】复选框。

3. 隐藏行或列

WPS 表格中，行和列也可以被隐藏。选定要隐藏的行或列或单元格区域，在【开始】选项卡中选择【行和列】下拉列表，在【隐藏与取消隐藏】子菜单中选择相应的命令即可，如图 4-123 所示。

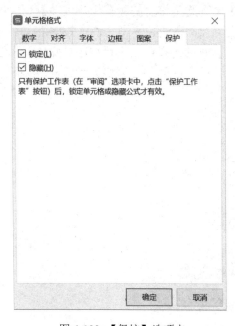

图 4-122　【保护】选项卡

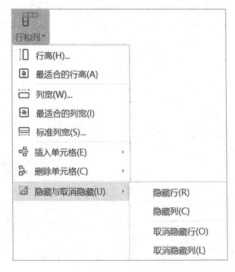

图 4-123　隐藏与取消隐藏行列

4.6.3　页面设置和打印输出

工作表在打印之前，应先进行页面设置操作。选择【页面布局】选项卡的【页面设置】工具组右下方的对话框启动器按钮 ，打开【页面设置】对话框。如图 4-124 所示。

图 4-124 【页面设置】对话框

1. 页面

在【页面设置】对话框的【页面】选项卡中，可以进行纸张方向、缩放和相关的打印设置。

（1）设置纸张方向

在【方向】分组框中根据需要选择纸张为"横向"或"纵向"。

（2）设置缩放

如果工作表中的内容和打印纸大小不能完全匹配，可以对其进行缩放调整。

（3）设置纸张大小

在【纸张大小】列表框中选择内置的标准纸张或自定义纸张大小，默认为 A4 纸。

（4）设置打印质量

在【打印质量】列表框中根据需要选择。

2. 页边距

在【页面设置】对话框的【页边距】选项卡中，可以进行上、下、左、右边距和打印内容的居中方式设置，如图 4-125 所示。

3. 页眉/页脚

在【页面设置】对话框的【页眉/页脚】选项卡中，可以进行页眉/页脚内容的输入，还能将页眉/页脚设置为【奇偶页不同】和【首页不同】，如图 4-126 所示。

单击【自定义页眉】按钮，在弹出的【页眉】对话框中可以添加页眉内容，这些内容可以是页码、总页数、日期、时间等，如图 4-127 所示。

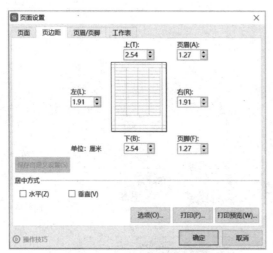

图 4-125 【页边距】选项卡

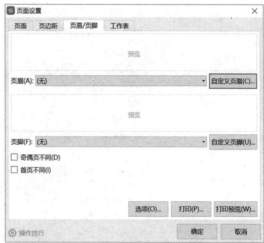

图 4-126 【页眉/页脚】选项卡

4. 工作表

在【页面设置】对话框的【工作表】选项卡中，可以选择打印区域和每页纸都要打印的顶端标题和左端标题设置，还能进行打印内容和顺序的设置，如图 4-128 所示。

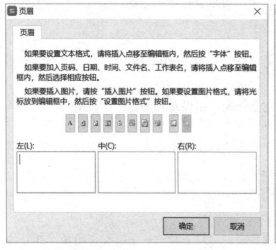

图 4-127 【页眉】对话框

图 4-128 【工作表】选项卡

5. 打印预览和输出

页面设置完成后，在打印工作表之前，使用【打印预览】可以查看工作表的打印效果。单击【文件】→【打印】→【打印预览】菜单项，进入【打印预览】视图。在【打印预览】面板可以进行相应的打印设置，如图 4-129 所示。

图 4-129 【打印预览】面板

完成预览后单击【直接打印】按钮，打开图 4-130 所示的【打印】对话框进行打印设置。

◆ 【打印机】工作区可以对打印机进行设置，如选择打印机和是否双面打印。
◆ 【页码范围】工作区可以设置打印全部内容或某几页。
◆ 【打印内容】工作区用于选择打印的内容，可以是选定区域、工作表或整个工作簿。
◆ 【副本】工作区用于选择打印顺序和打印份数。
◆ 【并打和缩放】工作区中可以选择一张纸上打印多页内容，也可以将内容按纸型缩放后打印。

设置完成后单击【确定】按钮开始打印。

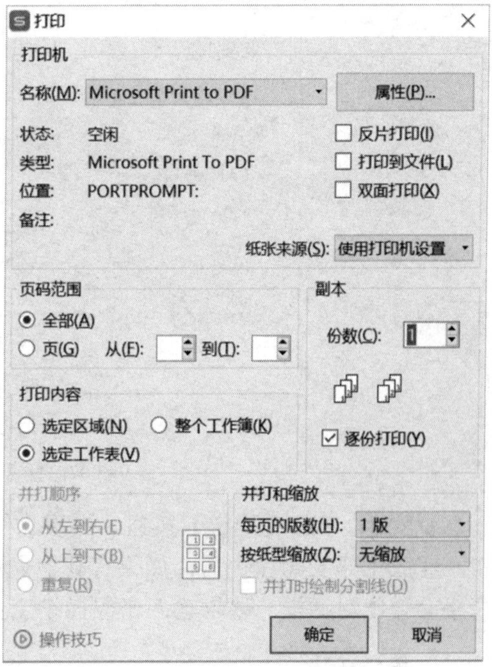

图 4-130 【打印】对话框

【案例实践】

前面已完成了"成绩.et"文件的数据录入、计算和数据分析。本节任务如下：

（1）为工作簿设置打开权限密码。

（2）为"各科成绩汇总"工作表设置保护，不允许其他人修改数据。

（3）将"各科成绩汇总"工作表中的成绩打印出来，各科各分数段统计不打印。

案例实施

1. 保护工作簿

步骤 1：打开"成绩.et"工作簿。

步骤 2：选择【文件】→【文档加密】→【密码加密】命令，打开【密码加密】对话框。如图 4-131 所示。

步骤 3：在【打开文件密码】框中输入打开权限密码，在【再次输入密码】框中输入同样的密码，以确认输入无误。

步骤 4：单击【应用】按钮并保存文件。

2. 保护工作表

步骤 1：单击【审阅】功能区的【保护工作表】按钮，弹出【保护工作表】对话框。如图 4-132 所示。

步骤 2：在密码框中输入密码。

步骤 3：在【允许此工作表的所有用户进行】列表框中勾选【选定锁定单元格】和【选定未锁定单元格】。

图 4-131　【密码加密】对话框

步骤 4：单击【确定】按钮，再次输入密码。

完成工作表的保护后，如果有其他人想修改"各科成绩汇总"工作表中的数据，WPS
表格会弹出对话框，要求输入密码撤销工作表保护才能修改。如图 4-133 所示。

图 4-132　用密码保护工作表

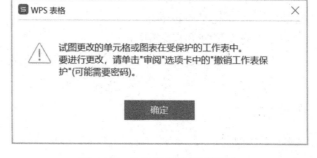

图 4-133　【WPS 表格】对话框

3．打印设置

在打印工作表前，应该先预览一下效果，如果效果不合适则重新进行设置，设置过程
中随时预览和调整。初始预览第 1 页纸的内容如图 4-134 所示。

显然，打印内容和纸张方向都需要设置，工作表也应该调整后再打印。

步骤 1：选定需打印的工作表区域 A1:K22。

步骤 2：在【页面布局】选项卡的【页面设置】工具组中单击【打印区域】→【设置
打印区域】命令，完成打印区域设置。

步骤 3：单击【页面设置】工具组，单击【纸张方向】→【横向】命令，将纸张设置
为横向。

步骤 4：调整行高为 20，列宽为 10。

步骤 5：选择【页面布局】选项卡【页面设置】工具组右下方的对话框启动器按钮⬛，

打开【页面设置】对话框，在【页边距】选项卡中，设置居中方式为"水平"。

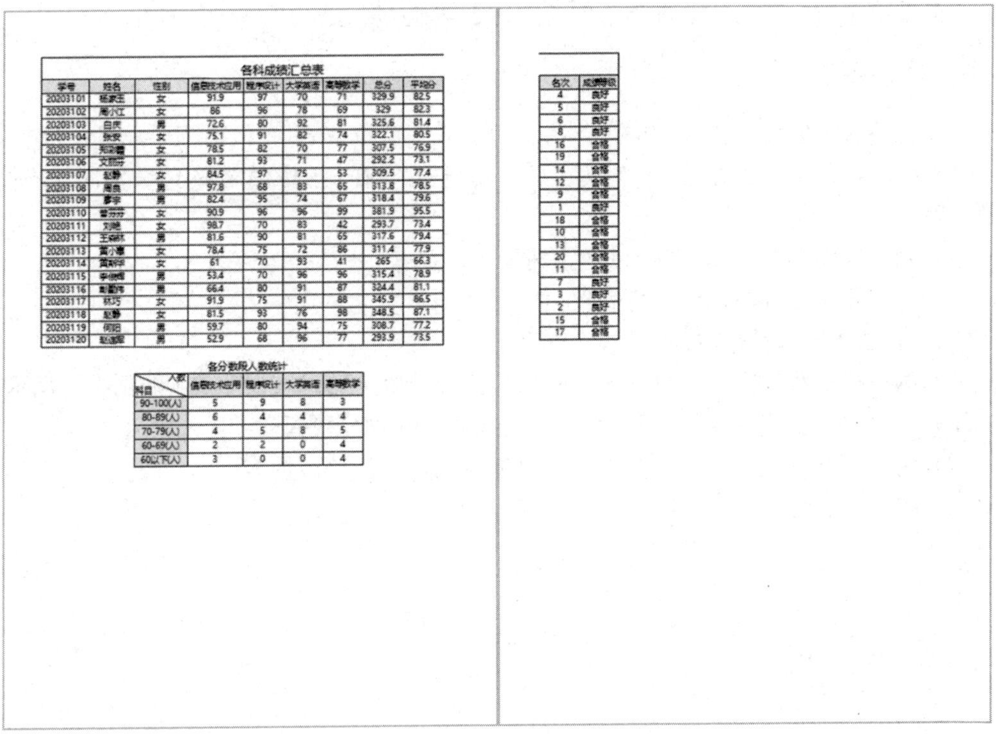

各科成绩汇总表

学号	姓名	性别	信息技术应用	程序设计	大学英语	高等数学	总分	平均分
20203101	杨家玉	女	91.9	97	70	71	329.9	82.5
20203102	周小江	女	86	96	78	69	329	82.3
20203103	白庆	男	72.6	80	92	81	325.6	81.4
20203104	张安	女	75.1	91	82	74	322.1	80.5
20203105	郑彩霞	女	78.5	82	70	77	307.5	76.9
20203106	文丽芬	女	81.2	93	71	47	292.2	73.1
20203107	赵静	女	84.5	97	75	53	309.5	77.4
20203108	周良	男	97.8	68	83	65	313.8	78.5
20203109	廖宇	男	82.4	95	74	67	318.4	79.6
20203110	曾芬芬	女	90.9	96	96	99	381.9	95.5
20203111	刘艳	女	98.7	70	83	42	293.7	73.4
20203112	王森林	男	81.6	90	81	65	317.6	79.4
20203113	黄小惠	女	78.4	75	72	86	311.4	77.9
20203114	黄斯华	女	61	70	93	41	265	66.3
20203115	李俊辉	男	53.4	70	96	96	315.4	78.9
20203116	彭勤伟	男	66.4	80	91	87	324.4	81.1
20203117	林巧	女	91.9	75	91	88	345.9	86.5
20203118	赵静	女	81.5	93	76	98	348.5	87.1
20203119	何阳	男	59.7	80	94	75	308.7	77.2
20203120	赵连军	男	52.9	68	96	77	293.9	73.5

各分数段人数统计

科目 \ 人数	信息技术应用	程序设计	大学英语	高等数学
90-100(人)	5	9	8	3
80-89(人)	6	4	4	4
70-79(人)	4	5	8	5
60-69(人)	2	2	0	4
60以下(人)	3	0	0	4

名次	成绩等级
4	良好
5	良好
6	良好
8	良好
16	合格
19	合格
14	合格
12	合格
9	合格
1	良好
18	合格
10	合格
13	合格
20	合格
11	合格
7	良好
3	良好
2	良好
15	合格
17	合格

图 4-134　初始打印预览效果

调整完成后，打印预览效果如图 4-135 所示。

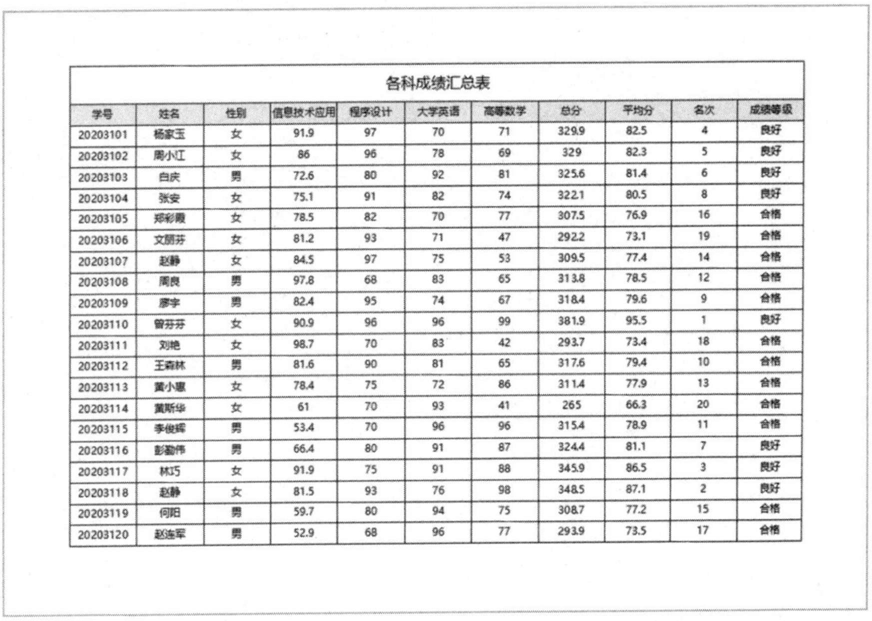

各科成绩汇总表

学号	姓名	性别	信息技术应用	程序设计	大学英语	高等数学	总分	平均分	名次	成绩等级
20203101	杨家玉	女	91.9	97	70	71	329.9	82.5	4	良好
20203102	周小江	女	86	96	78	69	329	82.3	5	良好
20203103	白庆	男	72.6	80	92	81	325.6	81.4	6	良好
20203104	张安	女	75.1	91	82	74	322.1	80.5	8	良好
20203105	郑彩霞	女	78.5	82	70	77	307.5	76.9	16	合格
20203106	文丽芬	女	81.2	93	71	47	292.2	73.1	19	合格
20203107	赵静	女	84.5	97	75	53	309.5	77.4	14	合格
20203108	周良	男	97.8	68	83	65	313.8	78.5	12	合格
20203109	廖宇	男	82.4	95	74	67	318.4	79.6	9	合格
20203110	曾芬芬	女	90.9	96	96	99	381.9	95.5	1	良好
20203111	刘艳	女	98.7	70	83	42	293.7	73.4	18	合格
20203112	王森林	男	81.6	90	81	65	317.6	79.4	10	合格
20203113	黄小惠	女	78.4	75	72	86	311.4	77.9	13	合格
20203114	黄斯华	女	61	70	93	41	265	66.3	20	合格
20203115	李俊辉	男	53.4	70	96	96	315.4	78.9	11	合格
20203116	彭勤伟	男	66.4	80	91	87	324.4	81.1	7	良好
20203117	林巧	女	91.9	75	91	88	345.9	86.5	3	良好
20203118	赵静	女	81.5	93	76	98	348.5	87.1	2	良好
20203119	何阳	男	59.7	80	94	75	308.7	77.2	15	合格
20203120	赵连军	男	52.9	68	96	77	293.9	73.5	17	合格

图 4-135　打印预览效果

4．打印工作表

单击【快速访问工具栏】选项卡的【打印】按钮⊖，进行工作表的打印。

【扩展任务】

打开任务五扩展任务完成后的工作簿文件"职工工资表.et"，按下列要求进行操作：

（1）在工资表中添加页眉，内容为"职工工资表"，在页脚的左右两边分别添加当前日期和页码。

（2）为工资表添加外粗内细的蓝色边框。

（3）为字段所在行添加浅蓝色底纹。

（4）将 A1:M17 设置为打印区域。

（5）调整行高和列宽，使打印预览时内容可以清晰完整地在一张 A4 纸正中间显示。

（6）为"职工工资表.et"设置打开权限密码和修改权限密码。

（7）为工资表设置保护，使其他用户只能查看，不能修改内容。

（8）将工资表打印 2 份。

项目 5　WPS 演示 2019 的使用

　　WPS 演示 2019 是 WPS Office 办公软件中的核心组件之一，广泛应用于现代办公中。WPS 演示 2019 提供了多种界面，并可以实现时尚界面与经典界面间的轻松切换，让用户选择符合自己使用习惯的界面风格，充分尊重用户的体验与感受。不同的界面可以使老用户保留长期积累的习惯，同时又能尽快适应和接受新界面。WPS 演示深度兼容 PowerPoint，与 PowerPoint 实现文件读写双向兼容，用户无须学习就可直接上手。

【项目目标】

➢ 知识目标

1. 掌握 WPS 演示的基本功能、界面、启动和退出。
2. 熟悉 WPS 演示文稿的创建、打开、保存、保护等基本操作。
3. 掌握 WPS 演示文稿的编辑与制作。
4. 熟悉 WPS 演示文稿的美化。
5. 掌握 WPS 演示文稿的切换效果与动画。
6. 掌握 WPS 演示文稿的放映和打印。

➢ 技能目标

1. 能够利用 WPS 演示创建和编辑、美化演示文稿。
2. 能够给 WPS 演示文稿的对象添加动画效果。
3. 能够进行幻灯片的切换效果设置和放映设置。
4. 能够对演示文稿进行打包与打印。

任务一　WPS 演示概述

【任务目标】

➢ 认识 WPS 演示的工作界面。
➢ 掌握 WPS 演示的视图方式。
➢ 掌握 WPS 演示文稿的保存与加密保护。

【任务描述】

　　学习 WPS 演示的使用，从认识 WPS 演示的工作界面开始。本任务重点了解 WPS 演示几种常用视图的作用，掌握 WPS 演示文稿的保存与加密保护。

【知识储备】

5.1.1　WPS 演示窗口的组成

WPS 演示窗口由文档标签、功能区、选项卡、幻灯片/大纲窗格、备注窗格、编辑区、状态栏等部分组成，如图 5-1 所示。

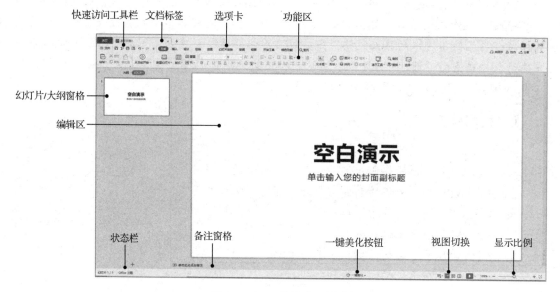

图 5-1　WPS 演示窗口组成

1．文档标签

文档标签栏位于 WPS 演示窗口的最上方，显示当前打开的所有文件名称。最左端是WPS【首页】图标按钮，最右端的三个小图标依次为窗口最小化、窗口最大化（还原）和关闭应用程序按钮。

2．【文件】菜单

【文件】菜单中包括【新建】【打开】【保存】【另存为】【输出为 PDF】【输出为图片】【文件打包】【打印】【分享文档】【文档加密】【备份与恢复】【帮助】【选项】【退出】等多个命令，可以对文稿进行不同的操作；【文件】菜单的【打开】子菜单中还显示了最近使用过的演示文稿列表，便于用户快速打开最近使用过的文稿。

3．快速访问工具栏

WPS 演示的快速访问工具栏与 WPS 文字和 WPS 表格相同，这里就不再介绍。

4．选项卡和功能区

在 WPS 演示文稿窗口上方从左到右依次是【开始】【插入】【设计】【切换】【动画】【幻灯片放映】【审阅】【视图】【开发工具】【特色功能】十个选项卡。选项卡中各项功能的操作平台则称为功能区，可以根据需要单击【隐藏功能区】按钮 ∧ 或者【显示功能区】按钮 ∨，对功能区进行隐藏或显示。每个选项卡对应的功能区由多组命令按钮组成，按钮按功能分组放置，通过执行不同的命令，可以完成对 WPS 演示文稿的各种操作，如图 5-2 所示。

图 5-2　功能区和选项卡

（1）【开始】选项卡

【开始】选项卡中包括【剪贴板】【幻灯片】【字体】【段落】【绘图】【编辑】等功能组。通过执行这些功能组中的命令，可以实现简单幻灯片的制作和排版，如图 5-3 所示。

图 5-3　【开始】选项卡

（2）【插入】选项卡

【插入】选项卡包括【页面】【表格】【图像】【形状】等功能组。通过执行这些功能组中的命令，可以在幻灯片中插入表格、图片、形状、符号、媒体等多种对象，让幻灯片内容更加生动。

（3）【设计】选项卡

【设计】选项卡可以为幻灯片添加系统默认的设计方案、导入设计模板、设置幻灯片背景、应用配色方案、进行页面设置等操作，完成幻灯片的设计和美化。

（4）【切换】选项卡

【切换】选项卡可以设置幻灯片放映时页面切换的动态效果，还可以设置切换效果的显示时间，为切换效果添加声音特效等。

（5）【动画】选项卡

【动画】选项卡包括预览、动画、自定义动画、智能动画、删除动画等功能，能够实现幻灯片中各对象的动画设置，让幻灯片放映效果更加生动。

（6）【幻灯片放映】选项卡

【幻灯片放映】选项卡可以选择开始放映的幻灯片节点、进行放映设置，也可以设置手机遥控放映和进行演讲实录等多种操作。

（7）【审阅】选项卡

【审阅】选项卡包括【校对】【标记】【中文繁简转换】等功能组，可以实现幻灯片中文字的审阅检查。

（8）【视图】选项卡

【视图】选项卡包括【演示文稿视图】【母版视图】【显示】【显示比例】【窗口】【宏】等功能组，可以实现不同视图的切换，编辑幻灯片母版，调整窗口大小、多窗口排列等操作。

功能区显示的都是标准的选项卡，还有一些选项卡只有在需要处理相关任务时才会出现在选项卡界面中，例如，选中一个形状会出现【绘图工具】和【文本工具】选项卡，如

图 5-4 所示。类似的还有【图表】【视频】【音频】【图片工具】等选项卡。

图 5-4　其他选项卡

5．编辑区

WPS 演示窗口的中间部分是编辑区,它由三个主要部分组成:左侧是幻灯片/大纲窗格,用于快速浏览所有幻灯片和选择要编辑的幻灯片;中间是编辑区,显示了幻灯片中所有的对象,可以实现各对象的选择和编辑;下方是备注窗格,可以为当前幻灯片添加备注。

6．状态栏

状态栏位于窗口的底部,用来显示当前演示文稿的常用参数和工作状态,其中包括右侧的视图切换工具栏和显示比例滑块。

5.1.2　WPS 演示的视图模式

WPS 演示为用户提供了普通、幻灯片浏览、备注页、阅读四种视图,帮助用户更方便地查看和编辑演示文稿。

1．普通视图

普通视图是软件默认的视图,该视图主要包括三个工作区域:幻灯片/大纲窗格、幻灯片编辑区和备注窗格,如图 5-5 所示。普通视图是进行幻灯片编辑的主要视图,大部分操作都在此视图下进行。

图 5-5　普通视图

2. 幻灯片浏览视图

幻灯片浏览视图以缩略图形式显示所有幻灯片，以便对演示文稿中的所有幻灯片进行查看或者重新排列顺序。在幻灯片浏览视图中可以对幻灯片进行复制、剪切、粘贴、移动、新建、删除等操作，如图5-6所示。

图 5-6　幻灯片浏览视图

3. 备注页视图

在备注页视图模式下，每一页幻灯片都将包括一张幻灯片和演讲者备注，可以在备注文本框中添加要备注的文字。幻灯片在放映时，备注不会呈现在屏幕上，如果演讲者既要添加备注提示自己，又不希望观众看到备注的内容，用备注页视图是最好的选择，如图5-7所示。

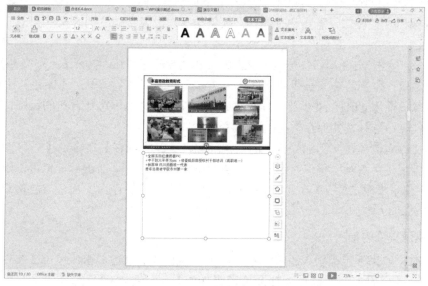

图 5-7　备注页视图

4．阅读视图

阅读视图是在 WPS 演示窗口中播放幻灯片，以查看动画和切换效果，无须切换到全屏幻灯片放映的视图。该视图主要用于查看已完成幻灯片的播放效果，可以通过单击任务栏右下角的【上一页】和【下一页】按钮实现幻灯片的跳转，也可以通过按 Esc 键退出放映状态，如图 5-8 所示。

图 5-8　阅读视图

5.1.3　保存演示文稿

1．演示文稿的保存

WPS 演示文档操作，需要及时保存，以免误操作或者文档关闭时未保存造成不必要的损失。

方法一：单击 WPS 演示快速访问工具栏中的【保存】按钮，打开【另存文件】对话框，选择合适的保存位置，输入合适的文件名，选择文件保存类型，单击【保存】按钮。

方法二：使用 Ctrl+S 组合键，打开【另存文件】对话框，选择合适的保存位置，输入合适的文件名，选择文件保存类型，单击【保存】按钮。

方法三：右键单击文档标签栏上的文档标签，选择【保存】命令或【另存为】命令。

一般情况下，演示文稿保存的文件类型为 WPS 演示文件（*.dps），也可以根据需要保存为 WPS 演示模板文件（*.dpt），或根据需要将演示文稿保存为图片或与微软 Office 兼容的 pptx 格式。

2．演示文稿的加密

保存时，如果不希望别人随意查看，可以对演示文稿进行加密，单击【文件】→【文档加密】→【密码加密】命令，打开【密码加密】对话框，即可完成演示文稿的密码保护，如图 5-9 所示。

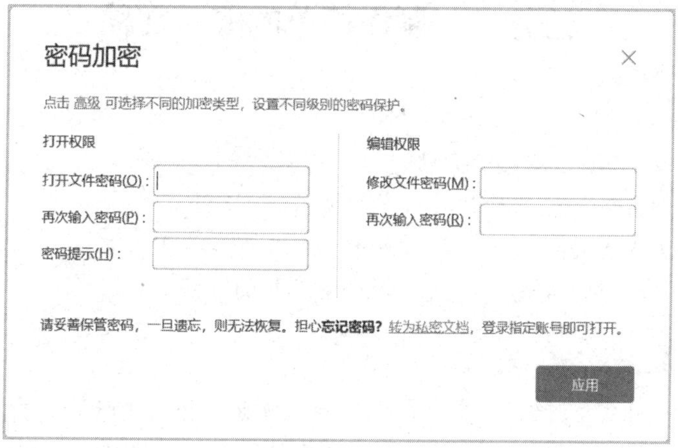

图 5-9　演示文稿加密

【案例实践】

在信息技术应用课堂上，王老师讲完了 WPS 演示的概述，告诉大家接下来会通过制作个人简介演示文稿带领同学们熟悉 WPS 演示的操作，并要求同学们课后通过网络欣赏优秀的个人简历 PPT 模板。

案例实施

1. 查找个人简历演示文稿模板

步骤 1：启动一个常用的浏览器，在地址栏中输入 http://www.baidu.com，打开百度搜索引擎。

步骤 2：在搜索框中输入"个人简历演示文稿模板"，按 Enter 键或者单击【百度一下】按钮开始搜索。

2. 查看个人简历演示文稿模板

步骤 1：在弹出的搜索列表中，单击某一列表，进入一个模板网站。

步骤 2：在该模板网站中，单击某一个自己认为美观的模板，欣赏该模板。

备注：常用的优秀演示文稿模板网站有我图网、包图网、熊猫办公、第一 PPT 等。

【扩展任务】

分析前面案例中搜索到的优秀个人简介演示文稿中包含了哪些信息，这些信息是用什么方式表现的。根据分析所得，罗列出自己的个人简介的基本内容，并利用 WPS 文字写成个人信息文档，以备后用。

任务二　制作简单的演示文稿

【任务目标】

➢ 掌握创建 WPS 演示文稿的方法。

➢ 掌握插入幻灯片和运用幻灯片版式的方法。

➢ 正确使用文本占位符，会在幻灯片中插入文本、设置文本的格式。

➢ 掌握选定、移动、复制、隐藏、删除幻灯片的方法。

【任务描述】

学习制作简单的 WPS 演示文稿，从创建演示文稿开始，在已创建的演示文稿中，可以插入幻灯片让演示文稿内容更加丰富，也可以删除不要的幻灯片，还可以在幻灯片中录入文字并编辑，让文字表达演讲者的想法。在制作过程中能够熟练进行幻灯片的选定、移动、复制、隐藏、删除等操作，制作完成后能正确保存和加密演示文稿。

【知识储备】

5.2.1　创建演示文稿

1. 创建空白演示文稿

在 WPS 演示中提供了多种新建空白文档的方法。

方法一：双击桌面上的 WPS 2019，启动程序，单击【新建】→【演示】→【新建空白文档】命令。

方法二：单击 WPS 2019 窗口上方的【+】按钮，选择【演示】→【新建空白文档】命令，如图 5-10 所示。

图 5-10　新建幻灯片

方法三：在当前演示文稿窗口中，按 Ctrl+N 组合键。

方法四：单击位于界面左上方的【文件】菜单按钮，依次单击【新建】→【演示】→【新建空白文档】命令。

2．利用主题模板创建新演示文稿

在 WPS 演示文稿窗口中可以利用模板创建新演示文稿，主要方法如下。

方法一：单击【文件】菜单，选择【新建】→【本机上的模板新建】命令，打开【模板】对话框，单击【常用】或【通用】标签，选择一种模板，在预览区域观看此模板，满意后单击【确定】按钮，完成演示文稿创建。要在今后创建的演示文稿中都使用此模板，可勾选【设为默认模板】复选框。

方法二：在网上找一个合适的免费模板，下载后得到一个含一组专业美观幻灯片的演示文稿文件，稍加修改即可完成新演示文稿创建。

5.2.2　插入幻灯片

1．插入新幻灯片

方法一：在普通视图中，单击要插入幻灯片的位置，在【开始】选项卡中单击【新建幻灯片】按钮，在选定的幻灯片后插入一张新的幻灯片，如图 5-11 所示。

图 5-11　新建空白幻灯片

方法二：在普通视图和幻灯片浏览视图下，右键单击要插入幻灯片的位置，在弹出的快捷菜单中选择【新建幻灯片】命令，即可在当前位置插入一张新的空白幻灯片。

方法三：在普通视图和幻灯片浏览视图下，右键单击某一张幻灯片，在弹出的快捷菜单中选择【新建幻灯片】命令，即可以在选中的幻灯片后插入一张新的空白幻灯片。

方法四：选中幻灯片缩略图，直接按 Enter 键即可在当前幻灯片后创建一张新的空白幻灯片。

方法五：单击幻灯片缩略图右下方的【＋】按钮，在弹出的页面中选择一种版式。

2．插入来自其他演示文稿的幻灯片

复制其他演示文稿中的幻灯片，然后粘贴到本文件中。粘贴时在【幻灯片/大纲】位置选中要粘贴的两张幻灯片中间的位置，或者在选中的幻灯片单击右键，选择【粘贴】命令，幻灯片将粘贴在此幻灯片之后。

3．删除幻灯片

一般在普通视图和幻灯片浏览视图中进行幻灯片的删除操作，方法基本相同。首先选中要删除的幻灯片，然后用下面的方法之一进行删除。

方法一：右键单击，在弹出的快捷菜单中选择【删除幻灯片】命令。

方法二：按键盘上的 Delete 键。

方法三：按键盘上的 Backspace 键。

4．设置幻灯片版式

幻灯片版式是指幻灯片中的对象在幻灯片上的排列方式。版式由占位符组成，占位符可放置文字、图形、表格、图表、视频等各种对象。WPS 演示文稿每一套新建模板在默认情况下包含 11 种版式，每种版式都有属于自己的名称，如图 5-12 所示。

图 5-12　幻灯片版式

在默认幻灯片普通视图下，在左侧【大纲/幻灯片】窗格的【幻灯片】选项卡中，单击选定需要更改版式的幻灯片，在【开始】选项卡中单击【版式】下拉按钮，在弹出的【版式】下拉框中选择需要的幻灯片版式，即可完成版式的更改。

5.2.3 在幻灯片中输入文本

WPS 演示中的文字主要有占位符文本、文本框中的文本、插入图形中的文本、艺术字文本四种。可以根据不同的文本使用需求，通过不同方式将文字插入演示文稿编辑区。

在 WPS 演示中，多数文字是以插入文本框和利用文本占位符两种方式实现的。文本框的优势在于可以灵活调整大小和位置，方便操作。文本占位符属于版式内容的一部分，无须插入即可使用。

1．使用文本占位符

占位符是一种带有虚线或阴影线边缘的框，经常出现在演示文稿的模板中，用来占位。占位符有文本占位符、图表占位符、媒体占位符、图片占位符和表格占位符等类型。

（1）利用文本占位符输入文字

文本占位符在幻灯片中表现为一个虚线框，虚线框内部往往带有【单击此处添加标题】之类的提示语，单击激活插入点，提示语会自动消失，用户可在占位符中输入内容，如图 5-13 所示。

图 5-13　文本占位符

在文本占位符内输入的文字能在大纲视图中预览，并且按级别不同位置也有所不同。通过在大纲视图中选中文字进行操作，可以直接改变演示文稿中文本的字体、字号，这是文本占位符特有的优势，如图 5-14 所示。

在幻灯片中插入的文本框内输入文字，在大纲视图中则不会出现，就不能利用大纲视图进行批量格式设置操作。

（2）文本占位符的编辑

选中文本占位符，选项卡最右边会显示【绘图工具】和【文本工具】选项卡，通过【绘图工具】选项卡中的命令，可以对占位符进行色彩填充、添加轮廓、设置默认样式等操作，改变占位符外观。通过【文本工具】可以对文本进行设置和美化，如图 5-15 所示。

2．插入文本框

在没有文本占位符的地方，如果要在幻灯片中添加文本字符，可以通过插入文本框来实现，具体操作步骤如下。

图 5-14 【大纲】窗格中编辑文字

图 5-15 文本占位符编辑

步骤 1：单击【插入】→【文本框】→【横向文本框】或【竖向文本框】选项卡。

步骤 2：此时光标移动到幻灯片编辑区中变成黑十字形状，单击后向下拖动，可以预览到文本框大小，满意后释放鼠标，幻灯片编辑区就会出现一个文本框，出现闪烁的输入文字提示符号，输入文字后按 Enter 键即可。

也可以右击插入的文本框，执行【编辑文字】命令，输入文字后按 Enter 键即可。

提示：其余操作和文本占位符基本相同。

3．在形状中输入文字

选择要添加文字的形状，单击右键，在弹出的快捷菜单中选择【编辑文字】命令，如图 5-16 所示。当形状中出现输入提示符时即可开始输入文字，如需换行，按 Enter 键即可，输入完文字后单击图形外部空白处，结束该文字的编辑。

图 5-16　在形状中输入文字

注意： 线条和连接符形状中不能输入文字。

4．设置文本格式

（1）利用【开始】选项卡设置

选中插入的文字，单击【开始】选项卡，可以利用其中的按钮对文字进行字体设置、排列设置、艺术字设置等操作。

（2）利用【文本工具】选项卡设置

选中文本占位符或占位符中的文字，选项卡右侧会显示【文本工具】选项卡，执行该选项卡下的命令，可以对文字进行字体、字号、颜色、对齐、艺术字等设置，让文本更加美观，如图 5-17 所示。

5．项目符号设置

设置项目符号的操作步骤如下。

步骤 1：选定要设置项目符号的文本。

步骤 2：右击选中的文本，执行快捷菜单中的【项目符号和编号】命令，在打开的对话框中可对项目符号和编号进行设置，使文字显示更清晰、更有条理。

5.2.4　管理幻灯片

1．选定幻灯片

在普通视图和幻灯片浏览视图中均可选定幻灯片，具体操作如下。

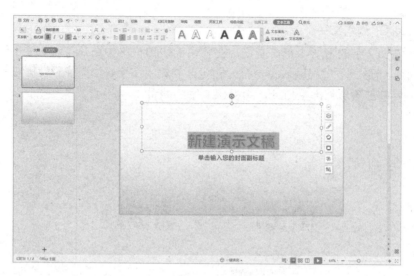

图 5-17 【文本工具】选项卡

（1）选定单张幻灯片

普通视图下，在窗口左侧的大纲/幻灯片窗格中，单击要选择幻灯片的缩略图，即可选中这张幻灯片。

在幻灯片浏览视图下，单击要选择幻灯片的缩略图，即可选中此张幻灯片。

（2）选定连续多张幻灯片

如需选中连续的几张幻灯片，单击要选择的第一张幻灯片，按住 Shift 键再单击要选中的最后一张幻灯片，即可选中两张幻灯片以及它们之间的连续多张幻灯片。

（3）选定不连续的多张幻灯片

如需选中几张不连续的幻灯片，单击要选择的第一张幻灯片，按住 Ctrl 键，同时利用鼠标依次单击要选择的其他各张幻灯片，即可选中这几张不连续的幻灯片。

（4）选定全部幻灯片

如需全选幻灯片，在大纲视图或幻灯片浏览视图模式下按组合键 Ctrl+A 即可。

2．移动幻灯片

方法一：拖动缩略图。在普通视图和幻灯片浏览视图中，都能查看所有幻灯片的缩略图。单击选中要调整位置的幻灯片，按住鼠标左键，拖动该缩略图到要放置的目标位置后，松开鼠标，即可完成移动操作。

方法二：运用【剪切】、【粘贴】命令移动幻灯片。选中将要移动的幻灯片，右击，选择快捷菜单中的【剪切】命令，或者单击【开始】选项卡的【剪贴板】组中的【剪切】命令或者使用 Ctrl+X 组合键，再找到要插入的位置，右击，选择快捷菜单中的【粘贴】命令，或者使用 Ctrl+V 组合键，将幻灯片粘贴到相应位置，完成幻灯片的顺序调整。

3．复制幻灯片

复制幻灯片一般在普通视图和浏览视图中进行。

方法一：利用右键操作。选中要复制的幻灯片并右击，执行快捷菜单中的【复制】命令，再找到要插入的位置，右击，执行快捷菜单中的【粘贴】命令，将幻灯片粘贴到相应位置，完成幻灯片的复制。

方法二：运用【复制】【粘贴】命令复制幻灯片。选中要复制的幻灯片并右击，选择快捷菜单中的【复制】命令，或者单击【开始】选项卡的【剪贴板】组中的【复制】命令，或者使用组合键 Ctrl+C，再找到要插入的位置右击，选择快捷菜单中的【粘贴】命令，或者使用组合键 Ctrl+V，将幻灯片粘贴到相应位置，完成幻灯片的复制。

【案例实践】

信息技术应用课堂上，老师要求大家制作自我介绍演示文稿，具体要求如下：

（1）演示文稿由 9 张幻灯片组成，尽量使用统一的风格。

（2）第 1 张幻灯片版式为"标题幻灯片"，最后两张版式为"仅标题"，其余幻灯片版式为"标题和内容"。

（3）除第 1 张和最后一张幻灯片外，每张幻灯片的标题设置为华文行楷，字号为 44 磅；正文设置为华文楷体，字号为 22 磅。

（4）将第 7 张幻灯片中的文字分成 6 段，添加项目符号，段落格式为段前 18 磅，段后 0 磅。

（5）将第 2 张幻灯片复制到该演示文稿的最后，并隐藏这张幻灯片。

（6）简单美化后保存演示文稿并加密，标题名为"学号姓名-个人简介"。

完成后的效果如图 5-18 所示。

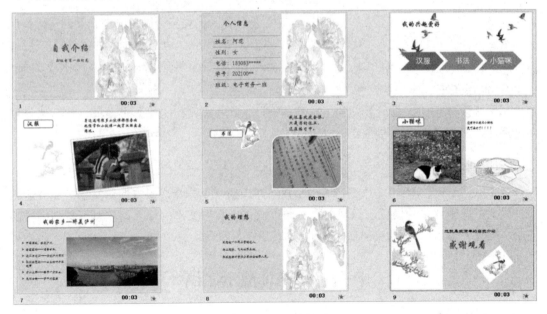

图 5-18　演示文稿的效果

案例实施

1．新建空白的演示文稿

2．新建幻灯片

单击【开始】→【新建幻灯片】命令，新建默认版式"标题和内容"的幻灯片 8 张，共有 9 张幻灯片。

3．修改版式

改变第 8 张幻灯片的版式。选中第 8 张幻灯片，单击选项卡【开始】→【版式】的下拉按钮，选中版式"仅标题"。用同样的方法把第 9 张幻灯片的版式改为"仅标题"。

4．编辑幻灯片

单击选中幻灯片，按照参考样式给每张幻灯片输入文字，并按照要求调整字体、字号；插入与自己生活有关的图片；试着插入简单的智能图形、流程图或思维导图等。

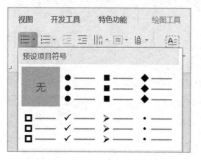

图 5-19　项目符号

5．项目符号

在第 7 张幻灯片的文本占位符中输入与自己实际情况相符的文本，分成 6 段。选中这 6 段后在【文本工具】选项卡的【段落】组中的第一个按钮，进行项目符号的设置，如图 5-19 所示。

6．隐藏幻灯片

选中第 2 张幻灯片，按组合键 Ctrl+C，然后选中最后一张幻灯片，按组合键 Ctrl+V，第二张幻灯片就复制在最后。选中复制的这张幻灯片的缩略图，单击右键，在弹出的快捷菜单中选择【隐藏幻灯片】命令。

7．保存文件

单击【快速访问工具栏】项的工具按钮 ⬜，弹出【另存文件】对话框，然后选择保存到桌面，文件名为"学号姓名-个人简介"。

【扩展任务】

用 WPS 演示文稿制作一份不少于 15 张幻灯片的学生会竞选报告演示文稿。充分运用各种版式，并下载多种模板，合理选用。通过操作，掌握文本的输入、项目符号与编号的使用、图片的插入、幻灯片的插入与删除、复制与移动等。

任务三　修饰演示文稿

【任务目标】

➢ 应用设计方案对演示文稿进行设计。
➢ 设置幻灯片的背景。
➢ 正确运用幻灯片母版。

【任务描述】

创建好简单的演示文稿后，要想呈现美观的视觉效果，需要对其整体风格进行设计，同时需要对个别的幻灯片进行个性化的设置。本任务通过设计方案的应用、背景变换和幻灯片母版的设置，让演示文稿风格统一又不失个性。

【知识储备】

5.3.1 应用设计方案

设计方案是经过样式设置的一整套幻灯片模板，包含标题、小节、内容页等多种不同版式的幻灯片。在设计方案中，对文字外观、幻灯片背景、幻灯片配色方案、形状外观等都做了设计，用户只需应用设计方案即可完成幻灯片的外观设计。

好的设计方案可以省去很多烦琐的工作，使制作出来的演示文稿更专业，版式更合理，主题更鲜明，界面更美观，字体更规范，配色更标准，可以迅速提升一篇演示文稿的形象，增加可观赏性。同时可以让演示思路更清晰，逻辑更严谨，更易于理解，更方便处理图表、文字、图片等内容。

1. 获取设计方案

（1）通过单击【魔法】按钮获取

选择【设计】选项卡后，单击功能区最左边的【魔法】命令，WPS 演示将随机为当前演示文稿应用一种设计方案，若不满意，可以重复单击【魔法】命令，直到满意的设计方案出现为止，如图 5-20 所示。

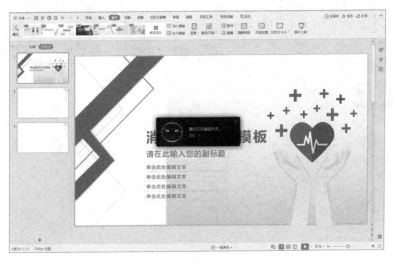

图 5-20 【魔法】命令获取的设计方案

（2）通过单击【更多设计】按钮获取

在【设计】选项卡中单击【更多设计】按钮，即可打开【设计方案】对话框，在该对话框中，有【在线设计方案】和【我的设计方案】两个选项卡，如图 5-21 所示。

图 5-21 【设计方案】对话框

【在线设计方案】选项卡显示了 WPS 的在线方案模板，根据自己的需要和喜好，选择合适的方案，单击该方案右下角的【应用风格】按钮，即可应用该设计方案。不过，很多在线设计方案都需要付费才能使用。

【我的设计方案】选项卡中有【我的收藏】【最近使用】【我的购买】三个选项，分别显示已经收藏的设计方案、最近使用过的设计方案和购买过的设计方案，这些设计方案可以重复使用。

（3）通过单击【导入模板】按钮获取

在【设计】选项卡中单击【导入模板】按钮，打开【应用设计模板】对话框，并自动定位到 WPS 演示的设计模板文件夹下，选择其中一个模板，即可应用该模板的设计方案，如图 5-22 所示。

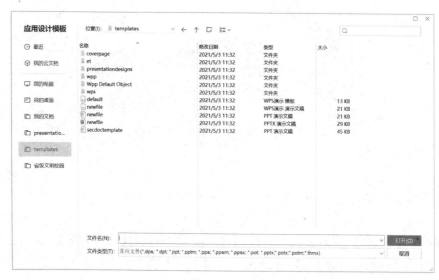

图 5-22 【应用设计模板】对话框

2．自定义设计模板

在 WPS 演示文稿中，用户可以将自己制作的演示文稿定义为设计模板，并应用到其他演示文稿中，具体操作步骤如下。

步骤 1：打开或者制作一个喜欢的演示文稿。

步骤 2：执行【另存为】操作，在弹出的对话框的【文件类型】下拉列表中选择"WPS 演示模板（*.dpt）"，将该演示文稿保存为模板。

步骤 3：打开要应用设计模板的幻灯片，在【设计】选项卡中选择【导入模板】命令，找到刚才保存的模板并导入，即可应用该模板的设计方案。

5.3.2　幻灯片背景的设置

吸引观众眼球的演示文稿不仅需要内容充实，美观的页面设计也很重要，漂亮、清新、淡雅的幻灯片背景，能将幻灯片打造得更有创意、更好看。

1．快速更改背景

在 WPS 演示中，新建幻灯片的默认背景颜色为从白色到浅灰色的渐变颜色，如果想更改背景颜色，可以在【设计】选项卡中单击【背景】下拉按钮，在展开的列表中选择其他颜色作为背景色，如图 5-23 所示。

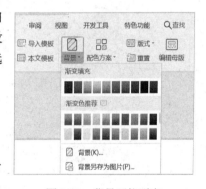

2．通过【对象属性】填充背景

（1）打开【对象属性】面板

打开【对象属性】面板有以下两种方法。

方法一：在【设计】选项卡中单击【背景】按钮的下拉箭头，在展开的列表中选择【背景】命令，即可在窗口右边启动【对象属性】面板，如图 5-24 所示。

图 5-23　背景下拉列表

方法二：在幻灯片的空白处单击鼠标右键，在弹出的快捷菜单中执行【设置背景格式】命令，也可在窗口右边启动【对象属性】面板。

（2）更改背景颜色

在【对象属性】面板中，单击【填充】下拉按钮，在弹出的【色板】中选择所需的颜色，即可完成背景颜色的设置，如图 5-25 所示。

在该面板中，可以设置纯色填充、渐变填充、图片或纹理填充、图案填充等多种背景填充方式。根据不同的填充方式，面板下方会显示该方式所对应的设置方法。若需要将设置的颜色应用到所有幻灯片，则单击左下角的【全部应用】按钮即可。

3．应用配色方案

合理的色彩搭配，才能让幻灯片更加美观大方，WPS 演示为用户提供了多种配色方案，这些配色方案均由多个颜色组成，根据幻灯片中对象的数量进行颜色适配，用户可以根据需要选用这些配色方案。

在打开的演示文稿中，选择【设计】选项卡中的【配色方案】命令，打开其下拉列表，即可查看配色方案，如图 5-26 所示。

图 5-24 【对象属性】面板

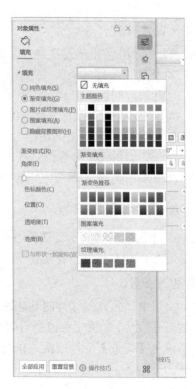

图 5-25 填充颜色

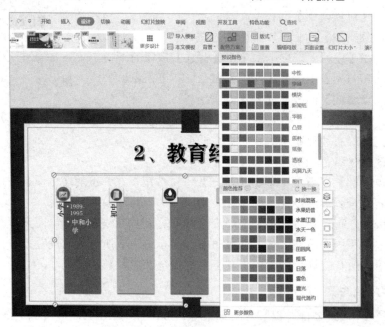

图 5-26 【配色方案】下拉列表

系统提供了多种预设颜色方案，用户选择【预设颜色】组中的任一种颜色，即可运用到演示文稿的各张幻灯片中，如图中的智能图形就应用了【穿越】预设方案。

单击【更多颜色】命令，在面板区域弹出【主题色】面板，为用户推荐了更多精美的配色方案，如图 5-27 所示。

5.3.3　幻灯片母版

母版是用来存放版式、设计方案、背景、字体、颜色、幻灯片大小等信息的模板。修改母版格式或在母版中添加对象，该更改会自动应用到对应的幻灯片中。演示文稿中的所有幻灯片母版设置得好，可以大幅提升演示文稿的制作效率，并且能够重复使用。母版可以制作成多种形态，保存为模板，这样我们在后期制作其他演示文稿时可以继续使用。

1.　母版分类

WPS 演示的母版包括幻灯片母版、讲义母版、备注页母版三种类型。

图 5-27　【主题色】面板

◆ 幻灯片母版：幻灯片母版是幻灯片的一种视图模式，单击【视图】→【幻灯片母版】按钮，即可进入幻灯片母版视图。在该视图中，可以对母版幻灯片进行设计和版式编辑，以便应用到演示文稿中。

◆ 讲义母版：讲义母版是用来自定义演示文稿打印为讲义时的外观的，单击【视图】→【讲义母版】按钮，进入讲义母版编辑视图，并自动切换到【讲义母版】选项卡中。在该视图下，可以对即将打印的讲义进行方向、幻灯片大小、每页讲义幻灯片数量、页眉、页脚、日期、页码、纸张颜色、文字字体等的设置，让打印版式更加美观，可读性更强，讲义母版视图如图 5-28 所示。

图 5-28　讲义母版视图

◆ 备注页母版：备注页母版用来自定义演示文稿和备注内容一起打印时的显示外观。单击【视图】→【备注母版】按钮，进入备注页母版编辑视图，并自动切换到【备注页母版】选项卡。在该视图下，可以设置备注页的方向、幻灯片大小、打印文档的页眉、页脚、日期、页码等内容的显示格式，还可以设置备注文字的格式，为备注文字添加背景色等，备注页母版视图如图 5-29 所示。

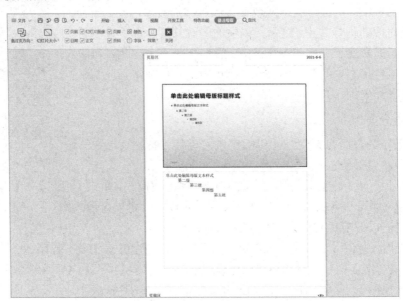

图 5-29　备注页母版视图

2．使用幻灯片母版

单击【视图】→【幻灯片母版】，进入幻灯片母版视图，如图 5-30 所示。同时会出现【幻灯片母版】选项卡，选项卡中有对应的功能区，可以对幻灯片母版进行主题、颜色、字体、效果、背景等的编辑，使幻灯片有统一的外观和字体、颜色等。

幻灯片母版视图中的各张幻灯片有不同的版式，这些版式可以应用到幻灯片的不同页面中。第一张是"Office 主题母版"，更改这张幻灯片版式中的文本占位符、字体、字号、背景色等内容，将应用到下面除标题幻灯片版式外的所有版式中。第二张是"标题幻灯片版式"，对这张幻灯片的所有设置，将会应用到演示文稿的所有标题幻灯片中。从第三张开始，依次是"标题和内容版式""节标题版式""两栏内容版式""比较内容版式"等。在进行母版编辑时，不一定要对每个版式进行编辑，只需更改演示文稿中要用到的幻灯片版式。

编辑完成后，单击功能区最右端的【关闭】按钮，关闭该母版视图，回到普通视图，在母版中进行的各项设置已经应用到了演示文稿中。

3．添加统一对象

在制作演示文稿时，通常会在所有幻灯片的某个位置添加统一的图形或者文字元素，如公司徽标、公司名称、文稿标题等信息。为了减轻工作强度，让制作人员套用起来更方便，就可以在母版中添加这些元素。具体步骤操作如下。

图 5-30　幻灯片母版视图

步骤 1：单击【视图】→【幻灯片母版】命令，打开幻灯片母版视图，选中第一张【Office 主题母版】版式，单击【背景】→【对象属性】选项，完成背景颜色的设置，如图 5-31 所示。

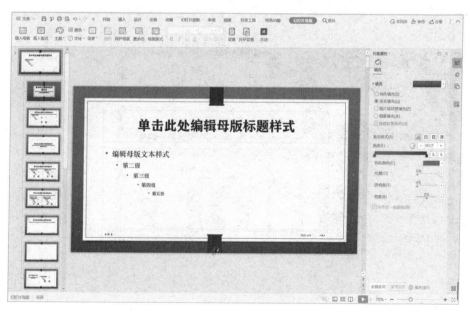

图 5-31　更改背景

步骤 2：切换到【插入】选项卡，选择【形状】→【基本形状】→【太阳形状】选项，在母版的右上角绘制一个太阳形状，并完成填充等效果设置，如图 5-32 所示。

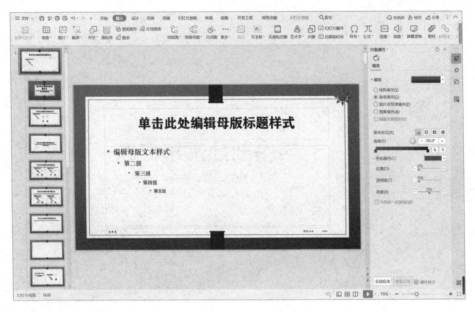

图 5-32　插入形状

步骤 3：单击【关闭】按钮，回到普通视图，再单击视图切换工具栏中的【幻灯片浏览】按钮即可看到，除标题幻灯片外，其余幻灯片均统一使用了背景颜色和太阳形状，效果如图 5-33 所示。

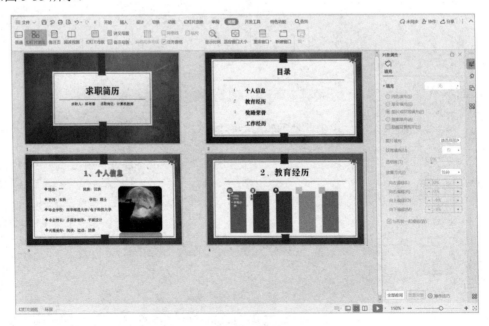

图 5-33　统一设置形状的效果

【案例实践】

进一步完善任务二的案例实践。操作要求如下：

（1）给自我介绍文稿应用设计方案，更改背景颜色，使幻灯片有统一的效果，也可以对单独的幻灯片使用不同的背景效果。

（2）通过幻灯片母版，修改字体和字号、颜色等，并设计一个统一的标识符。

案例实施

1．设计背景

单击【设计】→【设计方案】命令，选择运用一种免费的设计方案。也可以通过如图 5-34 所示的【背景】命令打开【对象属性】窗格，用以设计幻灯片的背景颜色、纹理、图像、图片等。

图 5-34　打开【对象属性】窗格

2．修改【幻灯片母版】中的母版

（1）选择【视图】→【幻灯片母版】的导航窗格，选中第三张母版，可以通过设置这张母版，使第 2～7 张、第 10 张幻灯片有统一的字体、字号、颜色等，如图 5-35 所示。

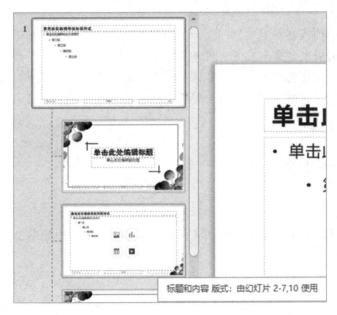

图 5-35　选择幻灯片母版

（2）在编辑区的标题内选中文本"单击此处编辑母版标题样式"，单击【文本工具】选项卡的【字体】组中的命令，设置字体为华文行楷、字号为 44 磅。选中文本"单击此处编辑母版文本样式"，设置字体为华文楷体，字号为 22 磅。

（3）选择【幻灯片母版】导航窗格中的第一张母版，设置一个标识符 ▱。

关闭幻灯片母版之后，每一张幻灯片都有此标识符，如果有图片遮挡，标识符就看不到：第 2～7 张和第 10 张幻灯片的标题和正文文本的字体都是统一的。

3．保存设置

单击【关闭】按钮，退出幻灯片母版视图，回到普通视图。如果已经完成编辑，单击【保存】按钮，保存文档。

【扩展任务】

在网上寻找并下载毕业论文答辩演示文稿模板。运用此模板做一份毕业论文答辩的演示文稿。

任务四　在幻灯片中添加对象

【任务目标】

➢ 熟练地在幻灯片中插入图片和艺术字、表格和图表，插入形状、音视频文件、页眉/页脚等元素。

➢ 熟练地编辑和美化插入的图片、艺术字、表格、图表和形状等。

【任务描述】

在演示文稿中插入各种剪贴画、图片、形状、艺术字等，这些都是美化幻灯片的常用方法，根据制作需求也会插入表格、图表、视频、页眉/页脚等，为了让幻灯片在播放过程中更有艺术效果，往往会插入音乐，并循环播放。通过学习，熟练地插入这些元素，制作出从内容到视觉和听觉都很完美和谐的幻灯片。

【知识储备】

5.4.1　插入图片和艺术字

1．添加图片

（1）插入图片

方法一：在【插入】选项卡中单击【图片】下拉按钮，弹出如图 5-36 所示的界面。

图 5-36　插入图片方法一

在此界面中可以选择插入本地图片、插入扫描的图片或者从手机传图。

方法二：在具有【插入图片】占位符的幻灯片中插入图片。在幻灯片中单击【插入图片】按钮，根据提示找到需插入的图片，如图 5-37 所示。

图 5-37　插入图片方法二

（2）运用【图片工具】调整图片

单击插入的图片，弹出如图 5-38 所示的【图片工具】选项卡。

图 5-38　【图片工具】选项卡

运用其中的工具，可以对插入幻灯片的图片进行压缩、裁剪、创意裁剪、大小和位置的调整、改变对比度和亮度，以及抠除背景、设置颜色、改变图片轮廓、图片效果等操作。

2．添加艺术字

艺术字是一种特殊的文字样式，可以将艺术字添加到演示文稿中，制作出富有艺术性的文字，不同于普通文字的特殊文本效果。利用此种艺术字进行各种操作，以期达到最佳演示效果。

单击【插入】→【艺术字】命令，在打开的预设样式列表中选取一种样式，会在插入点呈现艺术字框，在框中输入文字，顶端会出现橙色的【绘图工具】和【文本工具】选项卡（如图 5-39 所示），使用【图片工具】和【文本工具】选项卡中的按钮进行艺术字的编辑和美化。

图 5-39　【文本工具】选项卡

5.4.2　插入表格和图表

1．插入表格

WPS 演示具有强大的表格制作和处理能力。在 WPS 演示中插入表格的方法有两种。

方法一：单击选项卡【插入】→【表格】命令，在弹出的下拉列表中有三种插入表格的方式。第一种，移动鼠标指针选择所需的行数和列数，然后单击鼠标；第二种，单击【插入表格】按钮，通过对话框完成表格的插入；第三种，在【插入内容型表格】区域中选定某种内容型表格，比如成绩统计类，插入此类表格。

方法二：在具有【插入表格】占位符的幻灯片中插入表格。单击幻灯片中的【插入表格】按钮，通过出现的对话框完成表格的制作，如图 5-40 所示。

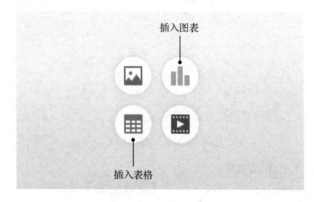

图 5-40　插入表格

完成表格的插入后，将插入点置于表格中，顶端会出现【表格工具】和【表格样式】选项卡，像在 WPS 文字中一样，可以使用选项卡中的按钮进行表格的编辑和美化。

2．插入图表

如图 5-40 所示，单击幻灯片中的【插入图表】按钮，通过弹出的【插入图表】对话框完成图表的制作。

5.4.3　插入形状

步骤 1：单击需要添加形状的幻灯片，单击选项卡【插入】→【形状】按钮，在预设列表中选择一种形状。

步骤 2：在幻灯片编辑区按住左键并拖动鼠标，到合适的位置松开鼠标，就可以画出相应的图形。

提示：拖动的同时按住 Shift 键，绘制出的就是正 N 边形或正圆、水平直线、垂直直线。

5.4.4　插入多媒体对象

音频、视频等多媒体对象被广泛应用在演示文稿中，其播放可控性强，使演示文稿有声有色。在【插入】选项卡的【媒体】组中，可供选择的多媒体对象有视频、音频和文档配音。

1．嵌入本地视频

步骤 1：选择需要添加视频的幻灯片，单击【插入】→【视频】按钮，在下拉列表中选择【嵌入本地视频】选项，如图 5-41 所示。

步骤 2：在【插入视频】对话框中选定目标视频，双击打开。

视频插入幻灯片后，可以通过拖动的方式移动其位置，拖动其四周的尺寸控点还可以改变其大小。选择视频，单击【播放/暂停】按钮可在幻灯片上预览视频。

图 5-41 插入视频

2．插入音频

演示文稿在播放过程中如需播放音乐，可以利用插入背景音乐的方法来实现。

步骤 1：单击选项卡【插入】→【音频】→【嵌入背景音乐】命令。

步骤 2：在弹出的【从当前页插入背景音乐】对话框中，选择所需背景音乐文件，单击【打开】按钮。

步骤 3：如果当前幻灯片为第一张，则音乐直接插入幻灯片中。如果当前幻灯片非首张幻灯片，且当前幻灯片前未添加背景音乐，则弹出对话框提示【您是否从第一页开始插入背景音乐?】，单击【是】按钮则将背景音乐添加到首页，即背景音乐从幻灯片开始演示时就开始播放到最后一页；单击【否】按钮则将背景音乐添加到当前页，即背景音乐从当前页开始播放到最后一页。

添加音乐后，幻灯片中增加了音乐图标，它下方有播放控制面板，同时功能区出现【图片工具】和【音频工具】选项卡，供用户进行更详细的设置。

步骤 4：选择声音图标，单击图标下方的【播放/暂停】按钮，可在幻灯片中预览音频。

步骤 5：如需从第 N 页后提前结束背景音乐，可单击声音图标，在上方的【音频工具】选择卡中选择【跨幻灯片播放】至第 N 页即可。

5.4.5　插入超链接和动作

1．插入超链接

在 WPS 演示中，超链接是从此幻灯片到其他幻灯片、网页或文件等对象的链接，是幻灯片交互的重要手段。插入超链接的步骤如下。

步骤 1：选取需设置超链接的文本或对象，单击【插入】选项卡。

步骤 2：单击【链接】组中的【超链接】按钮，或者右击【超链接】命令，还可以使用 Ctrl+K 组合键，打开【插入超链接】对话框，如图 5-42 所示。

在此对话框中可执行以下操作：

◆ 单击【原有文件或网页】按钮，选取要链接的文件或网页，也可用键盘输入要链接的文件或网页地址。

◆ 单击【本文档中的位置】按钮，从列表中选取要链接的幻灯片。

◆ 单击【电子邮件地址】按钮，在【电子邮件地址】框中键入所需的电子邮件地址，或者在【最近用过的电子邮件地址】框中选取所需的电子邮件地址，在【主题】框中键入电子邮件消息的主题。

步骤 3：单击【屏幕提示】按钮，弹出【设置超链接屏幕提示】对话框，输入提示文字，单击【确定】按钮，回到【插入超链接】对话框，单击【确定】按钮完成设置。

设置屏幕提示是为在播放时能准确分清超链接对象，光标指向设置超链接的对象时显示预设的内容。

提示：鼠标右击要删除的超链接的文本或对象，在弹出的快捷菜单中选择【取消超链接】命令即可取消超链接，选择【编辑超链接】命令即可重新设置超链接。

2．插入动作

（1）利用插入动作按钮设置动作

选定要设置动作的幻灯片，单击【插入】→【形状】命令，在下拉列表框中选取所需的动作按钮，在幻灯片编辑窗口中拖动绘制动作按钮，弹出【动作设置】对话框，如图 5-43 所示，在【鼠标单击】选项卡的【超链接到】项的下拉列表中选择【下一张幻灯片】选项，单击【确定】按钮完成动作按钮的设置。

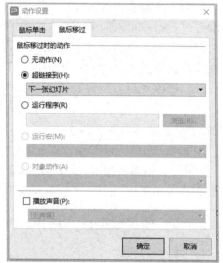

图 5-42 【插入超链接】对话框　　　　图 5-43 【动作设置】对话框

（2）为幻灯片中的对象添加动作

选定要设置动作的幻灯片的某个对象，单击【插入】→【动作】命令，弹出【动作设置】对话框。在【鼠标单击】选项卡的【超链接到】项的下拉列表中选择【下一张幻灯片】选项，单击【确定】按钮完成单个对象的动作设置。

5.4.6　插入日期和幻灯片编号

步骤 1：单击【插入】→【日期和时间】命令，弹出【页眉和页脚】对话框，单击【幻灯片】标签，可为幻灯片设置统一的日期和时间、幻灯片编号、页脚内容，以及是否在标题幻灯片中显示，如图 5-44 所示。

步骤 2：单击【应用】或【全部应用】按钮，将设置应用到当前幻灯片或全部幻灯片。

图 5-44 【页眉和页脚】对话框

【案例实践】

进一步完善任务三的案例实践。操作要求如下：

（1）给自我介绍插入各种元素，如体现个人特色的照片、艺术字、音乐、视频、超链接等。

（2）对插入的元素进行合理的编辑，丰富和美化幻灯片。

案例实施

打开自我介绍演示文稿。

1. 单击选项卡【插入】→【表格】按钮，在第 2 张幻灯片中插入表格，用于录入个人信息，按照任务二中案例效果的第 2 张幻灯片进行编辑。

2. 单击选项卡【插入】→【智能图形】按钮，在第 3 张幻灯片中插入和任务二案例效果的第 3 张幻灯片相似图形，然后按照自己的喜好进行编辑。

3. 单击选项卡【插入】→【艺术字】按钮，在第 9 张幻灯片中插入艺术字"感谢观看"。选中"感谢观看"，通过【文本工具】和【绘图工具】选项对艺术字进行进行编辑。

4. 单击选项卡【插入】→【图片】→【手机传图】按钮，在第 4 张幻灯片中添加一张自己手机中的照片，照片要求是介绍人自己的照片。然后选中照片，通过【图片工具】选项卡中的按钮按照自己的喜好对图片进行编辑。

5. 单击选项卡【插入】→【音频】→【嵌入背景音乐】按钮，在第 1 张幻灯片中插入一首背景音乐，对它的声音大小进行调整。

6. 选中第 3 张幻灯片的文本"我的兴趣爱好"，单击选项卡【插入】→【超链接】→【本文档幻灯片页】按钮，打开【插入超链接】对话框，选择【本文档中的位置】下的【5. 书法】选项。

7. 单击选项卡【插入】→【页眉和页脚】按钮，打开【页眉和页脚】对话框，在对话框中进行日期和时间、幻灯片编号、页脚文字等的设置。

【扩展任务】

以介绍自己的家乡为主题，制作演示文稿"我的家乡"。插入艺术字、图片、图形、超链接、日期、幻灯片编号等各种元素并对其进行合理编辑，丰富和美化幻灯片。

任务五　幻灯片的动画和切换效果

【任务目标】

➢ 熟练地为幻灯片中的对象添加动画效果。
➢ 熟练地设置幻灯片的切换效果。

【任务描述】

演示文稿主要用于演示播放，为其中的对象添加适当的动画效果和切换效果，可以使演示文稿的播放过程生动鲜活，更有感染力，更容易吸引观众，增强可观看性。

【知识储备】

5.5.1　幻灯片的动画效果

WPS 演示的动画包括进入、强调、退出和动作路径四种动画类型，每一种类型里又包含多种动画效果。进入动画用于设置放映幻灯片时让对象以某种效果进入幻灯片；强调动画用于设置放映幻灯片时突出幻灯片中的某部分内容；退出动画用于设置放映幻灯片时幻灯片对象的退场效果；动作路径用于设置放映幻灯片时，让对象以用户自定义的路径出现在演示文稿中。

幻灯片中的文字、表格、图形、图片等都可以添加动画效果。

1. 应用动画列表

直接应用动画样式列表添加动画效果，操作步骤如下。

步骤 1：选定要添加动画的对象。

步骤 2：在【动画】选项卡中单击【动画样式】列表右下角的下拉按钮，打开可选动画的效果列表，如图 5-45 所示。

步骤 3：在列表中单击选择所需的动画效果。

如果在列表中没有找到合适的动画效果，可单击右方的【更多选项】按钮 ，在随后展开的列表中选择其他效果。

2. 自定义动画

利用【自定义动画】按钮添加动画，操作步骤如下。

步骤 1：选定要添加动画的对象。

步骤 2：在【动画】选项卡中单击【自定义动画】按钮 ，打开【自定义动画】窗格，如图 5-46 所示。

图 5-45　动画的效果列表　　　　图 5-46　【自定义动画】窗格

步骤 3：单击【添加效果】按钮打开【动画样式】列表。

步骤 4：在列表中选择所需的动画效果。

步骤 5：在【修改】区中设置动画【开始】【属性】【速度】三种效果。

步骤 6：如有需要，可以单击动画效果右方的下拉按钮，在弹出的列表框中单击【效果选项】命令或其他命令对动画进行详细设置，如图 5-47 所示。

图 5-47　详细设置动画

3．智能动画

传统的幻灯片动画制作，需要理解各种动画关系并逐个添加，使用 WPS 的黑科技——智能动画，一键就能为所有图形元素智能添加动画。

选中幻灯片中需添加智能动画的元素，单击选项卡【动画】→【智能动画】按钮，在弹出的列表中选择一种免费的智能动画就完成了动画的添加。如果对动画效果不满意，还可以在【自定义动画】任务窗格中详细设置。

4．删除动画

（1）删除一个动画

在【自定义动画】任务窗格的动画列表中，选定要删除的动画序列，单击窗格中的【删除】按钮或者按 Delete 键，可以删除动画。

（2）删除整张幻灯片中的动画

如果要将整张幻灯片中所有动画都删除，直接单击选项卡【动画】→【删除动画】按钮 即可。

5．更改动画播放顺序

方法一：在【自定义动画】任务窗格中，选定所需移动的动画序列，通过拖动可实现动画序列的位置调整。

方法二：在【自定义动画】任务窗格中，选定所需移动的动画序列，单击窗格下方的【上移】或【下移】按钮调整顺序。

5.5.2 设置幻灯片的切换效果

幻灯片放映时，可以添加从一张幻灯片过渡到另一张幻灯片的切换效果，使演示效果更精彩。WPS 演示自带多种切换效果，可给每张幻灯片设置不同的切换效果，还可以控制每张幻灯片切换的速度，以及切换的声音。

1．为幻灯片添加切换效果

为幻灯片添加切换效果的步骤如下。

步骤 1：单击【切换】选项卡，在【切换】组中展开列表，选择一种切换效果，如"轮辐"，如图 5-48 所示。

图 5-48　幻灯片切换

步骤 2：单击【效果选项】按钮，选择一种轮辐效果，如图 5-49 所示。

步骤 3：在【速度】框中设置幻灯片的切换速度。

步骤 4：单击【声音】右侧的下拉按钮，可选取一种切换声音。

步骤 5：换片方式勾选【单击鼠标时换片】复选框，播放时可以实现单击鼠标换片。若勾选【自动换片】复选框，在其后的输入框内可输入切换时间，实现自动换片。

步骤 6：若每张幻灯片均用同一种切换效果，单击【应用到全部】按钮。

幻灯片切换，还可以通过右击幻灯片空白处，在弹出的快捷菜单中选择【幻灯片切换】命令，在弹出的【幻灯片切换】任务窗格中进行切换设置。

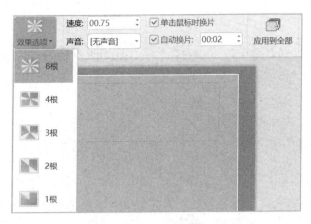

图 5-49　效果选项

2．取消幻灯片切换效果

选中要取消切换效果的幻灯片，在【切换】选项卡中单击【无切换】按钮即可。

【案例实践】

为了使前面任务完成的自我介绍演示文稿在播放时更具有动态效果及可观赏性，需要在其中添加动画及切换效果。要求如下：

（1）给演示文稿中的各种文本、表格、图片、图形等设计动画效果，并调整幻灯片的整体效果。

（2）设置幻灯片的切换效果，使之实现自动播放。

案例实施

1．制作动画

步骤 1：选中第一张幻灯片的文本"自我介绍"。

步骤 2：单击【动画】选项卡，在【动画列表】组中选择【缓慢进入】效果。

使用同样的方法，为其他幻灯片里的对象添加合适的动画效果。

2．设置切换效果并自动播放

步骤 1：选中第一张幻灯片，单击【切换】选项卡。

步骤 2：单击【切换样式】组的下拉按钮，在下拉样式列表中选择切换效果【擦除】。

步骤 3：单击【效果选项】按钮，选择【自动播放】命令。

步骤 4：设置速度为"01:00"，勾选【自动换片】复选框，设置换片时间为"00:03"。

步骤 5：单击【应用到全部】按钮。

【扩展任务】

梅花飘落的过程很美。在网上下载梅花树、梅花花瓣的相关文件，通过设计合理的动画、切换效果，配上符合情境的背景音乐、诗歌，制作一个放映时实现"梅花飘落"效果的演示文稿。

任务六　演示文稿的放映和打印

【任务目标】

➢ 熟练设置幻灯片的放映方式。
➢ 学会打印和打包演示文稿。

【任务描述】

演示文稿制作完成之后，需要将制作的成果放映、展示并打印出来，最后以纸质的形式保存或传递，并且要求版面美观、布局合理。这就要求打印之前先进行放映设置及打印设置，预览打印效果，满意之后再进行打印。

【知识储备】

5.6.1　放映设置

1．放映演示文稿

在【幻灯片放映】选项卡中可设置放映幻灯片的方式、自定义放映、隐藏幻灯片、排练计时、手机遥控、屏幕录制等，如图 5-50 所示。

图 5-50　【幻灯片放映】选项卡

2．设置放映方式

用户可以选择用不同的方式放映幻灯片，其具体操作步骤如下。

步骤 1：打开需要放映的演示文稿。

步骤 2：单击【幻灯片放映】选项卡的【设置放映方式】按钮，打开【设置放映方式】对话框，如图 5-51 所示。

步骤 3：在【放映类型】选项组中选择适当的放映类型。

◆ 【演讲者放映（全屏幕）】选项以全屏幕方式放映幻灯片，这是最常用的方式。

◆ 【展台自动循环放映（全屏幕）】选项以全屏幕形式在展台上循环放映。选择此选项可自动放映演示文稿。在放映过程中，除了保留鼠标指针用于选择屏幕对象，其余功能全部无效，按 Esc 键终止放映。

步骤 4：在【放映选项】选项组中选择是否进行循环放映等。

步骤 5：在【放映幻灯片】选项组中选择放映幻灯片的范围，全部、部分或自定义放映。

步骤 6：在【换片方式】选项组中，选中【手动】单选按钮，可以通过鼠标或键盘实现幻灯片的切换；选中【如果存在排练时间，则使用它】单选按钮，则设置的排练时间将起作用。

步骤 7：设置完成后，单击【确定】按钮。

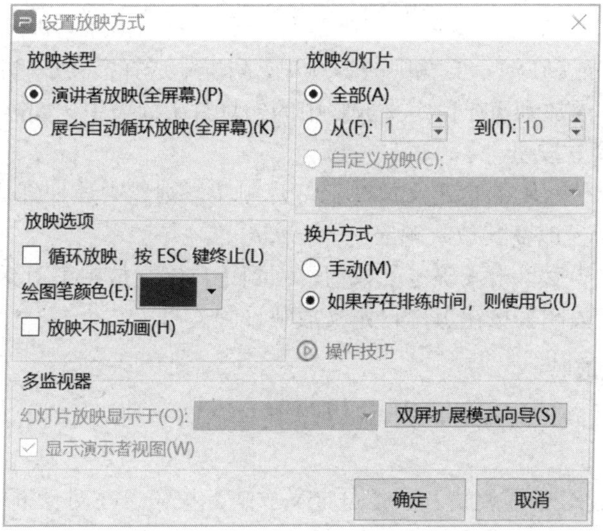

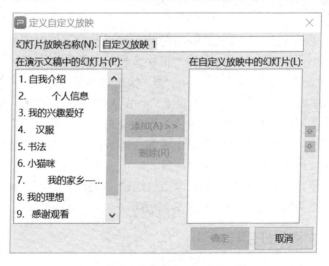

图 5-51 【设置放映方式】对话框

5.6.2 自定义放映

1. 设置自定义放映

由于演示文稿的放映场合和观众的不同，如果希望只放映演示文稿中的一部分幻灯片，可以通过自定义放映来实现。使用自定义放映不但能够选择性地放映演示文稿中的部分幻灯片，还可以根据需要调整幻灯片的放映顺序，而不改变原演示文稿内容。

创建自定义放映的步骤如下。

步骤 1：单击【幻灯片放映】→【自定义放映】按钮，打开【自定义放映】对话框。

步骤 2：单击【新建】命令，打开【定义自定义放映】对话框，如图 5-52 所示。

图 5-52 【定义自定义放映】对话框

步骤 3：在【幻灯片放映名称】输入框中输入放映名称，也可以默认名称为"自定义放映 1"。

步骤 4：在左侧的【在演示文稿中的幻灯片】列表中选择需要放映的幻灯片，单击【添加】按钮，将幻灯片添加到【在自定义放映中的幻灯片】列表中。如需删除右侧的幻灯片，选中后再单击【删除】按钮。

步骤 5：如需调节右侧的自定义放映幻灯片顺序，则选中该幻灯片，然后单击右侧边上的上移或下移按钮，改变其放映顺序。

步骤 6：设置完毕后单击【确定】按钮，回到【自定义放映】对话框。

步骤 7：单击【关闭】按钮退出自定义放映设置。

2．播放自定义放映

创建好自定义放映幻灯片后，就可以对自定义放映的幻灯片进行放映，有两种方法可以实现：

方法一：单击【幻灯片放映】→【自定义放映】按钮，在对话框中直接单击【播放】按钮。

方法二：在【幻灯片放映】选项卡的【设置】组中单击【设置幻灯片放映】命令，弹出【设置放映方式】对话框，勾选【自定义放映】中的【自定义放映 1】命令，单击【确定】按钮，按 F5 键播放即可。

5.6.3　放映控制

单击【幻灯片放映】选项卡的【从头开始】按钮 或按 F5 键，从第一张幻灯片开始放映。

若希望从某张幻灯片开始放映，可以把该幻灯片作为当前幻灯片，然后单击状态栏右侧的幻灯片放映图标 ，或者单击【幻灯片放映】选项卡的【从当前开始】按钮 ，或按 Shift+F5 组合键，均可以从当前幻灯片开始放映。

播放幻灯片时：

◆ 按↓、→、Enter、空格、PageDown 键均可快速显示下一张幻灯片。

◆ 按↑、←、Backspace、PageUp 键均可快速显示上一张幻灯片。

◆ 播放过程中，可以按"数字"+Enter 键，快速播放指定数字编号的幻灯片。

播放时，可以添加墨迹注释，以表示重点。如图 5-53 所示，右击，在弹出的快捷菜单中选择一种绘图笔，然后在放映画面中按住鼠标左键并拖动，可为幻灯片中一些需要强调的内容添加墨迹注释。如果在幻灯片放映中添加了墨迹标记，结束放映时会弹出提示框，单击【放弃】按钮，可不在幻灯片中保留墨迹。

有三种方法可停止播放：一是按 Esc 键；二是按 - 键；三是右击播放屏幕，在弹出的快捷菜单中选择【结束放映】命令，如图 5-54 所示。

5.6.4　演示文稿的打包与打印

1．打包演示文稿

打包是指将演示文稿及其相关的媒体文件复制到指定的文件夹中，避免因为插入的音

频、视频文件的位置发生变化而产生无法播放的现象，也便于演示文稿的重新编辑。WPS
演示提供的演示文稿打包工具，不仅使用方便，而且非常可靠。

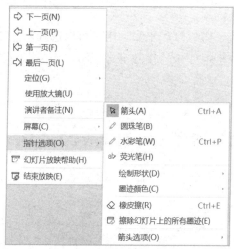

图 5-53　添加墨迹快捷菜单　　　　　　图 5-54　结束放映快捷菜单

WPS 演示文档打包有两种形式：将演示文档打包成文件夹和将演示文档打包成压缩
文件。

（1）将演示文档打包成文件夹

操作步骤如下。

步骤 1：保存当前演示文件。

步骤 2：单击【文件】→【文件打包】→【将演示文档打包成文件夹】命令，打开【演
示文件打包】对话框，如图 5-55 所示。

图 5-55　【演示文件打包】对话框

步骤 3：在【演示文件打包】对话框中，浏览并选择合适的位置保存打包文件夹，如
有需要，还可选中【同时打包成一个压缩文件】复选框，单击【确定】按钮。

步骤 4：弹出【已完成打包】对话框，提示"文件打包已完成，您可以进行其他操作"，
有【打开文件夹】和【关闭】两个按钮可供选择。如单击【打开文件夹】按钮，可打开打
包的文件夹，其中包含打包的演示文件和插入的音频、视频等文件。

（2）将演示文档打包成压缩文件

【将演示文档打包成压缩文件】和【打包成文件夹】的操作基本相同，区别在于【将演
示文档打包成压缩文件】是将演示文稿和插入的音频、视频打包成一个压缩文件，而【将
演示文档打包成文件夹】是将演示文稿和插入的音频、视频打包成一个文件夹。在打包成

文件夹的操作中，如选中了【同时打包成一个压缩文件】复选框，就会同时将演示文档打包成一个文件和一个文件夹。

2. 打印演示文稿

除了可以在计算机上演示，演示文稿还可以打印出来。用户可以选择彩色或者黑白打印整个演示文稿，也可以打印备注页、大纲，如果要作为讲义使用，还可以将多张幻灯片打印在一页上面。

在打印之前，需要进行页面设置。

（1）页面设置

单击【设计】选项卡的【页面设置】按钮，打开【页面设置】对话框，如图 5-56 所示。

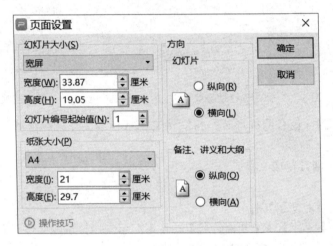

图 5-56 【页面设置】对话框

在其中可以对幻灯片大小、纸张大小、幻灯片方向等内容进行设置。

（2）打印预览

单击【快速访问工具栏】中的【打印预览】按钮，展开【打印预览】选项卡，如图 5-57 所示。

图 5-57 【打印预览】选项卡

选项卡中各主要按钮的含义如下：

◆ 打印内容：单击【打印内容】按钮，在打开的下拉列表中可以选择打印幻灯片、讲义、备注页或大纲视图。

◆ 方式：设置单面打印还是双面打印。

◆ 顺序：设置逐份打印还是逐页打印。

◆ 页眉和页脚：设置幻灯片打印时的页眉和页脚。

◆ 颜色：设置以彩色或纯黑白方式打印当前演示文稿。

◆ 幻灯片加框：设置给幻灯片加上边框后打印。

◆ 打印隐藏幻灯片：在打印预览中，显示被隐藏的幻灯片。

◆ 关闭：关闭幻灯片预览窗口，返回幻灯片的普通视图模式。

（3）打印演示文稿

演示文稿预览效果无误后，即可进行打印了。单击【快速访问工具栏】中的【打印】按钮 🖨️ ，打开【打印】对话框，如图 5-58 所示。

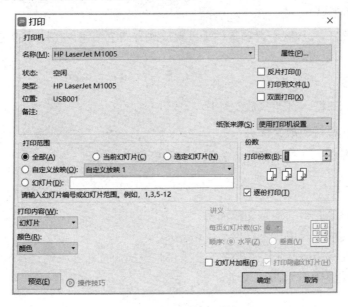

图 5-58 【打印】对话框

◆ 在【打印机】区的【名称】下拉列表中可选择打印机型号，还可设置手动双面打印、反片打印、打印到文件等。

◆ 在【打印范围】区中可设置打印页面范围，可以选择打印全部幻灯片、当前幻灯片、选定幻灯片。

◆ 在【打印内容】区中可选择幻灯片、备注、大纲或讲义。

◆ 在【颜色】区中可设置打印的颜色为纯黑白或彩色。

◆ 在【打印份数】区中可以输入打印的份数，以及选择是否逐份打印。

【案例实践】

在班会活动中，辅导员要求班上每位同学利用自己制作的自我介绍演示文稿，上台分享介绍。同学们需要进行自定义放映及设置放映方式。操作要求如下：

（1）根据要求设置演示文稿的自定义放映。

（2）根据要求设置演示文稿的放映方式。

案例实施

打开任务五完成后的演示文稿文件。

1．设置自定义放映

通过【幻灯片放映】选项卡，单击【自定义放映】命令，打开【自定义放映】对话框，单击【新建】命令，打开【定义自定义放映】对话框。选中第 1、2、3、4、5、6、9 张幻灯片添加到右侧，并将第 5 张的顺序调整为第 4 张。

2．设置放映方式

通过单击【幻灯片放映】选项卡的【设置放映方式】按钮，在打开的【设置放映方式】对话框中进行各项设置。

3．播放幻灯片

按键盘上的 F5 键，开始播放幻灯片。

4．将演示文稿打包成文件夹

以学号+姓名作为文件夹名称，将演示文稿打包成文件夹。

【扩展任务】

1．将上面已经完善的演示文稿加密。
2．将演示文稿打包成压缩文件。
3．将演示文稿用 A4 纸打印出来，要求每张纸横向打印 6 张幻灯片。
4．将演示文稿输出为 PDF 文件。

项目6 网络应用与信息检索

计算机网络技术是现代前沿技术、科技热点领域的基础技术。云计算、物联网、人工智能、5G 通信等都与计算机网络技术息息相关。计算机网络技术与计算机相关方向多个专业存在技术交叉，是很多专业课程的知识基础，如软件开发、网站开发、服务器维护、数据存储、信息检索等，它们都应用到了计算机网络的基础知识。通过计算机网络可以实现资源共享、信息通信、远程数据处理等功能。通过网络进行信息检索是人们进行信息查询和信息获取的主要方式，生活在信息时代的每个人都应该掌握信息检索的方法。

【项目目标】

➤ 知识目标

1. 了解计算机网络的概念、形成与分类，掌握基本的网络拓扑结构。
2. 了解因特网的概念，理解 TCP/IP 协议、客户机/服务器、IP 地址和域名的概念，掌握接入因特网的方法。
3. 了解万维网、超文本标记语言、浏览器等相关概念，掌握电子邮件、FTP 服务器、流媒体等的应用。
4. 了解信息检索的基本知识和检索技术，掌握各种检索工具的使用方法和检索技巧。

➤ 技能目标

1. 能够接入因特网，能够对简单网络故障进行排查和修复。
2. 能够利用浏览器查看信息并下载资源，进行电子邮件的收发。
3. 能够利用 FTP 传输文件。
4. 能够利用搜索引擎进行信息检索。
5. 能够利用全文数据库进行信息检索。

任务一 计算机网络的基本概念

【任务目标】

➤ 了解计算机网络的概念。
➤ 理解计算机网络的形成和分类。
➤ 了解常用的网络拓扑结构。
➤ 认识常用的网络硬件设备。
➤ 掌握网络软件和无线局域网相关知识。

【任务描述】

互联网已经普及到人们生活的方方面面，办公、学习、休闲、娱乐都离不开互联网。在享受互联网带来便利的同时，了解互联网的工作原理也非常必要。本任务主要介绍计算机网络基础，网络的形成与分类，网络拓扑结构，常用网络硬件和网络软件，以及无线网络等知识。

【知识储备】

6.1.1 计算机网络简介

计算机网络建立的主要目标是实现计算机资源的共享。计算机资源主要指计算机硬件、软件和数据。网络用户不但可以使用本地计算机资源，还可以通过网络访问联网的远程计算机资源，也可以协调调用网络中几台不同的计算机共同完成某项任务。

互联的计算机是分布在不同地理位置的多台独立的"自治计算机"。互联的计算机之间可以没有明确的主从关系，每台计算机既可以联网工作，也可以脱离网络独立工作；联网计算机既可以为本地用户提供服务，也可以为远程网络用户提供服务。

6.1.2 计算机网络的形成与分类

1. 计算机网络的形成

计算机网络技术自诞生之日起，就以惊人的速度和广泛的应用程度在不断发展。纵观计算机网络的形成与发展历史，大致可以分为以下 4 个阶段。

（1）第一阶段是 20 世纪 60 年代面向终端的具有通信功能的单机系统。主机是网络的中心和控制者，终端（键盘和显示器）分布在各处并与主机相连，用户通过本地的终端使用远程的主机。这种系统只提供终端和主机之间的通信，子网之间无法通信。

（2）第二阶段是 20 世纪 60 年代中期计算机网络阶段（局域网），美国的 ARPANET 与分组交换技术是计算机网络技术发展过程中的里程碑，它使网络中的用户能通过本地终端使用网络中其他计算机的软件、硬件与数据资源，以达到资源共享的目的。

（3）第三阶段从 20 世纪 70 年代起，国际上各种广域网、局域网与公用分组交换网发展十分迅速，各个计算机厂商和研究机构纷纷发展自己的计算机网络系统，随之而来的就是网络体系结构与网络协议的标准化工作。国际标准化组织（International Organization for Standardization，ISO）提出了著名的 ISO/OSI 参考模型，对网络体系的形成与网络技术的发展起到了重要作用。

（4）第四阶段从 20 世纪 90 年代开始，信息时代全面到来，宽带网络技术的发展为社会信息化提供了技术基础，网络安全技术为网络应用提供了重要安全保障。因特网作为国际性的网际网与大型信息系统，在当今经济、文化、科学研究、教育与社会生活等方面发挥着越来越重要的作用。

2. 计算机网络的分类

计算机网络有多种分类方法，按网络的覆盖范围可以分为广域网、城域网和局域网。

广域网（Wide Area Network，WAN）的作用范围通常为几十千米到几千千米，有时也称为远程网。广域网的任务是通过长距离（如跨越不同的国家）运输主机发送的数据，广域网通常由高速的通信链路连接而成，具有较大的通信流量。

城域网（Metropolitan Area Network，MAN）的作用范围一般是一个城市，可跨越几个街区甚至整个城市，其作用距离约为 5～50km。城域网可以为一个或几个单位所拥有，但也可以是一种公用设施，用来将多个局域网互联起来。

局域网（Local Area Network，LAN）一般是用微型计算机或者工作站通过高速通信线路相连，但地理上则局限在一个较小的范围（几千米以内）。局域网一般由一个组织或机构自行建立，自行使用和管理维护。

6.1.3 网络拓扑结构

计算机网络的拓扑结构是把网络中的计算机和通信设备抽象为一个点，把传输线路抽象为一条线，由点和线组成的几何图形就是计算机网络的拓扑结构。网络的拓扑结构分为逻辑拓扑结构和物理拓扑结构。逻辑拓扑结构表示了网络的逻辑构成，而物理拓扑结构则表示了网络的地理位置关系。

最基本的网络拓扑结构包括星形结构、总线型结构、环形结构、树形结构和网状结构。

1. 星形拓扑结构

星形网是最早采用的拓扑结构形式，其每个站点都通过连接电缆与主控机相连，相关站点之间的通信都由主控机进行，所以要求主控机有很高的可靠性，这种结构是一种集中控制方式，如图 6-1 所示。

2. 总线型拓扑结构

总线型拓扑结构的特点是：整个网络中有一条贯穿整个网络的传输线路，被称为总线，所有的网络站点都直接连接在这条总线上，如图 6-2 所示；所有的数据传输都是通过这条总线来完成的，各个站点共享这条总线的数据传输能力。

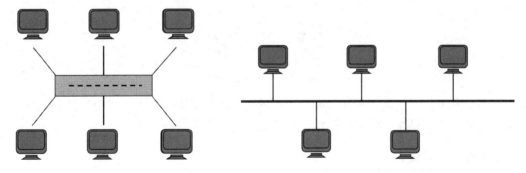

图 6-1　星形拓扑结构　　　　　　　　　　图 6-2　总线型拓扑结构

3. 环形拓扑结构

环形网中各工作站依次相互连接组成一个闭合的环形,信息可以沿着环形线路单向（或双向）传输，由目的站点接收。环形网适合那些数据不需要在中心主控机上集中处理而主要在各站点进行处理的情况，如图 6-3 所示。

4．树形拓扑结构

树形拓扑结构的节点按层次进行连接，像树一样，有分支、根节点、叶子节点等，信息交换主要在上、下节点之间进行。树形拓扑可以看作是星形拓扑的一种扩展，主要适用于汇集信息的应用要求，如图 6-4 所示。

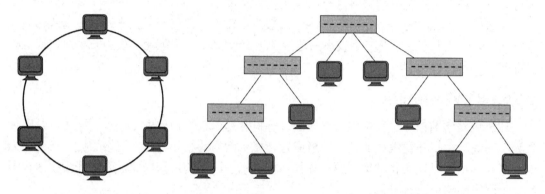

图 6-3　环形拓扑结构　　　　　　　图 6-4　树形拓扑结构

5．网状拓扑结构

从图 6-5 上可以看出，网状拓扑结构没有上述四种拓扑结构看起来那么规则，节点的连接是任意的，没有规律。网状拓扑的优点是系统可靠性高，但是由于结构复杂，就必须采用路由协议、流量控制等方法。广域网中基本都采用网状拓扑结构。

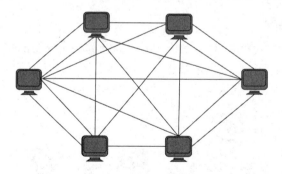

图 6-5　网状拓扑结构

上述结构是网络的基本拓扑结构，现实的网络拓扑结构往往是总线型、星形、环形三种基本结构组合的结果，如树形结构、网状结构、蜂窝状结构等。

6.1.4　网络硬件

计算机网络系统由网络软件和网络硬件设备两部分组成。常用的网络硬件介绍如下。

1．传输媒体

传输媒体是传输网络信号的载体，为计算机网络的数据传输提供线路。传输媒体包括有线传输媒体和无线传输媒体。常见的有线传输媒体有双绞线、光缆、同轴电缆等。随着无线网的发展和广泛应用，无线技术越来越多地用来进行局域网的组建。

2．网络接口卡

网络接口卡（简称网卡）是构建网络必需的基本设备，用于将计算机和通信电缆连接起来，以在计算机之间进行高速数据传输。因此，每台连接到局域网的计算机（工作站或服务器）都需要安装网卡。网卡通常都插在计算机的扩展槽内。网卡的种类很多，各自具有适用的传输介质和网络协议。

3．交换机

交换机是处于局域网中心的网络设备，如图 6-6 所示。交换机将网络中的主机通过线路连接起来，形成星形拓扑结构。交换机作为网络的数据交换中心，局域网内主机之间的数据通信都要通过交换机来进行转发。交换机性能的好坏将直接影响局域网性能的好坏。

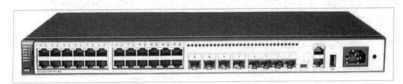

图 6-6　交换机

4．无线 AP

无线 AP（Access Point）也称为无线访问点、无线接入点或无线桥接器，它是传统的有线局域网与无线局域网之间的桥梁。通过无线 AP，任何一台装有无线网卡的主机都可以连接有线局域网。无线 AP 适用于几百米范围内，在建筑物或楼层之间不便架设有线网的地方构建网络。无线 AP 如图 6-7 所示。

图 6-7　无线 AP

5．路由器

路由器（Router）是互联网的主要节点设备，路由器通过路由决定数据的转发，如图 6-8 所示。转发策略称为路由选择（Routing），这也是路由器（Router）名称的由来。作为不同网络之间互相连接的枢纽，路由器系统构成了基于 TCP/IP 的 Internet 的主体脉络，也可以说，路由器构成了 Internet 的骨架。它的处理速度是网络通信的主要瓶颈之一，它的可靠性则直接影响着网络的质量。

图 6-8　路由器

6.1.5 网络软件

目前的网络软件都是高度结构化的。为了使不同的网络硬件厂商提供的设备能相互通信，必须通过单独的网络软件——协议来实现。

协议就是通信双方都必须要遵守的通信规则，是一种约定。计算机网络中的协议是非常复杂的，因此网络协议通常按照结构化的层次方式进行组织。TCP/IP 是当前最流行的商业化协议，被公认为是当前的工业标准或事实标准。1974 年出现了 TCP/IP 参考模型。TCP/IP 参考模型采用分层结构，它将计算机网络划分为以下 4 个层次。

（1）应用层（Application Layer）：负责处理特定的应用程序数据，为应用软件提供网络接口。常用的应用层协议有 HTTP（超文本传输协议）、Telnet（远程登录）、FTP（文件传输协议）等协议。

（2）传输层（Transport Layer）：为两台主机间的进程提供端到端的通信。主要协议有 TCP（传输控制协议）和 UDP（用户数据报协议）。

（3）网际层（Internet Layer）：确定数据包从源端到目的端如何选择路由。网际层主要的协议有 IPv4、ICMP 以及 IPv6 等。

（4）网络接口层（Network Interface Layer）：实现网络接口的驱动程序，处理数据在物理媒介上的传输问题。

6.1.6 无线局域网（WLAN）

WLAN 是 Wireless Local Area Network 的缩写，指应用无线通信技术将计算机设备互联起来，构成可以互相通信、实现资源共享的网络体系。无线局域网的本质特点是不再使用通信电缆将计算机与网络连接起来，而是通过无线的方式连接，从而使网络的构建和终端的移动更加灵活，达到"信息随身化、便利走天下"的理想境界，如图 6-9 所示。

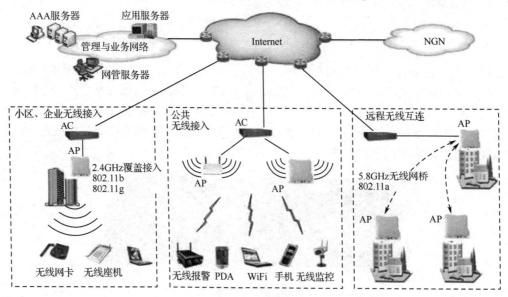

图 6-9　无线局域网

在无线局域网中，WiFi 具有传输速度高、覆盖范围大等优点。针对无线局域网，美国电气和电子工程师协会（Institute of Electrical and Electronics Engineers，IEEE）制定了一系列无线局域网标准，即 IEEE 802.11 家族，包括 802.11a、802.11b、802.11g 等。

【案例实践】

周末，唐磊在家中想用台式计算机上网，完成老师布置的上机作业。启动台式机后发现不能上网，于是决定排查不能上网的原因。

案例实施

1. 检查硬件连接和网络信号

唐磊首先查看了主机箱后面的网线连接情况，线路连接正确，指示灯信号正常，外部网络连接没有问题。他又查看了任务栏右下角的网络连接图标 ，发现该图标显示异常，便确定是网络配置出了问题。

图 6-10　网络连接状态

2. 更改配置

右击该连接图标，弹出快捷菜单，如图 6-10 所示。

单击【网络和 Internet 设置】按钮，打开网络【状态】窗口。可以看出，Internet 访问受限，如图 6-11 所示。

图 6-11　网络【状态】窗口

在该窗口中单击【更改适配器选项】按钮，打开【网络连接】窗口，显示目前使用的网络信息，如图 6-12 所示。

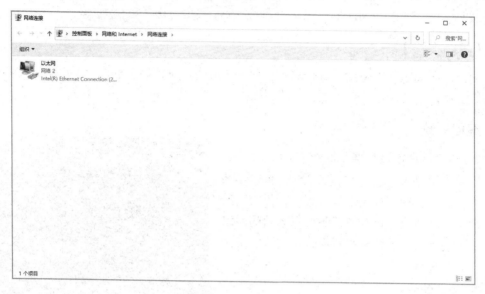

图 6-12 【网络连接】窗口

双击该网络图标，打开【以太网状态】对话框，如图 6-13 所示。

在对话框中单击【属性】按钮，打开【以太网属性】对话框，如图 6-14 所示。

图 6-13 【以太网状态】对话框

图 6-14 【以太网属性】对话框

选择【Internet 协议版本 4（TCP/IPv4）】选项，打开【Internet 协议版本 4（TCP/IPv4）属性】对话框，可见 IP 地址为自动获取方式，如图 6-15 所示。

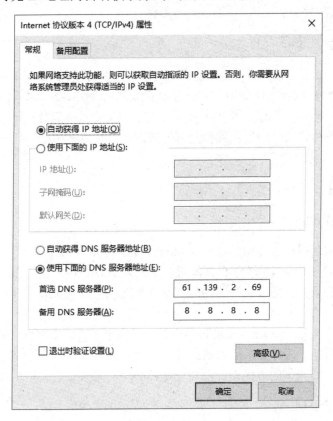

图 6-15　设置 IP 地址

在 IP 地址栏处选择【使用下面的 IP 地址】选项，将本机对应的 IP 地址输入到【IP 地址】栏，再设置【子网掩码】和【默认网关】，设置完成后，单击【确定】按钮，如果没有出现地址冲突提示，回到【以太网属性】对话框，单击【确定】按钮，回到【以太网状态】对话框，单击【关闭】按钮，退出网络配置界面。可见，任务栏的网络连接图标已经显示为正常状态，可以正常上网了。

【扩展任务】

朱涛新买了一台计算机，刚刚安装完操作系统，请为他的计算机安装网卡驱动程序，并进行网络配置，让计算机能够正常连接到 Internet。

任务二　因特网基础

【任务目标】

➢ 了解因特网的基本知识。

> ➢ 理解 TCP/IP 协议。
> ➢ 理解 IP 地址结构和域名系统（DNS）。
> ➢ 掌握接入因特网的方法。

【任务描述】

因特网（Internet）是目前世界上最大的计算机互联网络。Internet 采用了开放的联网协议 TCP/IP 协议，允许世界上任何地方的计算机或计算机网络接入其中，并成为其中的一部分。Internet 是由广域网、局域网及单机按照一定的通信协议，把分布于世界各地不同结构的计算机网络用各种传输介质互相连接起来组成的国际计算机网络。因此，有人称之为网络的网络。

【知识储备】

6.2.1　因特网概述

因特网是一组全球信息资源的总汇。Internet 是由许多小的网络（子网）互联而成的一个逻辑网，每个子网中连接着若干台计算机（主机）。Internet 以相互交流信息资源为目的，基于一些共同的协议，并通过许多路由器和交换机公共互联而成，它是一个信息资源共享的集合。

从目前的情况来看，Internet 市场仍具有巨大的发展潜力，未来其应用将涵盖从办公室共享信息到市场营销、服务等广泛领域。另外，Internet 带来的电子贸易正改变着现今商业活动的传统模式，其提供的方便而广泛的连接性必将对未来社会生活的各方面产生影响。

6.2.2　TCP/IP 协议

因特网中不同类型的物理网络是通过路由器连接在一起的，各网络之间的数据传输采用 TCP/IP 协议。TCP/IP 是一个由众多协议按层次组成的协议族，它们规范了网络上的所有通信设备，尤其是一个主机与另一个主机之间的数据格式及传送方式。可以说，TCP/IP 是因特网赖以工作的基础。

（1）TCP（Transmission Control Protocol）

TCP 即传输控制协议，位于传输层。TCP 协议向应用层提供面向连接的服务，确保网上发送的数据包可以完整地接收，一旦某个数据包丢失或损坏，TCP 发送端可以通过协议机制重新发送这个数据包，以确保发送端到接收端的可靠传输。

（2）IP（Internet Protocol）

IP 协议是 TCP/IP 协议体系中的网际协议，其主要功能是将不同类型的物理网络连接在一起。也就是说，它需要将不同格式的物理地址转换成统一的 IP 地址，将不同格式的帧（即物理网络传输的数据单元）转换为 IP 数据包，从而屏蔽下层物理网络的差异，向上层传输层提供 IP 数据包，实现无连接的数据包传送服务。另外，IP 协议还能从网上选择两节点之间的传输路径，将数据从一个节点按路径传输到另一个节点。

TCP/IP 协议有如下几个特点：

◆ 支持不同操作系统的网上工作站和主机；

◆ 适用于 X.25 分组交换网、各类局域网、广播式卫星网、无线分组交换网等；

◆ 有很强的支持异构网互连的能力；

◆ 能支持网上运行的 Oracle、INGRES 等数据库管理系统，为实现网络环境下的分布数据库提供基础。

6.2.3　客户机/服务器

计算机网络中的每台计算机既要为本地用户提供服务，也要为网络中其他用户提供服务，因此每台联网计算机的本地资源都可以作为共享资源提供给其他主机用户使用。在因特网的 TCP/IP 环境中，联网计算机之间相互通信的模式采用客户机/服务器（Client/Server）模式，简称为 C/S 结构，如图 6-16 所示。图中，客户机（客户端）向服务器发出服务请求，服务器响应客户机的请求，提供客户机所要求的网络服务。提出请求、发起本次通信的计算机进程称为客户机进程，响应、处理请求，提供服务的计算机进程称为服务器进程。

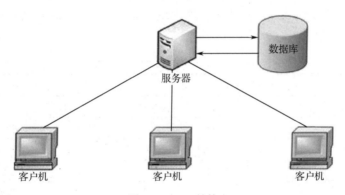

图 6-16　C/S 结构

因特网中常见的 C/S 结构的应用有 Telnet 远程登录、FTP 文件传输服务、HTTP 超文本传输服务、电子邮件服务、DNS 域名解析服务等。

6.2.4　IP 地址和域名

因特网通过路由器将成千上万个不同类型的物理网络连接在一起，为了识别网络中的计算机和网络设备，需要一种能够将每台计算机和网络设备区分开的方式。在 Internet 上采用 IP 地址和域名来达到这一目的。

1．IP 地址

IP 地址是 TCP/IP 协议中使用的地址标识。IP 协议主要有两个版本：IPv4 和 IPv6，两者的地址表示方式不同。目前广泛使用的是 IPv4，在没有特别说明的情况下，本书中的 IP 地址是指 IPv4 地址。

IP 地址是一个人为设计的 32 位二进制数的数字编号。例如，一台计算机的 IP 地址可以写成如下的形式：11000000 10101000 00000001 00000001。计算机和网络中的设备就是用这样的地址来相互识别的。为了便于记忆和理解，人们提出了一种称为点分十进制的IP地址表示方法。即用4个十进制数表示IP地址，每个数的取值范围为0～255，数字间用点号"."隔开。如前面提到的那个IP地址可以表示为192.168.1.1。

由于同一个IP地址只能分配给Internet中唯一的一台主机，需要规范IP地址的结构：IP地址由网络地址和主机地址组成，其中网络地址用于识别网络，主机地址用于识别该网络中的主机。具体格式为：IP地址=网络地址+主机地址，如表6-1所示。

表6-1　IP地址结构

网络地址	主机地址

基本的IP地址分为A、B、C三类。三类地址的区别仅在于网络地址与主机地址所用的数字位数不同，也即对应的网络和主机个数不同。其中，A类IP地址适用于拥有大量主机的网络，B类IP地址适用于中等规模的网络，而C类IP地址适用于小规模的网络。不同网络中的计算机的网络地址不同，而同一网络中的计算机则具有相同的网络地址，它们是由因特网信息中心统一分配的。同一网络中不同主机的主机地址则不能相同，它们是由各局域网络自己分配的，这就保证了IP地址的单一性。IP地址可以分为5类，如表6-2所示。

表6-2　不同类型的IP地址比较

分　类	第一字节数字范围	应　用
A	1～126	大型网络
B	128～191	中等规模网络
C	192～223	校园网
D	224～239	备用
E	240～254	试验用

IP地址构成了整个Internet的基础，每一台联网的计算机无权自行设定IP地址，而是由一个统一的机构负责对提出申请的组织分配唯一的网络ID；该组织可以对自己网络中的每台主机分配一个唯一的主机ID。正如一个单位无权决定自己所属城市的街道名称和门牌号，但可以自主决定本单位内部各间办公室的编号一样。

2. 域名

计算机处理数字比较方便，但人们记忆数字并不容易。在使用网络时，如果使用数字化的IP地址来进行网络访问，会使用户觉得难以记忆和使用。于是，人们提出了给网络中的主机起一个能够望文生义的文字化的名字，这就是域名。

域名是Internet上用来寻找主机所用的名字，是Internet上的重要标识，相当于主机的姓名；而IP地址则相当于主机的身份证号码。每一台主机都对应一个IP地址，每一个IP地址由一连串的数字组成，如101.25.11.34。人们为了方便记忆就用域名代替这些数字来寻找主机，如pku.edu.cn。域名是由点号"."隔开的多级字符串来构成的，其基本格式如下：

主机名．N 级域名．N-1 级域名……二级域名．一级域名

其中，主机名和各级域名均是由文字、数字等符号构成的字符串。一些域名的实例如下：www.sina.com.cn、www.sohu.com、www.lzy.edu.cn、ftp.lzy.edu.cn、mail.lzy.edu.cn。

在域名结构中，一级域名和二级域名往往具有一定的含义，通常称之为域名后缀。常用的一级域名代码如表 6-3 所示。

表 6-3   常用的一级域名代码

域 名 代 码	意 义	域 名 代 码	意 义
com	商业机构	mil	军事部门
net	网络服务机构	org	其他组织
edu	教育机构	int	国际组织
gov	政府机关	cn	中国

域名和 IP 地址都表示主机的地址，实际上是同一事物的两种表示。用户可以使用主机的 IP 地址，也可以使用它的域名。两者之间的转换由 DNS（Domain Name System）完成。

域名与 IP 地址之间的映射在 20 世纪 70 年代由网络信息中心（NIC）负责完成。NIC 记录所有域名地址和 IP 地址的映射关系，并负责将记录的地址映射信息分发给接入因特网的所有最低级域名服务器（仅管辖域内的主机和用户）。每台域名服务器维护一个称为 "hosts.txt" 的文件，记录其他各域的域名服务器及其对应的 IP 地址。NIC 负责所有域名服务器上 "hosts.txt" 文件的一致性。主机之间使用域名进行的通信通过查阅域名服务器上的 hosts.txt 文件来获得 IP 地址。但是，随着网络规模的扩大和接入网络的主机数的增加，要求每台域名服务器都能容纳所有的域名地址信息就变得极不现实，同时对不断增大的 "hosts.txt" 文件一致性的维护也浪费了大量的网络系统资源。为了解决这些问题，提出了域名系统（DNS），它通过分级的域名服务和管理功能提供了高效的域名解释服务。DNS 包括域、域名、主机和域名服务器 4 大要素。

6.2.5 接入因特网

因特网的接入方式通常有专线连接、局域网连接、无线连接和 ADSL 拨号连接等。光纤和无线连接也成为当前流行的接入方式，给网络用户提供了极大的便利。

1．ADSL

用电话线接入因特网的主流技术是 ADSL（非对称数字用户线路），这种接入技术的非对称性体现在上、下行速率的不同，高速下行信道向用户传送视频、音频信息，速率一般在 1.5～8Mbps，低速上行速率一般在 16～640Kbps。使用 ADSL 技术接入因特网对使用宽带业务的用户是一种经济、快速的方法。

采用 ADSL 接入因特网，除了一台带有网卡的计算机和一条直拨电话线外，还需向电信部门申请 ADSL 业务。电信部门负责安装话音分离器、ADSL 调制解调器和拨号软件。完成安装后，就可以根据服务商提供的用户名和口令实现拨号上网了。

2. 互联网服务提供商

互联网服务提供商（Internet Service Provider，ISP）指的是面向公众提供下列信息服务的经营者：一是接入服务，即帮助用户接入 Internet；二是导航服务，即帮助用户在 Internet 上找到所需信息；三是信息服务，即建立数据服务系统，收集、加工、存储信息，定期维护更新，并通过网络向用户提供信息内容服务。

要接入因特网，寻找一个合适的 Internet 服务提供商是非常重要的。一般 ISP 提供的功能主要有：分配 IP 地址、网关及 DNS，提供联网软件，提供各种因特网服务、接入服务等。中国有三大 ISP 基础运营商：中国移动、中国联通、中国电信。此外，还有北京电信通、长城宽带、方正宽带等。

3. 无线连接

无线局域网的构建不需要布线，因此提供了极大的便捷性，省时省力，并且在网络环境发生变化、需要更改的时候，也易于更改维护。架设无线网首先需要一台前面介绍过的无线 AP，无线 AP 很像有线网络中的集线器或交换机，是无线局域网络中的桥梁。有了 AP，装有无线网卡的计算机或支持 WiFi 功能的手机等设备就可以与网络相连。普通的小型办公室、家庭有一个 AP 就已经足够。

【案例实践】

汪萍所在的公司有一台专门存放数据的计算机，办公室所有成员需要使用数据时，都用 U 盘从这台计算机上复制，新增数据再复制回这台计算机。为了同事们更方便地进行数据的读取，汪萍决定将数据计算机设置为远程访问模式，这样，其他同事通过远程桌面就能在自己的计算机上直接访问该计算机。

案例实施

1. 数据计算机开启远程设置

打开数据计算机，在桌面上右键单击【此电脑】图标，在弹出的快捷菜单中选择【属性】命令，如图 6-17 所示，打开【系统】面板，如图 6-18 所示。

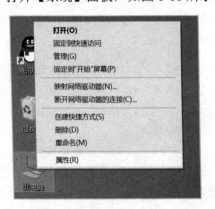

图 6-17 【此电脑】快捷菜单

图 6-18 【系统】面板

在左侧选择【远程设置】命令，打开【系统属性】对话框，并切换到【远程】选项卡，如图 6-19 所示。

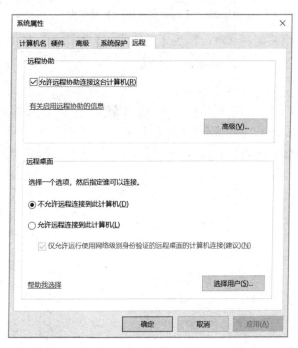

图 6-19 【远程】选项卡

在对话框的【远程协助】栏中选择【允许远程连接这台计算机】选项，然后单击【选择用户】命令，打开【远程桌面用户】对话框，可见本计算机中用户名为"luoda"的用户已经有访问权限了，如图 6-20 所示。

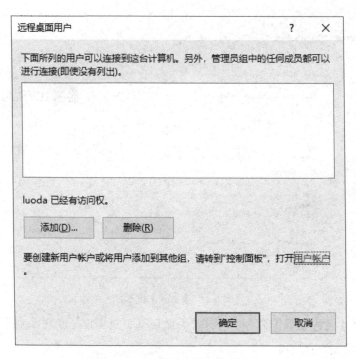

图 6-20 【远程桌面用户】对话框

单击【确定】按钮关闭对话框，回到【系统属性】对话框，单击【确定】按钮，完成计算机的远程访问设置。

2. 查看数据计算机 IP 地址

右击数据计算机任务栏右下角的网络连接图标，在弹出的快捷菜单中选择【打开"网络和 Internet"设置】命令，启动网络【状态】窗口，如图 6-21 所示。向下滑动滑条，单击【查看网络属性】命令，启动【查看网络属性】窗口。可见本机的 IP 地址为 192.168.78.150，如图 6-22 所示。

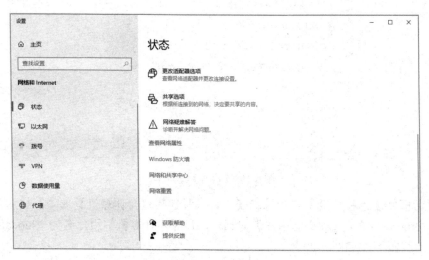

图 6-21 网络【状态】窗口

图 6-22 【查看网络属性】窗口

3．远程访问数据计算机

本局域网内的其他计算机均可访问该数据计算机。在要远程访问的计算机上单击【开始】菜单，选择【Windows 附件】→【远程桌面连接】命令，打开远程桌面访问窗口，在【计算机】文本框中输入数据计算机的 IP 地址，如图 6-23 所示。

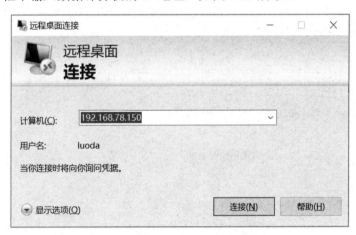

图 6-23 【远程桌面连接】对话框

单击【连接】按钮，弹出 Windows 安全中心窗口，在密码框中输入密码（该密码为账户的密码），如图 6-24 所示。

单击【确定】按钮，弹出【远程桌面连接】风险提示对话框，如图 6-25 所示，单击【是】按钮，即可连接到远程桌面，如图 6-26 所示。

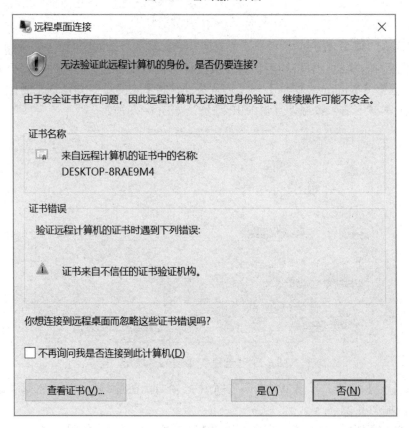

图 6-24　密码输入界面

图 6-25　风险提示对话框

图 6-26　连接到的远程桌面

【扩展任务】

钟华希望下班回到家能通过家里的计算机访问办公室的计算机，处理一些未完成的工作。请进行远程连接设置，实现对办公室计算机的互联网访问。

任务三　因特网的简单应用

【任务目标】

➢ 了解万维网和浏览器。

➢ 掌握电子邮件收发的方法。

➢ 理解流媒体工作原理。

➢ 掌握访问 FTP 服务器的方法。

➢ 掌握在因特网上浏览播放流媒体的方法。

【任务描述】

Web 服务主要是浏览器/服务器（Browser/Server，B/S）模式，是 Web 广泛应用的一种网络结构模式，Web 浏览器是客户端最主要的应用软件。这种模式统一了客户端，将系统功能实现的核心部分集中到服务器上，简化了系统的开发、维护。本任务要求掌握如何访问 Web 服务器和 FTP 服务器，并学会在因特网上同步下载和浏览播放流媒体。

【知识储备】

6.3.1 相关概念

1. 万维网

WWW 是 World Wide Web 的缩写，也可以简称为 Web，中文名称为"万维网"。WWW 建立在因特网上，是全球性的、交互的、动态的、多平台的、分布式的超文本信息查询系统。通过万维网，人们只要使用简单的方法，就可以迅速方便地取得丰富的信息资料。用户在通过 Web 浏览器访问信息资源的过程中不需要再关心一些技术细节，而且界面非常友好，因而 Web 在 Internet 上一推出就受到了热烈的欢迎，并迅速发展。

到了 1993 年，WWW 的技术有了突破性的进展，它解决了远程信息服务中的文字显示、数据连接以及图像传递的问题，使得 WWW 成为 Internet 上最为流行的信息传播方式。现在，Web 服务器成为 Internet 上最大的计算机群，Web 为 Internet 的普及迈出了开创性的一步，是近年来 Internet 取得的最激动人心的成就。

WWW 采用的是浏览器/服务器结构，其作用是整理和储存各种 WWW 资源，并响应客户端软件的请求，把客户所需的资源传送到 Windows、UNIX 或 Linux 等平台上。

2. 超文本标记语言

HTML（Hyper Text Mark-up Language）意为超文本标记语言，是 WWW 的描述语言，它通过标记符号来标记要显示的网页中的各个部分。网页文件本身是一种文本文件，通过在文本文件中添加标记符，告诉浏览器如何显示其中的内容（如文字如何处理、画面如何安排、图片如何显示等）。浏览器按顺序阅读网页文件，然后根据标记符解释和显示其标记的内容，对书写出错的标记将不指出其错误，且不停止其解释执行过程，编制者只能通过显示效果来分析出错原因和出错部位。但需要注意的是，不同的浏览器对同一标记符可能会有不完全相同的解释，因而可能有不同的显示效果。

HTML 之所以称为超文本标记语言，是因为文本中包含了"超级链接"点。所谓超级链接，就是一种 URL 指针，通过激活（单击）它，可使浏览器方便地获取新的网页。这也是 HTML 获得广泛应用最重要的原因之一。

网页的本质就是 HTML，通过结合使用其他 Web 技术（如脚本语言、CGI、组件等），可以创造出功能强大的网页。因而，HTML 是 Web 编程的基础，也就是说，万维网是建立在超文本基础之上的。

HTML 文档制作不太复杂，且功能强大，支持不同数据格式的文件嵌入，这也是 WWW 盛行的原因之一。其主要特点如下：

◆ 简易性。HTML 版本升级采用超集方式，更加灵活方便。

◆ 可扩展性。HTML 语言的广泛应用带来了加强功能、增加标识符等要求，HTML 采取子类元素的方式，为系统扩展带来保证。

◆ 平台无关性。HTML 可以使用在广泛的平台上，这也是 WWW 盛行的一个原因。

3．统一资源定位器

统一资源定位器（Uniform Resource Locater，URL）是把 Internet 网络中的资源文件统一命名的机制，又称为网页地址（或网址），用来描述 Web 页的地址和访问它时所用的协议。URL 包括所使用的传输协议、服务器名称和完整的文件路径名。

4．浏览器

浏览器是一个显示网页服务器或档案系统内容的文件，并让用户与这些文件互动的一种软件。它用来显示因特网或企业网上的文字、影像及其他信息，这些文字或影像，可以是连接其他网址的超链接。网页一般是 HTML 格式的，有些网页需要使用特定的浏览器才能正确显示。个人计算机上常见的网页浏览器包括微软的 Internet Explorer(简称 IE)、Google Chrome、Firefox、360 浏览器等。

5．FTP

FTP 是因特网提供的基本服务。FTP 在 TCP/IP 协议体系结构中位于应用层。FTP 使用 C/S 模式工作，一般在本地计算机上运行 FTP 客户机软件，由这个客户机软件实现与因特网上 FTP 服务器之间的通信。在 FTP 服务器程序允许用户进入 FTP 站点下载文件之前，必须使用 FTP 账号和密码进行登录。一般专有的 FTP 站点只允许使用特许的账号和密码。

6.3.2　电子邮件

电子邮件（E-mail）是互联网为人们提供的一种通信方式，这种通信兼具电话的速度和邮政的可靠性等优点。电子邮件系统是由邮件服务器和邮件客户端两种软件构成的。邮件的发送者使用电子邮件客户端软件编写电子邮件，然后填好收件人的地址等信息发送到邮件服务器上。邮件服务器负责传递和存储用户的电子邮件，邮件收件人可以在任何时间和地点利用邮件客户端软件到邮件服务器上收取和阅读电子邮件。目前使用最多的电子邮件客户端软件就是网页浏览器。

电子邮箱是通过邮件地址来表示的，因此每个邮箱都有一个邮件地址。邮件地址的格式如下：

邮箱名@邮件服务器域名

如 your_name@163.com。

1．申请免费电子邮箱

以国内 QQ 免费邮箱为例介绍免费电子邮箱的申请。如果用户有自己的 QQ 号，就拥有一个免费的 QQ 邮箱，E-mail 地址为 QQ 号@qq.com。如果没有 QQ 号，可以在浏览器地址栏输入 http://mail.qq.com，登录到如图 6-27 所示的 QQ 邮箱的登录页面。

单击【注册新账号】超链接，进入申请页面，根据要求输入邮箱账号、昵称、密码信息，单击【立即注册】按钮，就得到了一个 QQ 免费邮箱。

图 6-27　QQ 邮箱登录页面

2．电子邮件收发

申请邮箱后就可以在免费邮箱首页输入账号和密码进行登录，图 6-28 所示是用户登录后进入的邮箱页面。

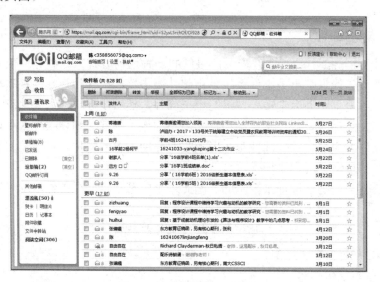

图 6-28　网易免费邮箱界面

（1）接收电子邮件

界面的左上角有【收信】和【写信】按钮，单击【收信】按钮就会看到【收件箱】的内容。每封邮件都有发件人、主题、时间和大小等信息，未读邮件会以粗体字显示。

单击某一邮件的发件人或者主题，就可以打开这个邮件。打开邮件以后，用户可以看到邮件的具体内容。邮件内容面板上方是有关邮件操作的选项按钮。

◆【删除】按钮可以将选定的邮件移至【已删除】项中，【已删除】项中的邮件可以恢复。

◆ 【彻底删除】按钮将选定邮件直接删除，删除后无法恢复。

◆ 【转发】按钮可以将当前邮件转发给其他收件人。

（2）撰写和发送电子邮件

单击邮箱页面左侧的【写信】按钮后，进入写邮件的页面。需要填写收件人的邮件地址、主题和正文，如果需要添加其他文档，则需要单击【添加附件】按钮，然后单击【浏览】按钮找到要添加的文档。邮件书写完成并检查无误后，单击上方的【发送】按钮，即可将邮件发送到对方邮箱。

6.3.3　Web 服务

万维网（WWW）是因特网上发展最快、使用最多的一项服务，它可以提供包括文本、图形、声音和视频等在内的多媒体信息的浏览。现在 WWW 已经成为因特网上不可缺少的主流应用。WWW 由遍布在因特网中被称为 WWW 服务器（又称为 Web 服务器）的计算机组成，是一个容纳各种类型信息的集合。从用户的角度看，Web 由庞大的、世界范围的文档集合而成，简称为页面（Page）。页面具有严格的格式，页面是用超文本标记语言（HTML）写成的，存放在 Web 服务器上。页面可以包含到世界上任何地方的其他相关页面的超链接（Hyperlink），这种能够指向其他页面的页被称为超文本（Hypertext）。用户使用浏览器总是从访问某个主页（Homepage）开始的。由于页面中可能包含了超链接，所以用户可以跟随超链接到它所指向的其他页面，并且这一过程可以被无限制地重复。通过这种方法，用户可浏览到大量相互链接的信息。

1．Web 页面的保存和阅读

在浏览网页的过程中，常常会遇到一些精彩或有价值的页面需要保存下来，留待以后慢慢阅读。保存全部 Web 页面的操作步骤如下。

步骤 1：打开要保存的 Web 页面。

步骤 2：单击【文件】→【另存为】命令，打开【另存为】对话框。

步骤 3：选择要保存文件的路径。

步骤 4：在【文件名】文本框内输入文件名。

步骤 5：根据需要选择一种保存类型，单击【保存】按钮完成 Web 页的保存。

如果只保存页面上的部分信息，可直接选定后通过复制、粘贴功能进行操作。

2．保存图片文件

WWW 网页内容非常丰富，如果用户需要将其中的图片文件保存下来，操作步骤如下。

步骤 1：在图片上单击右键，在弹出的菜单上选择【图片另存为】命令，打开【保存图片】对话框。

步骤 2：选择要保存图片的路径，并键入要保存的文件名。

步骤 3：单击【保存】按钮。

因特网上的超链接都指向一个资源，这个资源可以是一个 Web 页面，也可以是声音文件、视频文件、压缩文件等。下载保存这些资源的方法与图片基本一致。以 360 浏览器为例，下载时，360 浏览器窗口底部会出现一个下载传输状态窗口，包括下载完成百分比、总下载速度等信息。如图 6-29 所示。

图 6-29　下载状态提示信息

通过单击【查看下载】按钮，可以查看所有下载文件的状态，如图 6-30 所示。

图 6-30　查看下载的窗口

3. 更改主页

主页是每次打开浏览器最先显示的页面。为了方便，一般将主页设置为最常访问的网页。以 360 浏览器为例，更改主页的步骤如下。

步骤 1：打开 360 浏览器。

步骤 2：单击【打开】→【工具】→【Internet 选项】命令，弹出【Internet 选项】对话框，如图 6-31 所示。

步骤 3：在【常规】选项卡的【主页】组中输入主页网址，如果想设置多个主页，在地址框中换行后继续输入。

步骤 4：单击【确定】按钮完成设置。

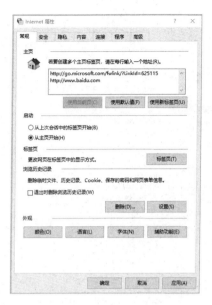

图 6-31 【Internet 选项】对话框

4. 收藏网页链接

可以将浏览过的网页的网址保存到收藏夹内,当需要再次浏览这些网站时,利用收藏夹便能将它们打开。通过如下步骤实现网页链接的收藏。

步骤 1:在浏览器中打开要收藏的网页。

步骤 2:单击【收藏】按钮,在打开的窗口中选择【添加到收藏夹】按钮。

步骤 3:在弹出的【添加收藏】对话框中单击【添加】按钮,如图 6-32 所示。

图 6-32 【添加收藏】对话框

5. 历史记录的使用

浏览器会自动将浏览过的网页地址按日期先后保留在历史记录中以备查用。用户可以设置历史记录保存期限的长短,也可以随时删除历史记录。

(1)历史记录的浏览

在浏览器窗口单击【打开】按钮,选择【历史记录】选项卡,弹出如图 6-33 所示的窗口。用户可以选择【按站点排序】【按浏览时间排序】等方式查看历史记录，并访问相应的网页。

图 6-33　查看历史记录

（2）历史记录的设置与删除

在浏览器窗口上单击【打开】→【工具】→【Internet 选项】命令，打开【Internet 选项】对话框。

◆ 在【常规】→【浏览历史记录】组中单击【设置】按钮，弹出【网站数据设置】对话框。在对话框中进行历史记录的保存设置，如图 6-34 所示。

◆ 在【常规】→【浏览历史记录】组中单击【删除】按钮，弹出【删除浏览的历史记录】对话框。在对话框中进行历史记录的删除操作，如图 6-35 所示。

图 6-34　【网站数据设置】对话框

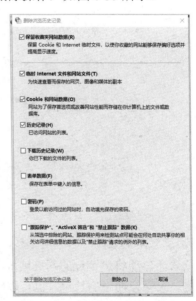

图 6-35　【删除浏览的历史记录】对话框

6.3.4　FTP 文件传输

FTP 是一种常用的网络下载方式。FTP 文件传输方式可以限制下载人数、屏蔽指定 IP 地址、控制用户下载速度等，所以，FTP 更具有易控性和操作灵活性，比较适合大文件的传输（如影片、音乐等）。最常用的 FTP 软件有 FlashFTP、CuteFTP 和 LeapFTP。

浏览器除了可以浏览网页，还可以以 Web 方式访问 FTP 站点。如果访问的是匿名 FTP 站点，则浏览器可以自动匿名登录。使用微软 Edge 浏览器访问 FTP 站点并下载文件的操作步骤如下：

（1）打开微软 Edge 浏览器，在地址栏中输入要访问的 FTP 站点地址，按 Enter 键；

（2）如果该站点不是匿名站点，会提示输入用户名和密码登录，如果是匿名站点，浏览器会自动匿名登录。

另外，也可以在 Windows 资源管理器中查看 FTP 站点，操作步骤如下。

步骤 1：在桌面上找到【此电脑】图标并双击打开。

步骤 2：在地址栏中输入 FTP 站点地址（如 ftp://192.168.71.12）并按 Enter 键，如图 6-36 所示，就像访问本机的资源管理器一样。

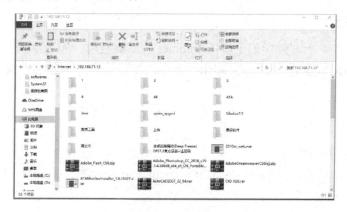

图 6-36　FTP 窗口

6.3.5　流媒体

流媒体又称为流式媒体，是指采用流式传输的方式在 Internet 上播放的一种媒体格式，是多媒体的一种。因特网的迅猛发展、多媒体的普及为流媒体业务创造了广阔的市场。如今，流媒体技术已广泛应用于多媒体新闻发布、在线直播、网络广告、电子商务、视频点播、远程教育、远程医疗、网络电台、实时视频会议等方面。在因特网上浏览、传输音频、视频文件，可以采用先把文件下载到本地硬盘里，然后播放。但是一般的音频/视频文件比较大，需要本地硬盘留有一定的存储空间，而且由于网络带宽的限制，下载时间也比较长。流媒体为人们提供了一种在网上浏览音频/视频文件的方式。流式传输时，音频/视频文件由流媒体服务器向用户计算机连续、实时地传送。用户只需要经过很短时间的启动延时即可进行观看，即"边下载边播放"。当下载的一部分内容播放时，后台也在不断下载文件的剩余部分。流媒体方式不仅使播放延时大大缩短，而且不需要本地硬盘留有太大的缓存容量，避免了必须等待整个文件从因特网上下载完成后才能播放观看的缺点。

实现流媒体需要两个条件：合适的传输协议和缓存。使用缓存的目的是消除延时和抖动的影响，保证数据包顺序正确，使流媒体数据顺序输出。流式传输的大致过程如下：

（1）用户选择一个流媒体服务器后，Web 浏览器与 Web 服务器之间交换控制信息，把需要传输的实时数据从原始信息中检索出来。

（2）Web 浏览器启动音频/视频客户端程序，使用从 Web 服务器检索到的相关参数对客户端程序初始化，参数包括目录信息、音频/视频数据的编码类型和相关的服务器地址等。

（3）客户端程序和服务器端之间运行实时流协议，交换音频/视频传输所需的控制信息。实时流协议提供播放、快进、快退、暂停等命令。

（4）流媒体服务器通过流协议及 TCP/UDP 传输协议将音频/视频数据传输给客户端程序。一旦数据到达客户端，客户端程序就可以播放。

目前的流媒体格式有很多，如 ASF、RM、RA、MPG、FLV 等，不同格式的流媒体文件需要使用不同的播放软件。常见的流媒体播放软件有 Real Networks 公司的 RealPlayer、微软公司的 Media Player、苹果公司的 QuickTime 和 Macromedia 的 Shockwave Flash。Flash 流媒体技术使用矢量图形技术，使文件下载、播放速度明显提高。

【案例实践】

在信息技术课堂上，同学们了解了 Internet 的简单应用。为了检验大家的学习效果，周老师让同学们课后申请一个 QQ 邮箱，并通过邮箱给周老师发送一封主题为"元旦快乐"的邮件。

案例实施

1. 注册 QQ 邮箱账号

启动常用的浏览器，在地址栏输入 http://mail.qq.com，按 Enter 键，打开 QQ 邮箱登录页面，如图 6-37 所示。

图 6-37　QQ 邮箱登录页面

如果已经有 QQ 账号了，可以直接登录进入邮箱，如果没有 QQ 账号，单击下方的【注册新账号】按钮，进入注册新账号页面，如图 6-38 所示。

在对应的文本框中输入昵称、密码和手机号码，如图 6-39 所示，并单击【发送验证码】按钮，弹出如图 6-40 所示的提示对话框。

图 6-38　QQ 邮箱注册页面　　　　　　　图 6-39　注册 QQ 邮箱

按照要求在手机上编辑短信内容"1"发送到"10690700511"；在计算机上单击【我已发送短信，下一步】按钮，就会进入【注册成功】页面，完成 QQ 邮箱账号的注册（QQ 邮箱与 QQ 同号），如图 6-41 所示。

图 6-40　发送验证码　　　　　　　　　　图 6-41　注册成功

2. 登录 QQ 邮箱

注册完成后，单击【立即登录】按钮，弹出 QQ 登录页面，输入密码可以直接登录 QQ 号。首次登录时会提示输入手机验证码，按要求输入后，可进入开通邮箱界面，如图 6-42 所示。

勾选【同意《QQ 邮箱服务条款》】项，并单击【立即开通】按钮，进入完成开通页面，如图 6-43 所示。

图 6-42　开通 QQ 邮箱

图 6-43　完成邮箱开通

单击【进入我的邮箱】按钮，即可进入邮箱，如图 6-44 所示。

图 6-44　进入 QQ 邮箱页面

3. 编写邮件并发送

在图 6-44 所示的界面中，单击【写邮件】按钮，即可进入邮件编写界面，如图 6-45 所示。

图 6-45　写邮件

可以利用 QQ 邮箱编写普通邮件，也可以编写群邮件，这里只需要编写普通邮件。在收件人栏填写周老师的邮箱号码，在主题栏输入"元旦快乐"，在正文区域录入写给周老师的祝福语，还可以添加图片、附件等内容。全部编辑完成后，单击【发送】按钮，便完成了邮件的发送。

【扩展任务】

思政课老师要求大家课后在 FTP 服务器（地址：ftp://192.168.3.200）的【课程资源】文件夹中下载观看电影《建党伟业》，并写一篇心得体会，上传到该 FTP 服务器的【作业提交】文件夹下。

任务四　信息检索基础知识

【任务目标】

➢ 理解信息检索的基本概念。

> 了解信息检索的基本步骤及方式。
> 掌握布尔逻辑检索、截词检索、位置检索、限制检索等检索方法。

【任务描述】

信息检索是人们进行信息查询和获取的主要方式，是查找信息的方法和手段。本任务将带领大家了解信息检索的基本概念以及信息检索的常用方法。

【知识储备】

6.4.1 信息检索概论

1. 信息检索概论

信息检索（Information Retrieval）又称为情报检索或文献检索，是指将信息按一定的方式组织、存储起来，并根据信息用户的信息需求查找所需信息的过程。从广义上讲，信息检索包含信息的存储和检索两部分。信息的存储主要是指对在一定范围内的信息选择的基础上进行信息特征描述、加工并使其有序化，即建立数据库。信息的检索是借助一定的设备和工具，采取一系列方法与策略，从数据库中查找所需信息。通常所说的信息检索是指狭义概念的信息检索，即从信息集合（数据库）中查找所需信息的过程，也就是信息查寻（Information Search 或 Information Seek）。

2. 信息检索的起源

信息检索起源于图书馆的参考咨询和文摘索引工作，至 20 世纪 40 年代，索引和检索已成为图书馆独立的工具和用户服务项目。随着电子计算机的问世，计算机技术逐步走进信息检索领域，并与信息检索理论紧密结合起来；脱机批量情报检索系统、联机实时情报检索系统相继研制成功并商业化。20 世纪 60 年代到 80 年代，在信息处理技术、通信技术、计算机和数据库技术的推动下，信息检索在教育、军事和商业等各领域高速发展，得到了广泛的应用。Dialog 国际联机情报检索系统是这一时期的信息检索领域的代表，至今仍是世界上最著名的系统之一。随着计算机图像信息和声音信息处理技术等先进科研成果的应用，现代信息检索范围得到了拓展，检索功能得到了增强，检索效率得到了提高。

3. 信息检索的基本步骤及方式

尽管每一次信息检索过程都有不同的做法和特色，不可能有一个对任何人都适用且固定不变的检索模式，但是，从众多成功的检索中，可以总结出一些普遍性规律。现在简单介绍一下信息检索的基本步骤和方式。

（1）分析问题，明确文献需求

分析问题是整个检索过程的准备阶段，问题分析得越准确，检索的效果越好。通过认真分析，可以清楚自己需要解决什么问题，弄清课题所属的学科范围，需要哪些类型的文献信息，文献信息量是否足够，还能确定文献检索的年代范围等重要信息。

（2）选择检索工具

检索工具的选择是检索信息的前提，只有选对了检索工具才能进行具体的检索。检索时应根据课题的具体情况选择检索的网站及数据库，选择恰当与否，直接影响检索效果。

选择时应从本单位/本地区现有的检索工具实际情况出发选择检索工具。同时，要确定利用哪些检索工具，以哪种检索工具作为重点查找信息。

（3）确定检索途径和检索词，构建检索式

检索途径的选择主要取决于两个方面：一方面是检索课题的范围、已知条件以及对检全和检准的要求；另一方面是所用检索工具能够提供的检索途径。例如，如果已知作者、专利权人、专利号、报告号、标准号等，则可选择使用形式特征途径。如果只提出了内容上的要求，则使用主题、分类、代码等内容特征途径。如果倾向于检全，则可采用分类途径；如果倾向于检准，则可采用主题途径。

（4）调整检索策略

根据得到的检索结果，反复对文献检索式进行调整，直到得到满意的结果。对检索结果数量比较少的，可以进行扩大检索，通过扩大词语的外延提高查全率。扩大检索范围的方法有增加同义词、相关词，充分利用逻辑"或"；减少 AND 或者 NOT 的使用次数；在文摘或全文字段中检索。而对检索结果数量过多的，可以进行缩检，提高查准率。缩小检索范围的方法有将检索词限定在篇名或某字段中；增加一些主题概念加以限制，用 AND 连接；用时间期限或辅助字段限定；用 NOT 排除无关概念。

（5）获取全文

对于直接使用全文检索工具的检索来说，这一步可以省略，但对于使用二次检索工具的检索来说，检索结果只是全文的替代品，而不是全文。在这种情况下，就要根据检索出来的文献线索找到全文，通常需使用各个图书馆情报信息单位的联合目录和馆藏目录，通过文献传递等方式才能获取全文。

6.4.2　信息检索常用方法

搜索引擎是一种能够通过互联网接收用户的查询指令，帮助用户迅速地从网上查找所需信息，并向用户提供符合其查询要求的搜索结果列表及相关信息的检索工具。一般有简单检索与高级检索两种检索方式。通常情况下，在选择一个搜索引擎后，可以先用简单检索，即在检索框中输入若干个关键词进行初步尝试，如果系统返回的检索结果比较多，则需要通过高级检索来进一步提高检索的准确度、缩小搜索范围、过滤无关紧要的内容。一般而言，利用普通搜索引擎提供的高级检索功能、选择高级检索技术，通过灵活运用正确的检索表达式和特殊的操作符、限定词，可以收到事半功倍的效果。现将搜索引擎常用的几种检索方法介绍如下。

1. 布尔逻辑检索

布尔逻辑检索也称为布尔逻辑搜索，严格意义上的布尔检索法是指利用布尔逻辑运算符连接各个检索词，然后由计算机进行相应逻辑运算，进而找出所需信息的方法。它的使用面最广、使用频率最高。布尔逻辑运算符的作用是把检索词连接起来，构成一个逻辑检索式。下面简单介绍 3 个布尔逻辑运算符的使用方法。

（1）AND 运算符

AND 表示"且"或"与"，表示其所连接的两个检索项的交集部分，用于缩小检索范围，提高检准率。检索到的结果都应该与这几个检索词有关系。例如，检索式："计算机知识 AND 计算思维"，表示同时包括"计算机知识"和"计算思维"的信息。

（2）OR 运算符

OR 表示"或"，用来连接表示并列关系的检索词，检索的结果与若干个检索词中的一个有关系，或者同时有关系，都是满足条件的，用于扩大检索范围、提高检全率。例如，"计算机知识 OR 计算思维"，就表示可以包括"计算机知识"，也可以包括"计算思维"。使用 OR 运算符通常会得到许多无关紧要的信息，一般应慎重使用。

（3）NOT 运算符

NOT 表示"非"，用来连接排除关系的检索词，也就是排除不需要的和影响检索结果的概念。例如，"计算机知识 NOT 计算思维"，表示包括"计算机知识"但不含有"计算思维"的信息。

2．截词检索

截词检索是预防漏检、提高检全率的一种常用检索技术。截词是指在检索词的合适位置进行截断，然后使用截词符进行处理，这样既可以节省输入的字符数目，又可以达到更高的检全率。在西文检索系统中，使用截词符对提高检全率是很有效的。

截词检索分为前截词检索（后方一致）、后截词检索（前方一致）和中间截词检索（前后方一致）3 种基本类型。同时，各截断部分还可以分为精确截断（即被截字符串的字符数目是确定的，通常用通配符"？"表示，"？"的个数就是被截字符串的字符数）和模糊截断（即被截字符串的字符数目是不确定的，通常用通配符"*"表示，被截字符串的字符数可以为零，亦可以是具有检索意义的任何字符个数）。

3．位置检索

位置检索是指允许指定两个单词之间的词序和词距的检索。词序指单词之间的前后顺序，词距指两个单词之间间隔的单词数。其操作符多为"NEAR"。例如，"大数据技术 NEAR 医疗"，表示检索结果中"大数据技术"与"医疗"两词之间的位置比较临近。每个支持位置检索的搜索引擎对 NEAR 操作的字段间隔数的设置是不同的，有的设置在 25 个单词之内。

4．限制检索

限制检索（Range）是通过限制检索范围达到优化检索结果的方法。限制检索分为两种：时间限制和字段限制。限制检索往往是对字段的限制。在搜索引擎中，字段检索多表现为限制前缀符的形式。例如，属于主题字段限制的有 Title、Subject、Keywords、Summary 等，属于非主题字段限制的有 Image、Text 等。作为一种网络检索工具，搜索引擎提供了许多带有典型网络检索特征的字段限制类型，如主机名（Host）、域名（Domain）、链接（Link）、URL（Site）、新闻组（Newsgroup）和 E-mail 限制等，这些字段限制功能限定了检索词在数据库记录中出现的区域。由于检索词出现的区域对检索结果的相关性有一定的影响，因此，字段限制检索可以用来控制检索结果的相关性，改善检索效果。

在体育课上，张老师正在演示讲解乒乓球握拍的正确方法，班上的王丽、张洋、关皓三位同学却在那里嬉笑打闹，不守纪律。于是，张老师给三位同学布置了课后任务，要求回家上网搜索关于奥运会上乒乓球项目赛事的相关信息，整理后在下次体育课上进行分享。具体任务布置如下：

● 王丽负责检索关于北京奥运会上所有乒乓球项目赛事的资料。
● 张洋负责检索包括北京奥运会乒乓球男子单打、女子单打的有关资料。
● 关皓负责检索北京奥运会上除男子单打外的乒乓球赛事的资料。

案例实施

我们现在帮助以上三位同学写出逻辑检索式，具体实施如下。

1. 王丽的任务：检索关于北京奥运会上所有乒乓球项目赛事的资料。

查询要求表明，检索的内容必须同时包括"北京奥运会""乒乓球"两个词，因此输入的检索式应为"北京奥运会 AND 乒乓球"。逻辑"与"在不同的搜索引擎中用不同的符号代表。

2. 张洋的任务：检索北京奥运会乒乓球男子单打、女子单打的有关资料。

查询要求表明，检索的内容首先要包括"北京奥运会""乒乓球"两个词，再将"男子单打"和"女子单打"连接成并列关系，即包括其中一个词就可以，因此检索式应为"（北京奥运会 AND 乒乓球）OR 男子单打 OR 女子单打"。从检索式可以看得出，这是一个复合逻辑检索式。

3. 关皓的任务：检索北京奥运会上除男子单打外的乒乓球赛事的资料。

查询要求表明，检索的内容首先要同时包括"北京奥运会""乒乓球"两个词，但必须不包括"男子单打"的内容，因此，其检索式应为"（北京奥运会 AND 乒乓球）NOT 男子单打"。从检索式可以看出，这也是一个复合逻辑检索式。

【扩展任务】

网上搜索 NEAR 操作符的用途，并解释检索表达式"雷佳音 NEAR 5 在一起"的含义。

任务五　搜索引擎的使用

【任务目标】

➢ 掌握常用网络信息检索工具。
➢ 掌握常用搜索引擎高级检索功能的操作及检索方法。

【任务描述】

掌握网络信息的高效检索方法，是现代信息社会对高素质技术技能人才的基本要求。本任务将带领大家了解几种常用搜索引擎，掌握它们的搜索途径、搜索规则以及搜索技巧。

【知识储备】

6.5.1　百度搜索引擎的应用

随着移动互联网的发展，百度网页搜索完成了由 PC 向移动的转型，由连接人与信息扩展到连接人与服务，用户可以在 PC、Pad、手机上访问百度主页，通过文字、语音、图像多种交互方式瞬间找到所需的信息和服务。百度搜索引擎具有准确性高、查全率高、更新快以及服务稳定的特点，深受网民的喜爱。

1．简单搜索

简单的百度搜索操作非常方便。打开百度网址 http://www.baidu.com/，在搜索框内输入需要查询内容的关键词，按 Enter 键或单击搜索框右侧的【百度一下】按钮，即可获得符合查询要求的网页内容，如图 6-46 所示。

图 6-46　百度主页面

2．高级搜索

在日常生活中，为了限制搜索范围、搜索时间，过滤关键词等，需要用到高级搜索功能，主要有高级搜索语法和高级搜索工具。比如，我们需要设定搜索结果中不包含什么关键词，包含任意一个关键词还是完整关键词，指定的网站、文档格式或时间范围等，这时就可以使用高级搜索语法来实现。

进入高级搜索有多种方法，可以在搜索框中直接输入关键词"高级搜索"进行简单搜索，单击得到的第一条搜索记录链接进入即可，如图 6-47 所示。也可以在地址栏输入高级搜索的地址 http://www.baidu.com/gaoji/advanced.html，如图 6-48 所示。

在【高级搜索】页面中，可以根据自己的需求来进行设置，以达到理想的搜索效果。比如，可以设置关键词的范围，设置搜索结果显示的条数、时间以及格式等。下面以历史课的作业为例，介绍百度搜索的使用方法。

李红的历史老师布置了预习作业，让他们了解一些关于红军长征的信息，但不需要查询有关会师方面的信息。为了方便在平板上查看，资料的文档类型限定为 PDF 文件。李红的具体操作方法如下。

步骤 1：打开百度，进入高级搜索页面。

步骤 2：在界面上的对应位置输入全部的关键词"红军长征"和不包括的关键词"会师"，文档格式设置为 pdf，其他选项为默认值，如图 6-49 所示。对于能够记住代码的搜索高手，可以直接在搜索框输入"filetype:pdf 红军长征-(会师)"进行搜索。

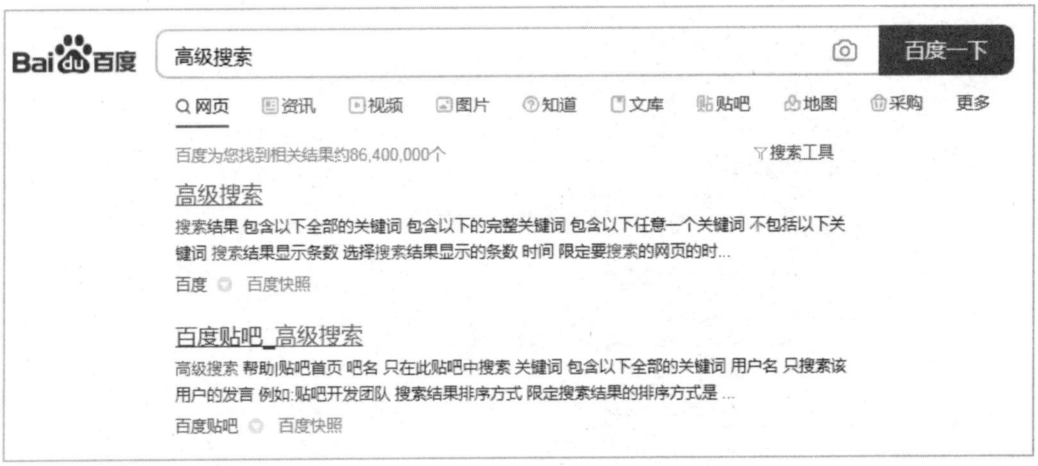

图 6-47 "高级搜索"结果页面

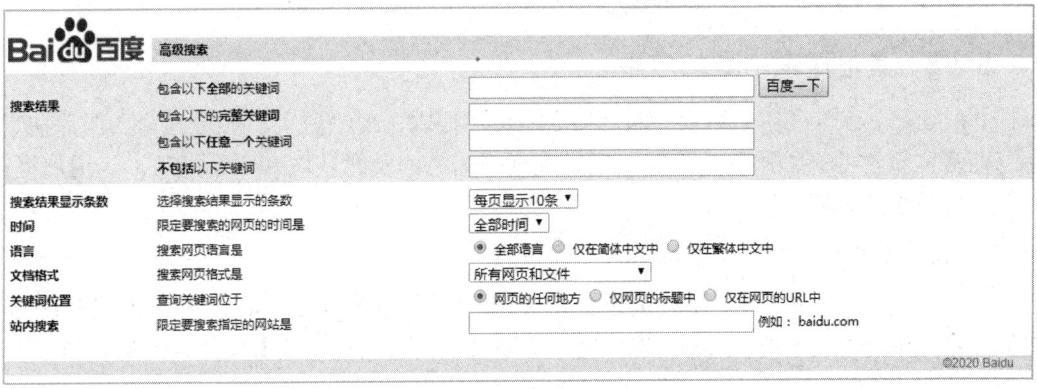

图 6-48 【高级搜索】页面

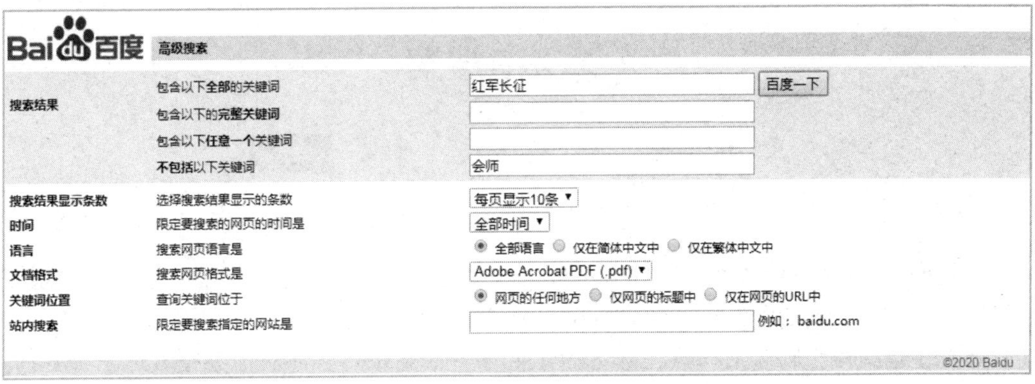

图 6-49 参数设置页面

步骤 3：单击【百度一下】按钮，进入到搜索结果页面，得到相关的结果记录，如图 6-50 所示。

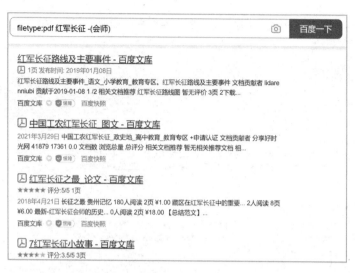

图 6-50　搜索结果

步骤 4：浏览搜索结果，选取最贴近本意的信息进行在线阅读或下载。

6.5.2　其他搜索引擎的应用

360 搜索主要包括新闻搜索、网页搜索、微博搜索、视频搜索、MP3 搜索、图片搜索、地图搜索、问答搜索、购物搜索等，通过互联网信息的及时获取和主动呈现，为用户提供实用和便利的搜索服务。

1. 360 搜索

打开地址 https://www.so.com 进入 360 搜索主页面，如图 6-51 所示。单击右上角的【设置】按钮，弹出下拉菜单，选择【高级搜索】命令进入【高级搜索】页面，如图 6-52 所示。

图 6-51　360 搜索主页面

在此页面上可以进行检索条件的设置，包括限定的时间范围、网页格式以及限定的网站等。下面以学党史活动资料的搜索为例，介绍 360 搜索的使用方法。

刘大业是高校教师党员，正在准备为学生党员上党课的课件，他想搜索近三个月内关于开展党史学习教育活动的 PPT 资料作为参考，具体操作方法如下。

步骤 1：打开高级搜索页面，在搜索框输入"开展党史学习教育活动"关键词，设置搜索时间为"3 月内"，文档格式为"ppt"，具体设置如图 6-53 所示。对于搜索高手而言，可以直接在 360 搜索框中输入"开展党史学习教育活动 filetype:ppt"进行搜索。

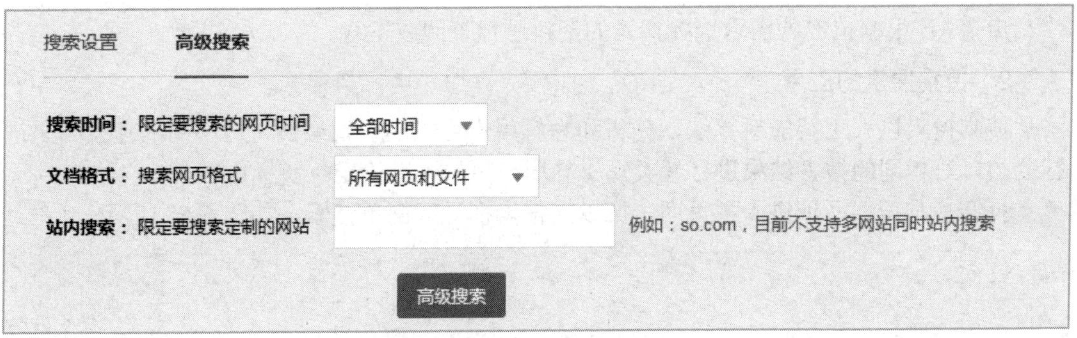

图 6-52 【高级搜索】页面

图 6-53 实例搜索设置

步骤 2：设置好搜索条件后，单击【高级搜索】按钮，得到符合条件的搜索结果，如图 6-54 所示。

图 6-54 实例搜索结果

步骤3：根据自己的需求选择搜索的资料进行查阅或下载。

2. 搜狗搜索的应用

搜狗搜索以人工智能新算法，分析和理解用户可能的查询意图，对不同的搜索结果进行分类，对相同的搜索结果进行聚类，引导用户更快速准确定位目标内容。

打开搜狗搜索网址进入主页面，可以在搜索框进行简单搜索，如图6-55所示。

图 6-55　搜狗搜索主页面

如果要进行精确的搜索需求，可以利用搜狗高级搜索来实现。在搜索框输入"高级搜索"进入高级搜索界面，如图6-56所示。高级搜索界面提供了是否拆分关键词、指定文件格式、相关性以及时间性的排序，显示记录条数等方面的设置，用户可以根据自己需求来进行精确的搜索。

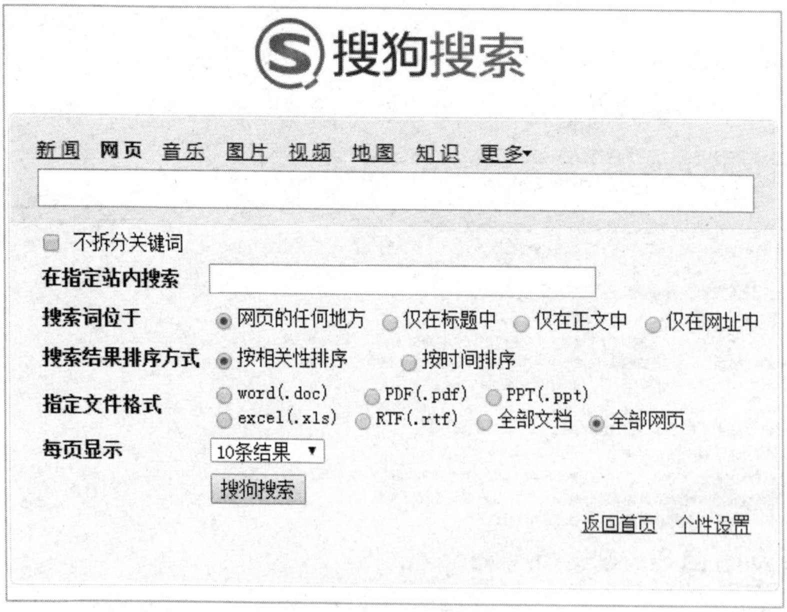

图 6-56　高级搜索页面

下面介绍一个例子，说明搜狗搜索的使用方法。

李红是某高校的入党积极分子，她的党课作业是上网查找关于红军长征中 10 次著名战役的信息，并整理形成文档资料，在党课上给学员们分享。现在我们来帮助她获取搜索信息。

步骤 1：打开搜狗搜索的高级界面，在输入框中键入"红军长征战役"，勾选【不拆分关键词】，选择【按相关性排序】的搜索结果排序方式，指定文件格式为"全部网页"，其他选项为默认值即可，如图 6-57 所示。

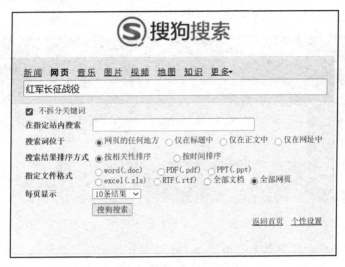

图 6-57　实例的参数设置

步骤 2：单击【搜狗搜索】按钮，进入搜索结果页面，可以看到很多符合要求的信息链接，如图 6-58 所示。

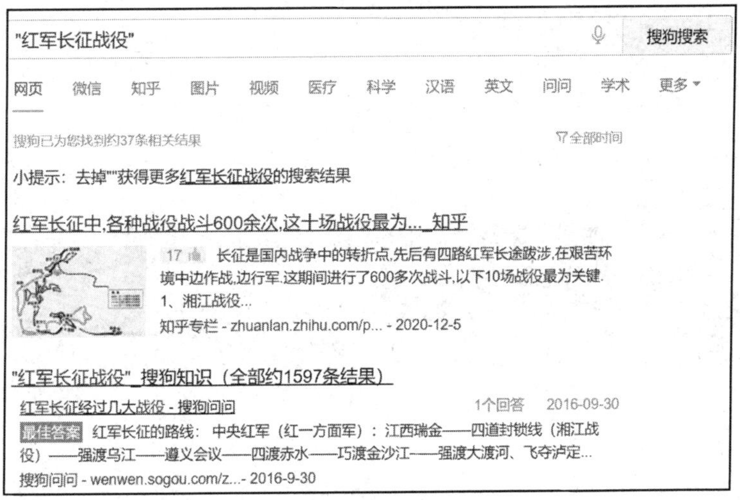

图 6-58　实例的搜索结果

步骤 3：根据自己的需求选择搜索的资料进行查阅或者下载。

3. 必应搜索的应用

必应是微软全球搜索品牌 Bing 的中文搜索品牌，是微软全球搜索服务品牌的一个重要组成部分。必应搜索改变了传统搜索引擎首页单调的风格，通过将来自世界各地高质量图片设置为首页背景，加上与图片紧密相关的热点搜索提示，使用户在访问必应搜索的同时获得愉悦体验和丰富资讯。

打开必应搜索首页地址 https://cn.bing.com（国内版），国内版仅有简单检索，分为图片、视频、学术、词典、地图等项目，如图 6-59 所示。

图 6-59　必应搜索主页面

上党课的刘老师想在党课上播放一些关于红军长征故事的视频给学生看，时间控制在 20 分钟左右，清晰度在 720P 以上。让我们一起帮她在必应网上找一找相关资源吧。

步骤 1：打开必应搜索首页，在主页面单击【视频】链接进入视频搜索页面，如图 6-60 所示，可以看到很多当前热门的视频。

图 6-60　视频搜索页面

步骤 2：在搜索框输入"红军长征的故事"进行搜索，可以看到很多相关视频，如图 6-61 所示。

图 6-61 初选搜索结果

步骤 3：在得到初次搜索结果之后还需要进一步筛选。单击页面上的【筛选器】，对时间、清晰度、价格等属性进行设置，得到如图 6-62 所示的二次筛选搜索结果。

图 6-62 二次筛选搜索结果

步骤 4：选择某一条符合要求的视频进行在线观看或者下载。

【案例实践】

吴明放学回家后告诉父母一件很开心的事，他说被选为班级代表参加下周学校组织的关于宣扬红色主题的诗歌朗诵比赛，希望他们帮忙在百度上搜索一些有关毛泽东在红军长征时期所写诗词的免费资料。因为百度文库里面的很多资料都需注册账号续费才能下载，所以本次搜索排除百度文库。

案例实施

1. 打开百度高级搜索页面

在浏览器地址栏上输入高级搜索地址 http://www.baidu.com/gaoji/advanced.html，进入高级搜索页面。

2. 设置参数项

在高级搜索页面中的【输入全部的关键词】框中输入"毛泽东红军长征诗词"，在【完整的关键词】文本框中输入"红军长征"，在【不包括以下关键词】框中输入"百度文库"，其他为默认设置，如图 6-63 所示。如果用高级搜索语法的方式实现，应该直接在搜索框输入：毛泽东红军长征诗词"红军长征"-（百度文库），双引号表示完全匹配的关键词，减号表示不包含在内的关键词。

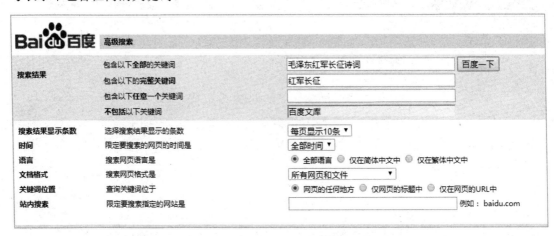

图 6-63　参数设置

3. 浏览搜索结果

设置好参数项后单击【百度一下】按钮，进入搜索结果页面，如图 6-64 所示。

图 6-64　搜索结果

4. 提取信息

浏览搜索结果，选择最贴近本意的信息进行查阅或者下载。

登录百度文库，注册一个账号后搜索关于红军长征励志故事的相关资料。

任务六　全文数据库检索

【任务目标】

➢ 掌握常用网络全文数据库的资源特色。
➢ 掌握常用网络全文数据库的导航检索、初级检索、高级检索。

【任务描述】

本任务将了解常用网络全文数据库的检索流程、检索方法在具体检索中的应用、检索式的构建等。了解知网、万方、维普的资源收藏基本情况。使用数据库的各个检索栏目，并将检索方法运用到实际检索工作中，构建适合的检索式，检索到符合需求的信息。

【知识储备】

6.6.1　知网数据库检索

1．知网简介

CNKI 是国家知识基础设施的简称。CNKI 工程是以实现全社会知识资源传播共享与增值利用为目标的信息化建设项目，由清华大学、清华同方公司发起。CNKI 工程采用自主开发、具有国际领先水平的数字图书馆技术，建成了世界上全文信息量规模最大的"CNKI 数字图书馆"，并正式启动建设《中国知识资源总库》及"中国知网"数字出版平台，通过产业化运作，为全社会知识资源高效共享，提供丰富的知识信息资源和有效的知识传播与数字化学习平台。

2．知网服务内容

（1）中国知识资源总库

资源总库提供初级检索、高级检索和专业检索三种检索功能。

（2）数字出版平台

数字出版平台是国家"十一五"重点出版工程。数字出版平台提供学科专业数字图书馆和行业图书馆。个性化服务平台有个人数字图书馆、机构数字图书馆、数字化学习平台等。

（3）文献数据评价

2010 年推出的《中国学术期刊影响因子年报》，在全面研究学术期刊、硕博士学位论文、会议论文等各类文献对学术期刊文献的引证规律基础上，首次提出了一套全新的期刊影响因子指标体系，并制定了我国期刊评价指标统计标准——《<中国学术期刊影响因子年报>数据统计规范》。出版的"学术期刊各刊影响力统计分析数据库"和"期刊管理部门学术期刊影响力统计分析数据库"，统称为《中国学术期刊影响因子年报》系列数据库。该系列数据库的研制出版旨在客观、规范地评估学术期刊对科研创新的作用，为学术期刊提高办刊质量和办刊水平提供决策参考。

（4）知识检索

知识检索是以学术文献为检索内容的检索引擎，检索范围包括期刊文献、学位论文、会议论文、报纸文献、工具书和年鉴等。知识检索包括全文检索、工具书检索、数字检索、学术定义检索、图像检索和翻译助手等诸多功能，实现实时的知识聚类、多样化的检索排序和丰富的知识链接。

3．CNKI 数据库的使用方法

（1）登录数据库，访问地址 http://www.cnki.net，进入数据库的主页面，输入账号和密码或 IP 自动登录，这时可以进行简单检索，如图 6-65 所示。

（2）下载并安装全文浏览器（CAJViewer7.3）。CNKI 所有文献都提供 CAJ 文献格式，期刊、报纸、会议论文等文献也提供 PDF 格式。浏览器安装程序可在中国知网首页"常用软件下载"中下载。

图 6-65　简单检索页面

如果要锁定一定范围进行检索，就需要用到高级检索功能。单击【高级检索】链接进入高级检索页面。可以根据自己的需求进行详细的检索设置，以达到理想的检索结果。

小张是某高校计算机专业大四的学生，他正在为毕业设计选题的事苦恼，指导老师建议他从当前应用发展较快的技术入手，于是想到了大数据技术的应用。因此，他打算在知网数据库查找近三年（2019—2021 年）发表的有关大数据技术方面省级学位论文作为参考学习。具体操作步骤如下。

步骤 1：进入高级检索界面，在【题名】栏输入“大数据技术”，时间范围设置为“2019—2021”，文献类型选择“学位论文”，如图 6-66 所示。

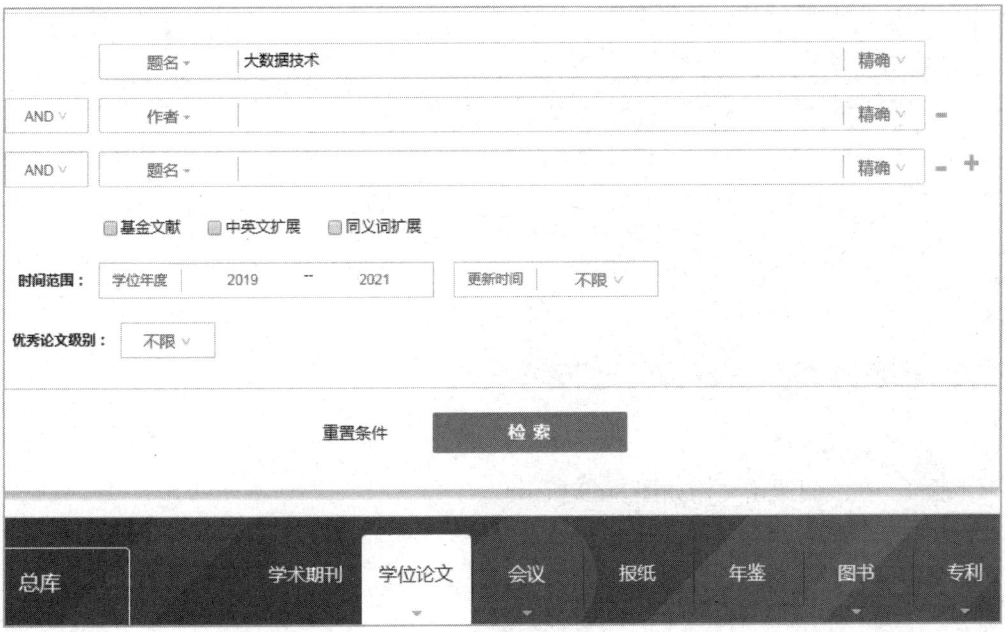

图 6-66　高级检索设置页面

步骤 2：单击【检索】按钮，便可进入检索页面，通过翻页可以浏览满足条件的文章条目，如图 6-67 所示。在当前页面可以按照相关度、出版时间、被引、下载、学位授予年度等方式进行排序，显示条目数自行设置，文章显示分为列表和详细两种方式。

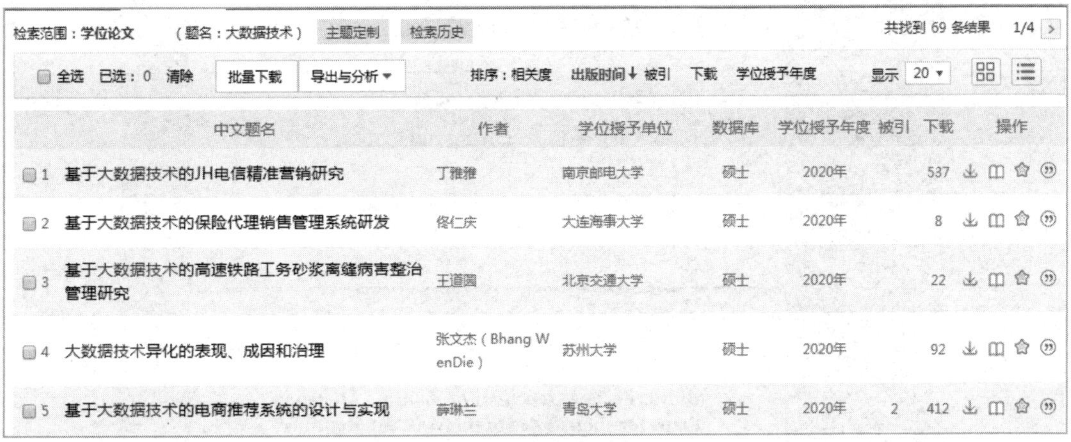

	中文题名	作者	学位授予单位	数据库	学位授予年度	被引	下载
1	基于大数据技术的JH电信精准营销研究	丁雅雅	南京邮电大学	硕士	2020年		537
2	基于大数据技术的保险代理销售管理系统研发	佟仁庆	大连海事大学	硕士	2020年		8
3	基于大数据技术的高速铁路工务砂浆离缝病害整治管理研究	王道园	北京交通大学	硕士	2020年		22
4	大数据技术异化的表现、成因和治理	张文杰（Bhang WenDie）	苏州大学	硕士	2020年		92
5	基于大数据技术的电商推荐系统的设计与实现	薛琳兰	青岛大学	硕士	2020年	2	412

图 6-67　实例检索结果

步骤 3：单击一篇文章链接，进入的页面可以看到文章的详细信息，还提供整本下载、分页下载、分章下载、在线阅读等功能，如图6-68所示。

图6-68　文章详细页面

步骤4：在线阅读论文，如图6-69所示。

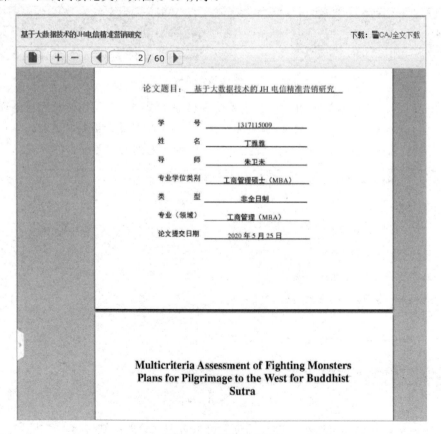

图6-69　在线阅读页面

步骤 5：如果确定需要该文章，单击【下载】按钮可以直接下载，如图 6-70 所示。

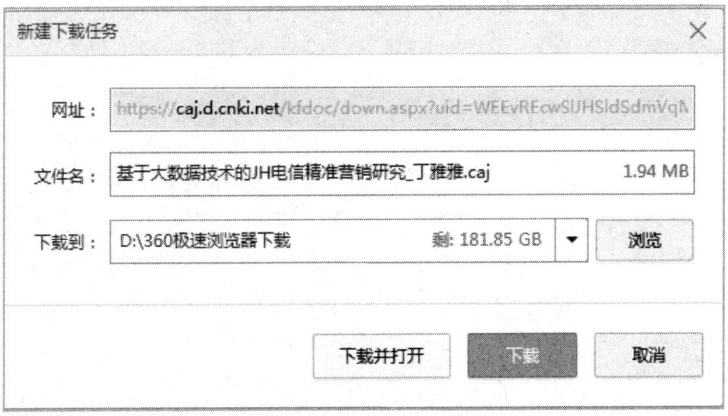

图 6-70　下载页面

6.6.2　万方数据库检索

1．万方数据库简介

万方数据库是由万方数据公司开发的，涵盖期刊论文、会议纪要、学位论文、学术成果、学术会议论文的大型网络数据库。万方公司是一家以信息服务为核心的股份制高新技术企业，是在互联网领域，集信息资源产品、信息增值服务和信息处理方案为一体的综合信息服务商，也是和中国知网齐名的专业学术数据库。

2．万方数据库资源内容

（1）期刊论文

期刊论文是万方数据知识服务平台的重要组成部分，集纳了理、工、农、医、人文五大类 70 多个类目共 7600 种科技类期刊的全文。

（2）学位论文

学位论文是文摘资源。它收录自 1980 年以来我国自然科学领域各高等院校、研究生院以及研究所的硕士、博士学位论文及博士后论文共计 270 万余篇。

（3）会议论文

《中国学术会议论文全文数据库》是具有权威性的学术会议文献全文数据库，收录了 1998—2004 年国家一级学会在国内组织召开的全国性学术会议近 7000 余个会议的 45 万余篇会议论文全文，是国内收录会议数量较多、学科覆盖较广的数据库，是掌握国内学术会议动态的权威资源。

（4）专利技术

收录了国内外的发明、实用新型及外观设计等专利 290 万项，内容涉及自然科学各学科领域。

（5）科技成果

主要收录了国内的科技成果及国家科技计划项目，总计约 50 万项，内容涉及自然科学的各学科领域。

（6）政策法规

主要由国家信息中心提供，收录自 1949 年以来全国各种法律法规约 10 万条。内容不但包括国家法律法规、行政法规、地方法规，还包括国际条约及惯例、司法解释、案例分析等。

（7）标准资源

标准资源包括中国行业标准、中国国家标准、国际标准化组织标准、国际电工委员会标准、美国国家标准学会标准、美国材料试验协会标准、美国电气及电子工程师学会标准、美国保险商实验室标准、美国机械工程师协会标准、英国标准化学会标准、德国标准化学会标准、法国标准化学会标准和日本工业标准调查会标准等 26 万多条记录，每月更新。

（8）企业信息

企业信息收录了国内外各行业近 20 万余家主要生产企业及大中型商贸公司的详细信息及科技研发信息，每月更新。

（9）西文会议论文

收录了 1995 年以来世界各主要学会/协会、出版机构出版的学术会议论文，部分文献有少量回溯。每年增加论文约 20 余万篇，每月更新。

（10）科技动态

收录国内外科研立项动态、科技成果动态、重要科技期刊征文动态等科技动态信息，媒体更新。

3．万方数据库检索与利用举例

例如，查找、阅读 2020 年期间有关"新冠病毒"的会议文献，具体操作方法如下。

步骤 1：访问地址 http://g.wanfangdata.com.cn，输入账号和密码或者 IP 自动登录，进入万方知识服务平台主页，如图 6-71 所示。

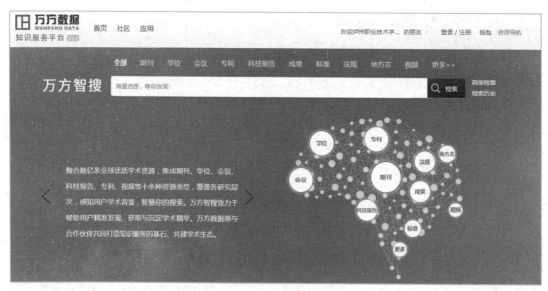

图 6-71　万方知识服务平台主页

步骤 2：在主页面单击【高级检索】按钮，进入高级检索页面，在打开的高级检索页面进行检索参数的设置，包括文献类型、主题名称、发表时间等，如图 6-72 所示。

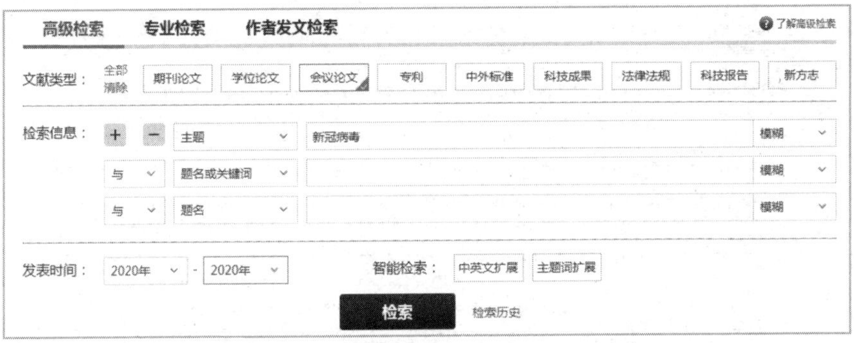

图 6-72　实例高级检索设置

步骤 3：单击图 6-72 中的【检索】按钮，进入检索结果记录页面，如图 6-73 所示。可以从图上看到满足要求的文献记录的详细信息，还提供在线阅读、下载和导出参考文献等功能。可以按照相关度、出版时间、被引次数、下载量等多种方式进行排序，以方便我们快速找到需要的资料。

图 6-73　检索结果记录页面

步骤 4：勾选第一篇文献，单击【在线阅读】按钮，可以进行在线查看文章的具体内容，如图 6-74 所示。

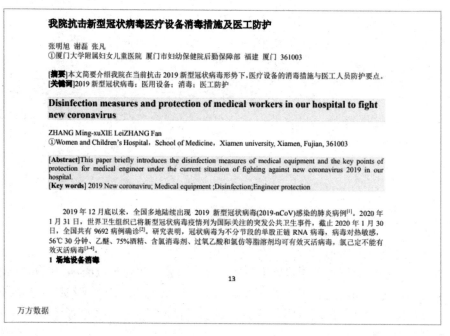

图 6-74　文献在线阅读页面

步骤 5：单击【下载】按钮，可以将本文直接下载到本地，如图 6-75 所示。

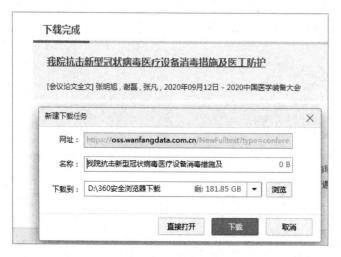

图 6-75　下载页面

6.6.3　维普数据库检索

1. 维普数据库简介

 维普数据库是由维普资讯公司推出的《中文科技期刊数据库》（全文版），是一个功能强大的中文期刊服务平台。它源于重庆维普资讯公司 1989 年创建的《中文科技期刊篇名数据库》，是一个综合性文献数据库,其全文和题录文摘版一一对应,通过对国内出版发行的 14000 余种科技期刊、5600 万篇期刊全文进行内容分析和引文分析，为专业用户提供文献服务。

2．维普数据库的特点

（1）海量数据包含了 1989 年至今的 9000 余种期刊刊载的文献，并以每年约 150 万篇的速度递增。

（2）涵盖了社会科学、自然科学、工程技术、农业科学、医药卫生、经济与管理、教育科学和图书情报等学科的 9000 余种中文期刊数据库资源。

（3）分类体系。按照《中国图书馆分类法》进行分类，文献被分为 8 个专辑：社会科学、自然科学、工程技术、农业科学、医药卫生、经济与管理、教育科学和图书情报，8 个专辑又细分为 35 个专题。

（4）著录标准。按照《中国图书馆分类法》进行著录。

3．维普数据库检索与利用举例

下面以了解"人工智能"对医药卫生方面的影响为例，介绍检索的具体步骤。

步骤 1：访问地址 http://www.cqvip.com，默认进入数据库主面，如图 6-76 所示。

图 6-76　维普数据库主页面

步骤 2：设定检索参数。单击图 6-76 中的【高级检索】按钮，进入维普的高级检索页面，选择系统默认的【题名/关键词】选项，检索框中输入关键词"人工智能"，学科限定只勾选"医药卫生"，如图 6-77 所示。

步骤 3：单击【检索】按钮，可以看到检索结果的页面，如图 6-78 所示。每页显示 20 篇文章的信息（标题、作者、出处、摘要），通过翻页找到自己需要的文章，可以在标题前选中。可以按照相关度、被引量、时效性等方式进行排序。文章设置了文摘和详细的显示方式，可以根据自己的了解角度进行选择。

高级检索
检索式检索
查看更多规则
题名或关键词
人工智能
同义词扩展+
模糊
与
文摘
请输入检索词
同义词扩展+
模糊
与
作者
请输入检索词
模糊
时间限定
年份:
收录起始年
2021
更新时间:
一个月内
期刊范围
全部期刊
北大核心期刊
EI来源期刊
SCI来源期刊
CAS来源期刊
CSCD来源期刊
CSSCI来源期刊
学科限定
全选
医药卫生
公共卫生与预防医学
卫生毒理学
环境卫生学
劳动卫生
军事预防医学
营养与食品卫生学
妇幼卫生保健
流行病学
检索
清空
检索历史

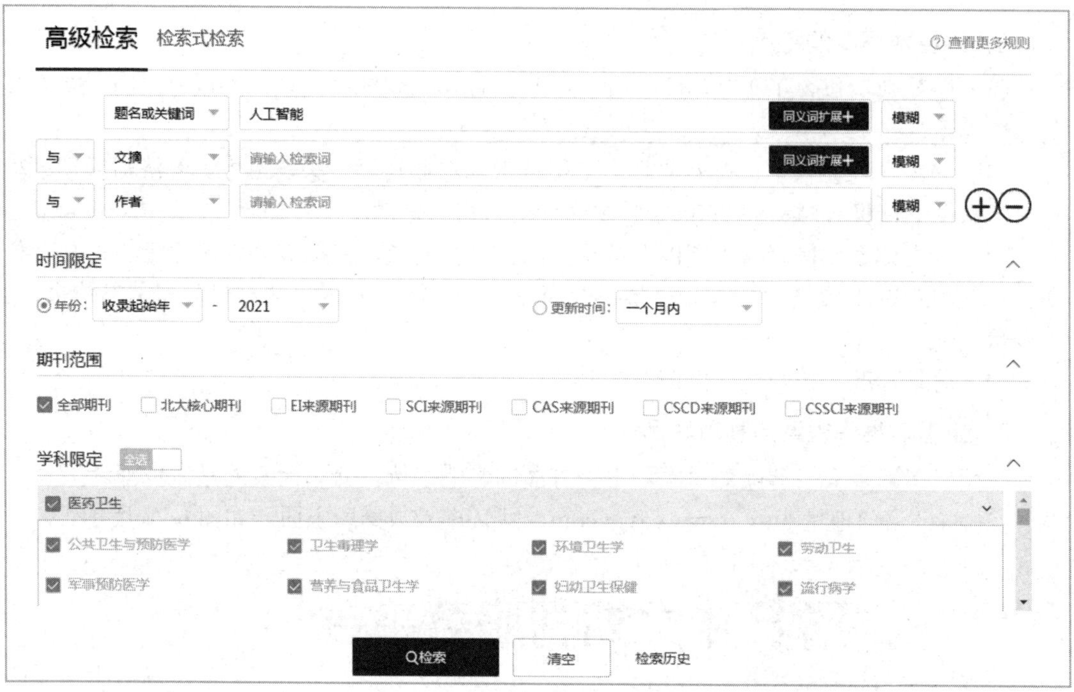

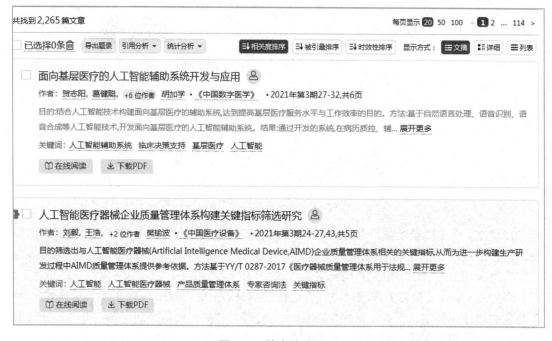

图 6-77　参数设置

共找到2,265篇文章
每页显示 20 50 100
1 2 ... 114
已选择0条
导出题录
引用分析
统计分析
相关度排序
被引量排序
时效性排序
显示方式:
文摘
详细
列表
面向基层医疗的人工智能辅助系统开发与应用
作者: 贺志阳, 葛健聪, +6 位作者 胡加学 · 《中国数字医学》 · 2021年第3期27-32,共6页
目的:结合人工智能技术构建面向基层医疗的辅助系统,达到提高基层医疗服务水平与工作效率的目的。方法:基于自然语言处理、语音识别、语音合成等人工智能技术,开发面向基层医疗的人工智能辅助系统。结果:通过开发的系统,在病历质控、辅... 展开更多
关键词: 人工智能辅助系统 临床决策支持 基层医疗 人工智能
在线阅读
下载PDF
人工智能医疗器械企业质量管理体系构建关键指标筛选研究
作者: 刘毅, 王浩, +2 位作者 樊瑜波 · 《中国医疗设备》 · 2021年第3期24-27,43,共5页
目的筛选出与人工智能医疗器械(Artificial Intelligence Medical Device,AIMD)企业质量管理体系相关的关键指标,从而为进一步构建生产研发过程中AIMD质量管理体系提供参考依据。方法基于YY/T 0287-2017《医疗器械质量管理体系用于法规... 展开更多
关键词: 人工智能 人工智能医疗器械 产品质量管理体系 专家咨询法 关键指标
在线阅读
下载PDF

图 6-78　检索结果记录

步骤 4：在确定需要该文章时，可以在检索结果页面中单击【在线阅读】按钮查看全文，如图 6-79 所示，或者单击【下载 PDF】按钮直接下载到本地进行存档，如图 6-80 所示。

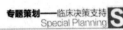

图 6-79　在线阅读界面

图 6-80　下载页面

【案例实践】

　　高老师最近想发表一篇关于信息检索技术方面的论文，于是他想到利用学校知网数据库的资源来查找适合自己所需的文献资料。他从哲学与人文科学、社会科学、信息科技及经济与管理科学的目录中检索出 2018—2020 年期间内容主题为"信息检索"但不包括"信息分析"关键词的核心期刊，进行了文献的选取和整理。

案例实施

1. 检索条件设置

进入高级检索页面，设置检索条件，如图 6-81 所示。

图 6-81 参数设置页面

2. 浏览检索结果

根据第一步设置好的条件，单击【检索】按钮得到符合要求的结果记录，如图 6-82 所示。

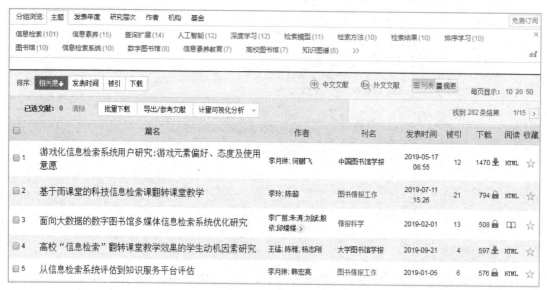

图 6-82 检索结果页面

3. 文献获取

将文章设置为【摘要】的显示方式，可以大概了解每篇文章的简要说明，再选取最贴近需求的文章，直接单击【HTML】或者 ▭ 按钮进行在线阅读。也可以单击 ⬇ 按钮下载到本地存档。

【扩展任务】

使用中国知网的高级检索功能，检索与自己专业相关的某一主题的期刊资源、会议资源、报纸资源或图书资源。具体要求如下：

制作文档，写清楚步骤、检索词、限制条件等，将检索界面截图，将结果界面截图；再选择一篇文章导出参考文献附在文档中，最后下载一篇文献。

反侵权盗版声明

电子工业出版社依法对本作品享有专有出版权。任何未经权利人书面许可，复制、销售或通过信息网络传播本作品的行为，歪曲、篡改、剽窃本作品的行为，均违反《中华人民共和国著作权法》，其行为人应承担相应的民事责任和行政责任，构成犯罪的，将被依法追究刑事责任。

为了维护市场秩序，保护权利人的合法权益，我社将依法查处和打击侵权盗版的单位和个人。欢迎社会各界人士积极举报侵权盗版行为，本社将奖励举报有功人员，并保证举报人的信息不被泄露。

举报电话：（010）88254396；（010）88258888

传　　真：（010）88254397

E-mail:　　dbqq@phei.com.cn

通信地址：北京市海淀区万寿路 173 信箱

　　　　　电子工业出版社总编办公室

邮　　编：100036